沈毅◎编著

電子工業出版社
Publishing House of Electronics Industry
北京•BEIJING

内 容 简 介

LayaBox 是一个优秀的中国国产游戏引擎品牌，旗下的 LayaAir 游戏引擎已被广泛应用于微信、QQ 等诸多小游戏平台，同时也可以用于游戏 App 的开发。HTML5 技术具有良好的传播性，是当下进行游戏创作的首选技术。本书以前端开发普遍使用的 JavaScript 作为编程语言，以两个简单但完整的游戏项目作为主线，循序渐进地介绍游戏开发的相关知识和技能，完整地展示了游戏开发从 0 到 1 的实现过程。

无论您是在寻找表达自己创意的工具，还是在为项目准备技术方案，本书都可以成为您了解 LayaBox 的参考。

图书在版编目（CIP）数据

了不起的 LayaBox : HTML5 游戏开发指南/沈毅编著. —北京：电子工业出版社，2022.1
ISBN 978-7-121-42492-2

Ⅰ. ①了… Ⅱ. ①沈… Ⅲ. ①超文本标记语言－程序设计－指南 Ⅳ. ①TP312.8-62

中国版本图书馆 CIP 数据核字（2021）第 252169 号

责任编辑：潘 昕
印 刷：三河市良远印务有限公司
装 订：三河市良远印务有限公司
出版发行：电子工业出版社
北京市海淀区万寿路 173 信箱 邮编 100036
开 本：787 × 980 1/16 印张：22.75 字数：436 千字
版 次：2022 年 1 月第 1 版
印 次：2022 年 1 月第 1 次印刷
定 价：108.00 元

凡所购买电子工业出版社图书有缺损问题，请向购买书店调换。若书店售缺，请与本社发行部联系，联系及邮购电话：（010）88254888，88258888。

质量投诉请发邮件至 zlts@phei.com.cn，盗版侵权举报请发邮件至 dbqq@phei.com.cn。

本书咨询联系方式：（010）51260888-819，faq@phei.com.cn。

序 1

LayaAir 引擎是近年来发展速度最快的游戏开发引擎之一，特别是在 3D 小游戏领域，已成为公认的首选引擎，而快速增长的 LayaAir 开发者群体，急需更多系统化的资料。所以，作为 LayaAir 的创始人，我非常高兴看到这本书问世。感谢本书作者沈毅为此付出的努力。

本书是第一本关于 LayaAir 2.0 的图书，它体现了作者的经验和认知。在学习过程中，大家可以将本书与 LayaBox 官方网站的文档、视频对照，获得更为全面的信息，快速上手 LayaAir 2.0 引擎。

LayaAir 2.0 引擎是一个集开发者的智慧且服务于开发者的产品，所以，我也希望未来会有更多的开发者参与 LayaAir 引擎书籍的撰写，分享自己的心得和技巧。

再次感谢沈毅。

LayaBox 创始人

谢成鸿

序 2

在我年纪很小的时候，无意间接触了互联网，从而萌发了两个愿望：一是做一个属于自己的网站；二是做一个属于自己的游戏。后来，我真的进入 IT 行业，一路自学，从使用 HTML 开始，开发了多个网站系统，直到我觉得自己可以尝试开发游戏了。

是否能用 HTML 去开发游戏？然而，当时的现实情况是：IE 浏览器是主流；DOM 重新渲染性能低下；DOM 和 JavaScript 的兼容性差，且没有一个成熟的引擎提供支持。无奈之下，我改用 Flash，走上了插件游戏开发之路。后来，HTML5 崛起，其诸多优势让我回到 HTML 游戏开发领域。

如今真的是一个好时代：基于 Canvas 的 HTML5 图形技术渲染性能强大；利用 GPU 加速能力，HTML5 能够渲染丰富、优美的画面及复杂的动画，从而开发出多种多样的 2D 及 3D 游戏……

LayaAir 是一个优秀的游戏引擎，为 HTML5 而生，为游戏开发者提供了简单易用的游戏 API，以及可视化的游戏编辑器，大大降低了游戏开发门槛，提高了游戏开发效率，使游戏开发者可以只关注游戏创意本身，无须为底层实现挠头。

非常感谢沈毅给大家带来这本详细的 LayaAir 实例教程，为初学者打开游戏开发的大门，让大家能更好地体验 HTML5 富媒体互联网。

LayaBox 技术合伙人

朱春阳

前　　言

LayaBox 是北京蓝亚盒子科技有限公司打造的中国游戏引擎提供商品牌，旗下第二代引擎 LayaAir 是基于 HTML5 协议的开源引擎，优异的性能与 3D 表现力是 LayaAir 引擎的核心竞争力。

写作背景

2017 年，笔者开始接触 LayaAir 引擎，立刻被其表现出来的性能震撼。LayaBox 的官方网站提供了丰富的学习资源，熟悉 Flash 的游戏开发者可以轻松上手。2018 年年初，笔者萌生了写一本 LayaAir 游戏开发教程的想法，希望借此帮助更多的人接触和了解 HTML5 游戏开发。

2018 年 9 月，LayaAir IDE 2.0 发布，它在开发方式上借鉴了 Unity 的很多理念，是一个里程碑式的版本。在 LayaBox 官方团队的建议下，本书以 LayaAir IDE 2.0 作为主要工作环境。

本书特色

本书是一本零起点的游戏开发入门书，适合所有对游戏开发感兴趣的人阅读。

本书是一本以实例讲解为主要形式的开发指南，以两个完整的实例，系统地介绍了使用 LayaBox 开发 2D 游戏的整体规划、功能分解、技术实现细节，帮助读者初步具备使用 LayaBox 进行游戏开发的能力。

本书是一本 LayaBox 项目开发参考书。LayaAir 引擎内置的 UI 组件库、Box2D 物理引擎、滤镜、遮罩等项目可能涉及的功能点，在本书中均以单一功能示例的形式进行演示。在实际项目开发中，读者可以即查即用。

修订、勘误与反馈

LayaAir IDE 在本书完稿后仍然在不断发展，本书中的案例在您阅读本书时，很可能需要修正，才能在新版本的 LayaAir IDE 中正常运行。此外，本书编写仓促，可能存在疏漏和不足，也期待您的指正。

笔者的邮箱是 116796544@qq.com，期待您的反馈与沟通。

致谢

感谢本书的编辑潘昕老师，是她促成了本书的出版。

感谢 LayaBox 创始人谢成鸿先生，是他创造了了不起的 LayaBox。

感谢 LayaBox 技术合伙人朱春阳先生，以及诸多 LayaBox 官方团队成员。正是他们无私付出，在本书的章节规划、技术细节等方面悉心指点，笔者才得以完成本书。

感谢父母，是他们让我安心完成了本书的写作。

沈毅

2021 年 5 月

读者可以扫描本书封底的二维码并发送“42492”，关注博文视点微信客服号，获取本书的参考链接和配套代码。

目　录

第1章　初识 LayaBox

第2章　第一个 2D 游戏

第 3 章 模块化的游戏开发

第 4 章 屏幕适配

第 5 章　高级位图操作

第 6 章　UI 可视化编辑

第 7 章 动画基础

第 8 章 物理引擎

第 9 章 LayaCloud

第 10 章 用 LayaBox 开发微信小游戏

第 11 章 项目开发与管理

附录 A JavaScript 编程基础

第1章　初识LayaBox

2014 年，专注 HTML5 引擎技术的 Laya 实验室成立了游戏引擎开发公司，其品牌名称为 LayaBox。Box 是盒子的意思，顾名思义，这个盒子品牌会推出一系列 Laya 引擎生态产品。

LayaBox 的第一代引擎产品是 LayaFlash，它是一款面向网页游戏开发的引擎，通过 LayaBox 独有的编译器，能将 ActionScript3 项目直接编译成 JavaScript 项目。LayaFlash 因其独特的技术特性和易于快速上手的特点，在短时间内获得了大量 ActionScript3 开发者的青睐。

2016 年，LayaBox 推出了第二代引擎 LayaAir，它不仅继续支持使用 ActionScript3 语言开发游戏，还支持使用 TypeScript 与 JavaScript 语言开发游戏。通过极致优化的设计，LayaAir 在性能上获得了大幅提升，不仅可以支持 3D 产品的研发，在移动设备上的性能表现也可以媲美原生 App。卓越的性能与 3D 表现能力是 LayaAir 1.x 版本最核心的优势。截至 2019 年 5 月，正式上线运营的基于 HTML5 技术的 3D 商业产品，90%以上是采用 LayaAir 引擎技术开发的。LayaBox 不仅提供了引擎产品，还提供了 LayaNative、LayaCloud 等解决方案，涵盖了全平台的商业开发。

2018 年 9 月，LayaAir 2.0 测试版面世；2019 年 1 月，LayaAir 2.0 正式版推出。与 LayaAir 1.x 版本引擎相比，2.0 版本在保持性能及 3D 优势的同时，重点强化了 IDE 与引擎的易用性及可视化设计。LayaAir 2.0 引擎的 2D 功能日臻完善并趋于稳定，因此，目前是从 2D 功能入手学习 LayaAir 2.0 引擎的最佳时机。

在本章中，首先简要回顾 HTML 与游戏开发的渊源，随后讲解 LayaBox 的概况，最后介绍 LayaBox 的集成开发环境 LayaAir IDE 2.0 的基本工作流程及相关工具，实践如何将 LayaAir 2D 示例项目发布到微信小游戏中。

本章涉及的主要知识点如下。

- Chrome 浏览器的下载和安装。
- 腾讯云对象存储。

- 集成开发环境 LayaAir IDE 2.0 的下载和使用。
- 微信开发者工具的下载和使用。

1.1 关于 HTML5 游戏

随着互联网的发展和普及，浏览器逐渐成为互联网用户工作和生活的一部分，而 HTML（HyperText Mark-up Language）作为浏览器内容呈现的核心技术，随着时代的进步亦日臻完善。

有人的地方就有游戏。为了将浏览器作为游戏的载体，开发者们已经努力了 20 余年。最初的 Java Applet 采用 Runtime 机制，创造性地提升了 Web 页面的交互和动态执行能力；随后，更完善的 Flash 技术同样采用 Runtime 机制，在浏览器标准尚未统一的年代里给广大互联网用户带来了较好的交互体验，使用 Flash 技术开发的 Web 网页游戏因便捷、无须安装的特性风靡全球。

不可否认的是，任何技术都是有局限性的。Runtime 机制能够适应 HTML4 时代的浏览器环境，给不同软/硬件环境下的互联网用户提供相同的交互体验。然而，在使用 Runtime 机制前，需要先下载并安装支持对应 Runtime 机制的运行环境，然后将包含交互功能的 Runtime 组件下载到本地并安装，才能使用交互功能。

2000 年，Roy Thomas Fielding 博士[①]在论文《架构风格与基于网络应用软件的架构设计》[②]中描述了表述性状态传递架构风格（RESTful[③]）是如何指导现代 Web 架构的设计和开发的。目前，RESTful 的 Web 应用已经得到开发者和用户的普遍认同。

对于 RESTful 的 Web 游戏，理想化的用户体验过程是：浏览器请求页面→服务器响应并反馈→浏览器处理反馈并渲染→用户开始游戏体验。如果使用 Runtime 机制，在下载 Runtime 组

---

① HTTP 和 URI 架构规范的主要设计者，Apache HTTP 服务器的主要开发者，Apache 软件基金会的合作创始人和前主席。

② Roy Thomas Fielding 博士于 2000 年发表的论文，英文原名是 *Architectural Styles and the Design of Network-based Software Architectures*。这是一篇在 Web 发展史上里程碑式的经典论文，是对到 2000 年为止在 Web 技术架构方面所取得的成果和经验的总结。

③ 表述性状态传递架构（REST）指的是一组架构约束条件和原则，满足这些约束条件和原则的应用程序或设计就遵循 RESTful。Web 应用程序最重要的 REST 原则是：客户端和服务器之间的交互请求是无状态的。从客户端到服务器的每个请求，都必须包含理解请求所需的信息。

件和与之关联的游戏素材时会打断表述性状态传递的过程，用户需要被迫经历较长时间的等待过程，且 Runtime 运行环境可能存在额外的性能与安全问题。因此，采用 Runtime 机制并不是 Web 交互应用和游戏开发的首选方案。没有最好的技术，只有最适合的技术。在 Flash 技术的巅峰时期，Windows 操作系统捆绑预装了 Flash Player 插件，Flash 技术成为当时 Web 游戏开发的标准。

HTML 标准也在不断发展。2014 年 10 月 29 日，万维网联盟宣布 HTML 标准规范第 5 次重大修改终于完成。HTML5 增加了一个可以用 JavaScript 控制图形绘制的<canvas>标签，至此，HTML 开始具备原生的图形交互能力。各大浏览器厂商也开始支持 HTML5 标准。

随着浏览器开发标准的统一，基于 HTML5 的游戏引擎技术也顺应时代的发展，取得了长足的进步。无论是在个人计算机上，还是在移动设备上，已经涌现出很多 HTML5 游戏，它们在性能和视觉渲染方面已经与原生的平台游戏相差无几。因为 HTML5 技术具有便于移植的特性，所以，HTML5 游戏的应用前景是非常广阔的。

1.2　LayaBox 简介

LayaBox 是知名的全平台游戏引擎提供商，旗下的 LayaAir 引擎支持 2D、3D、AR、VR 等类型的游戏开发，除了 HTML5 版本的游戏开发，还支持 Native App、微信小游戏、百度小游戏及快应用联盟的快游戏（小米、OPPO、VIVO 等）开发。LayaAir 引擎拥有超过 50 万的开发者。HTML5 与小游戏开发的大型知名企业使用 LayaAir 引擎的超过 80%。LayaAir 引擎在 3D 类型的 HTML5 与小游戏市场的占有率超过 90%。

LayaBox 包括如下产品。

- LayaAir 引擎：LayaAir 引擎支持 ActionScript3、TypeScript、JavaScript 三种开发语言，适用于 2D、3D、AR、VR 的产品研发，性能媲美原生 App，可一次性开发、全平台（浏览器、App、小游戏）发布。
- LayaAir IDE：LayaAir IDE 包括代码模式与编辑模式，支持代码开发与美术设计分离，在编辑模式下支持 UI、粒子、动画、物理仿真、场景等可视化编辑器功能，支持 Spine、DragonBones、TiledMap、Unity3D 等第三方扩展功能，内置图集打包、压缩与加密、App 打包、全平台游戏发布等实用功能。
- LayaNative：LayaNative 是 LayaAir 引擎针对移动端原生 App（Android 与 iOS）开发、测试、发布的一套完整的开发解决方案。LayaNative 在以自研 Runtime 为核心运行时的基础上，利用反射机制、渠道对接方案为开发者提供在原生 App 上进行二次开发和渠道对接的能力，并提供测试工具、打包工具、构建工具等，为开发者将 HTML5 项目打包、发布成原生 App 提供便利。

- LayaCloud：LayaCloud 是一套完整的联网游戏解决方案，提供了完善的服务器房间管理功能，可以通过匹配玩家或房主主动请求的方式创建房间，同一房间内的玩家可以采用帧同步的通信方式进行即时对战。LayaCloud 以 API 的方式提供联网游戏所依赖的后端服务。使用 LayaCloud，开发者可以更专注于游戏前端开发，无须学习服务器开发语言，无须了解服务器开发的相关知识。LayaAir IDE 包含完整的 LayaCloud 开发环境，LayaAir 开发者在了解 LayaCloud 的 API 后即可进行联网游戏的开发。

LayaBox 拥有优异的引擎性能，引擎功能完善且成熟度高。本书的后续章节将以 LayaAir IDE 2.0 为主线，介绍如何使用 LayaAir 引擎开发 2D 游戏。LayaAir 使用三种开发语言，分别是 ActionScript3、TypeScript 和 JavaScript，本书将使用 JavaScript 进行讲解。如果你尚不熟悉 JavaScript 语言，可以先阅读本书的附录 A“JavaScript 编程基础”。本书的工作环境是 Windows 操作系统。

本书的工程文件可以访问链接 1-1 下载。

1.3 搭建工作环境

1.3.1 Chrome 浏览器的下载和安装

Chrome 浏览器是一款由 Google（谷歌）公司开发的免费网页浏览器，适合在所有设备上使用。Chrome 浏览器因其快速、简单且安全的特性成为 Web 前端开发的首选浏览器。LayaAir IDE 集成环境也支持直接在 Chrome 浏览器中进行调试。

Chrome 浏览器的下载地址见链接 1-2。在其他浏览器中访问该地址，按照指引下载并安装即可。

在使用 Chrome 浏览器进行调试时，应关闭缓存机制，从而确保每次打开的页面都是最新的。具体设置步骤，如图 1.1 所示。

（1）打开 Chrome 浏览器。

（2）按【F12】键打开调试面板。

（3）单击调试面板上的【Network】标签，打开【Network】选项卡。

（4）确保【Disable cache】复选框为选中状态。

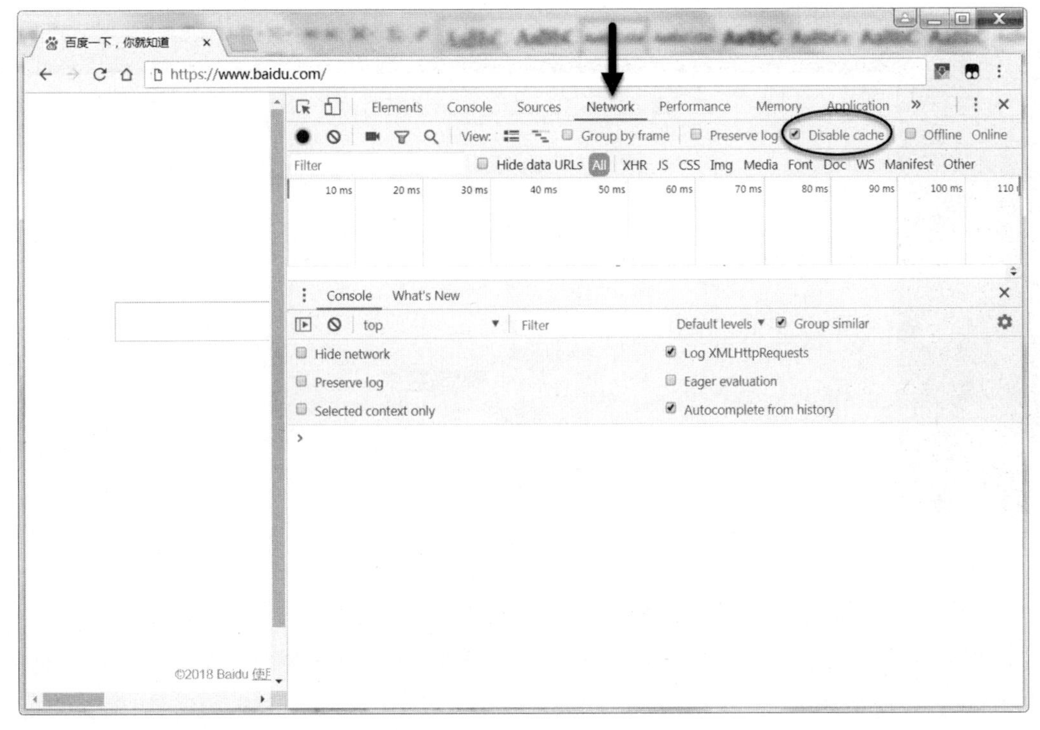

图 1.1　Chrome 浏览器设置

1.3.2　腾讯 COS

云对象存储（Cloud Object Storage，COS）是腾讯云提供的面向非结构化数据的、支持 HTTP/HTTPS 访问的分布式存储服务，它能容纳海量数据并保证用户对带宽和容量扩充无感，可以作为大数据计算与分析的数据池。

使用腾讯 COS 标准存储的个人用户可以享受 50GB 标准存储容量的免费额度，免费额度的有效期为从用户创建首个存储桶起的 6 个自然月。腾讯 COS 外网下行流量按 0.5 元/GB 收取费用，不在免费之列。在本书中，将使用腾讯 COS 作为静态 Web 服务器来测试和验证项目的发布。如果你熟悉 Web 服务器，可以跳过本节。

使用腾讯云（见链接 1-3），需要先在腾讯云注册账号。完成注册后，登录腾讯云，通过实名认证，即可使用腾讯 COS 服务。

腾讯 COS 的地址见链接 1-4，初次登录页面，如图 1.2 所示。

https://console.cloud.tencent.com/cos5
对象存储
概览
存储桶列表
控制台文档
SDK文档
API文档
开始使用云对象存储
创建存储桶
上传文件
配置存储桶
使用资源
查看使用统计
创建存储桶
名词解释

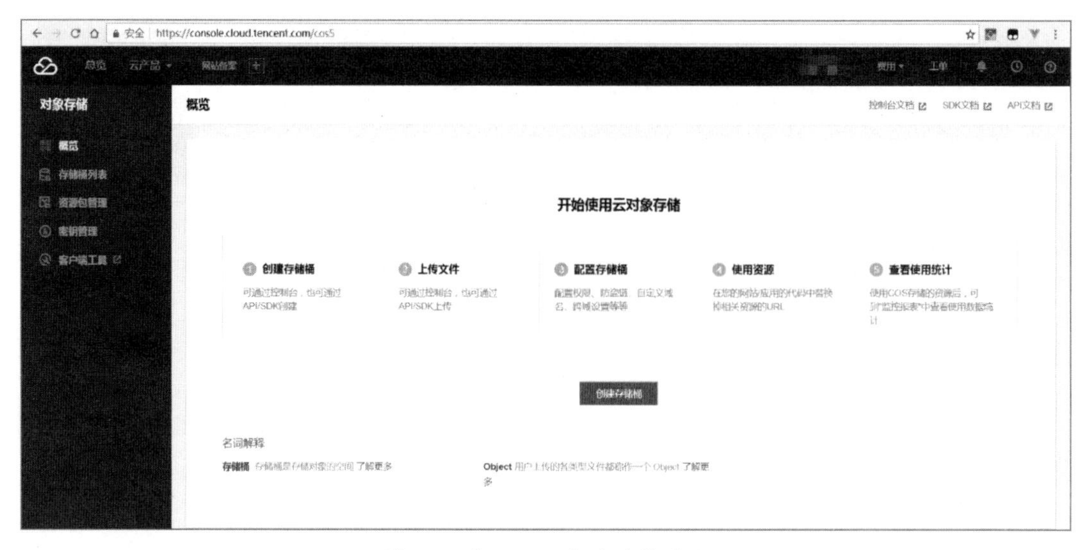

图 1.2　腾讯 COS 初次登录页面

在初次登录页面单击【创建存储桶】按钮，将出现【创建存储桶】设置页面，如图 1.3 所示。在此应自行设置名称、所属地域、访问权限等属性，在初次使用时建议将访问权限设置为“公有读写”。设置完成后，单击【确定】按钮，稍等片刻即可完成存储桶的创建工作，页面将自动跳转至如图 1.4 所示的存储桶列表页面。

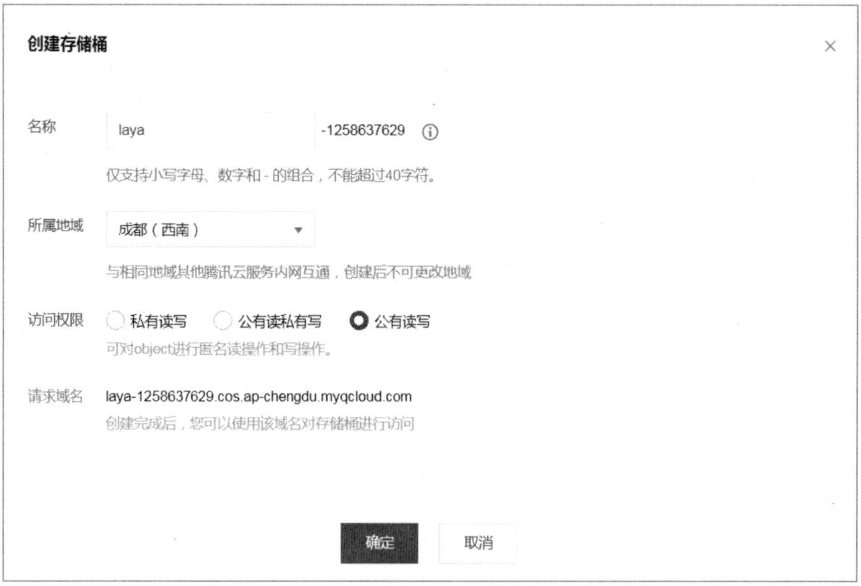

创建存储桶
名称
laya
-1258637629
仅支持小写字母、数字和 - 的组合，不能超过40字符。
所属地域
成都（西南）
与相同地域其他腾讯云服务内网互通，创建后不可更改地域
访问权限
私有读写
公有读私有写
公有读写
可对object进行匿名读操作和写操作。
请求域名
laya-1258637629.cos.ap-chengdu.myqcloud.com
创建完成后，您可以使用该域名对存储桶进行访问
确定
取消

图 1.3　创建存储桶

图 1.4　存储桶列表页面

在存储桶列表页面中，有一个由我们创建的存储桶实例对象，单击该对象将进入实例的详情页面，如图 1.5 所示。详情页面分为文件列表、基础配置、域名管理、权限管理、未完成上传等模块，默认打开的是文件列表模块。

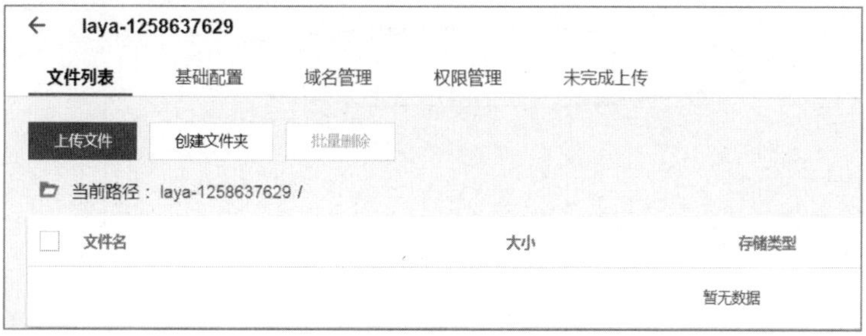

图 1.5　存储桶实例详情页面

在个人计算机的任意位置创建一个文本文件，在其中输入“Welcome，There is my first COS!”，然后保存为 index.html，最后在如图 1.5 所示的文件列表模块中单击【上传文件】按钮，按照提示完成 index.html 的上传工作。

接下来，需要开启静态页面服务。在存储桶实例详情页面，单击导航栏中的【基础配置】标签，进入基础配置模块，将页面拖曳到下方。如图 1.6 所示，单击【编辑】超链接，修改静态网站设置。将当前状态选项设置为选中状态，然后单击【保存】按钮。修改后的静态网站属性如图 1.7 所示，其中，访问节点就是我们创建的静态网站地址。将访问节点复制到浏览器的导航栏中，会打开之前上传的 index.html 文件，并在浏览器中显示“Welcome,There is my first COS!”。至此，腾讯 COS 服务的基本设置就完成了。

图 1.6 静态网站设置

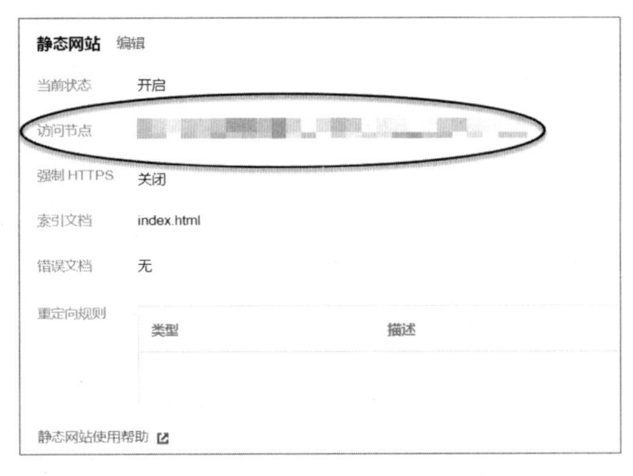

图 1.7 静态网站属性

注意：在使用腾讯 COS 时，可能会因为 DNS 代理等导致打开腾讯云控制台后 COS 的信息始终处于加载状态（在使用公用 Wi-Fi 时比较容易发生这种情况，此时请尝试更换网络连接）。

1.3.3 LayaAir IDE 2.0 的下载和使用

LayaAir IDE 是 LayaAir 引擎的集成开发环境。LayaAir IDE 在发展过程中先后借鉴了 Flash 和 Unity 的设计。为了更好地同时适应 2D 和 3D 游戏制作，LayaAir IDE 2.0 采用类似于 Unity 的集成开发环境，主要特点是使用场景、预制体、脚本的拖曳绑定等。在文件结构上，LayaAir

IDE 2.0 与 1.x 相比也有较大的调整，虽然使用 LayaAir IDE 1.x 创建的工程可以在 LayaAir IDE 2.0 中运行，但不建议使用 LayaAir IDE 2.0 来维护 LayaAir IDE 1.x 项目。

考虑 LayaAir IDE 的版本更新和向后兼容性，本书仅介绍 LayaAir IDE 2.0 的使用。

LayaBox 的官网地址见链接 1-5。进入官网后，单击【LayaAir2.0 下载】选项，将跳转至 LayaAir IDE 2.0 的下载页面。可以选择最新的版本进行下载（本书使用的版本是 LayaAir IDE 2.0.2 beta），下载后得到一个 Zip 压缩文件。

为了便于后续的讲解及文件管理，约定如下。

（1）总路径为 D:\layabox2x。

（2）LayaAir IDE 解压后的路径为 D:\layabox2x\LayaAirIDE。

（3）项目路径为 D:\layabox2x\laya2project。

（4）各章所用的外部资源文件，存储路径为 D:\layabox2x\res。

完成下载和解压后，运行 D:\layabox2x\LayaAirIDE 下的 LayaAir.exe 文件，LayaAir 2.0 的起始页面如图 1.8 所示。

图 1.8　LayaAir 2.0 的起始页面

接下来，新建一个 LayaAir 2D 示例项目来初步了解 LayaAir IDE 的使用。单击【新建】按钮，弹出新建项目对话框，如图 1.9 所示。

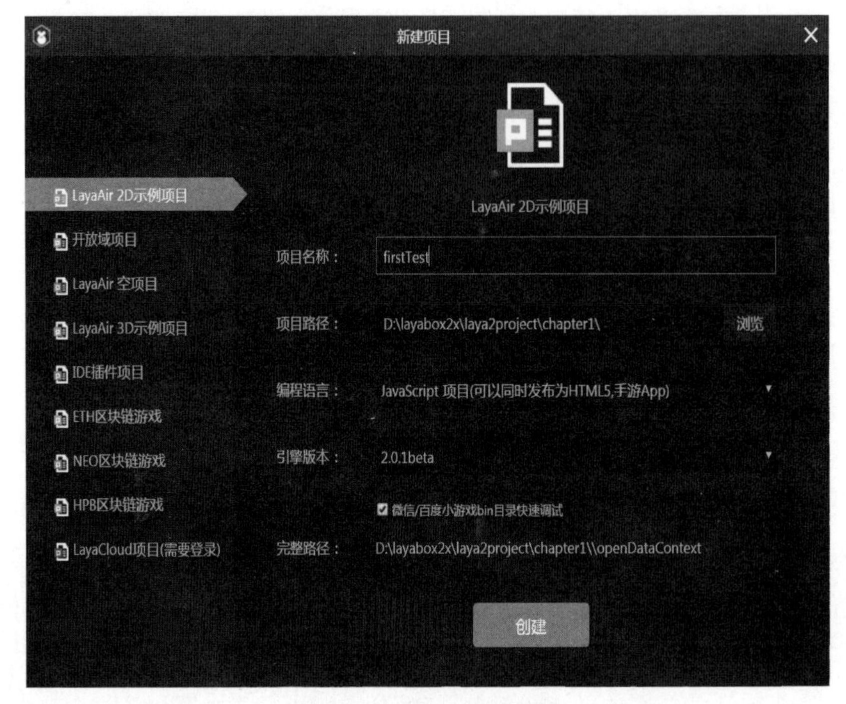

图 1.9　新建项目对话框

在对话框的左侧有多种项目类型可以选择，在此选择默认的“LayaAir 2D 示例项目”，其他项目设置如下。

- 项目名称：firstTest。
- 项目路径：D:\layabox2x\laya2project\chapter1。
- 编程语言：JavaScript。
- 微信/百度小游戏 bin 目录快速调试：勾选。

完成设置后，单击【创建】按钮，稍等片刻将完成项目的创建工作。

项目创建完成后，页面将自动切换至可编辑状态。通用工具栏位于页面的顶端和左侧边栏内。如图 1.10 所示，左侧边栏内的【代码模式】和【编辑模式】图标按钮用于切换项目的显示模式，顶部的调试方式可以根据喜好进行选择。

LayaAir IDE 的菜单在默认情况下是折叠的，单击如图 1.10 所示通用工具栏顶部的菜单按钮，将弹出如图 1.11 所示的功能菜单。

注意：在代码模式和编辑模式下，菜单的功能会有不同。

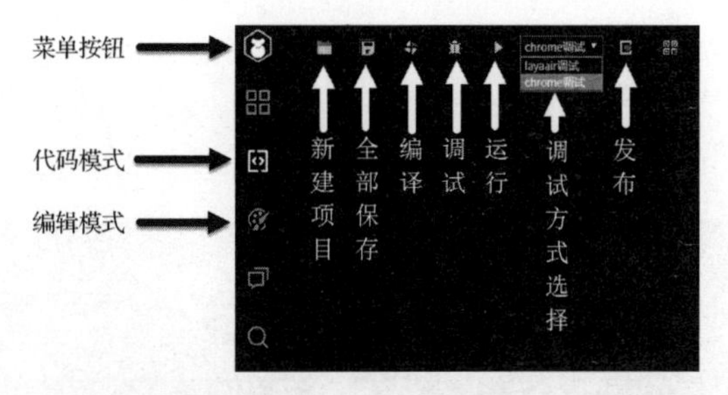

图 1.10　通用工具栏

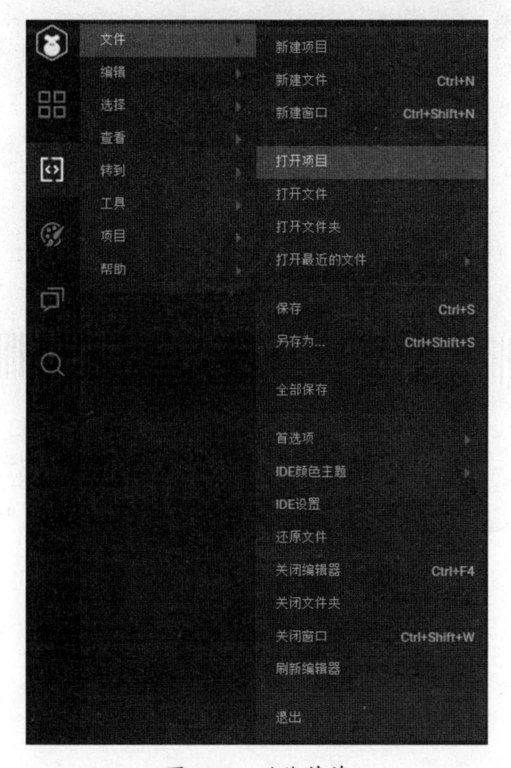

图 1.11　功能菜单

集成开发环境（IDE）的完整页面如图 1.12 所示，默认打开的是代码模式页面，在页面左侧的资源管理器中列出了项目的目录结构。

- .laya 目录：包含项目的配置文件。
- bin 目录：项目编译目录。
- laya 目录：包含原始的美术、音频资源，以及可视化场景的配置文件。

- libs 目录：包含 LayaAir 引擎的功能类库。
- src 目录：代码目录。
- firstTest.laya：工程配置文件。
- jsconfig.json：工程的 JavaScript 参数设置。

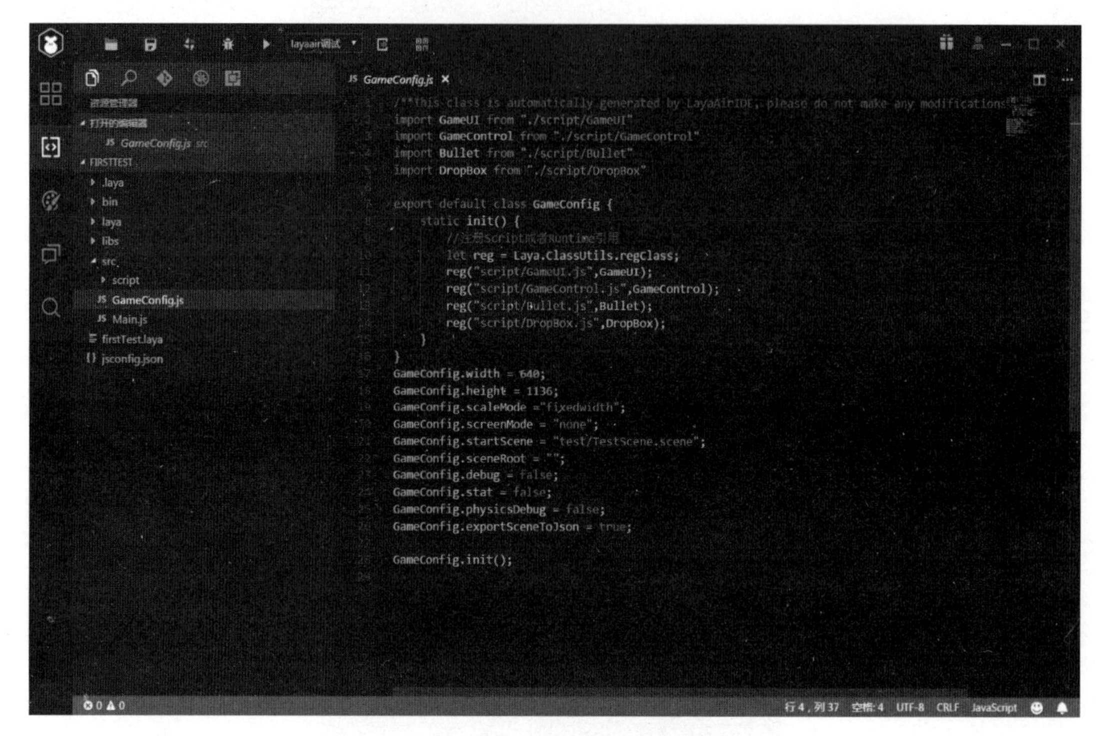

图 1.12　集成开发环境的完整页面

资源管理器可以通过【Ctrl+B】组合键来显示或隐藏。单击资源管理器中的文件，将在界面右侧的编辑器页面中显示内容并可对其进行编辑。请注意 src 目录下的 GamcConfig.js 文件，在编辑器页面中可以看见 GameConfig.js 的第一行内容，具体如下。

```
/**This class is automatically generated by LayaAirIDE, please do not make any modifications. */
```

GameConfig.js 是 LayaAir IDE 自动生成的文件，不需要做任何修改。事实上，即使修改了这个文件，在项目编译时系统也会自动将其覆盖。这个文件的修改需要在编辑模式下完成。单击界面左侧的【编辑模式】图标，切换至编辑模式页面，如图 1.13 所示。

编辑模式比较特殊，必须打开一个场景才能显示资源的详细内容。如图 1.13 所示的编辑模式页面是在工程面板中选择 test 目录下的 TestScence.scene 场景后的情景。TestScence.scene 是

LayaAir 2D 示例项目创建的场景，居中显示的是场景的可视化页面，可以滚动鼠标滚轮进行缩放，按住鼠标右键进行平移。页面右侧显示的是场景的属性，场景中的内容是一个树状结构，它的层级关系显示在工程面板的下方。

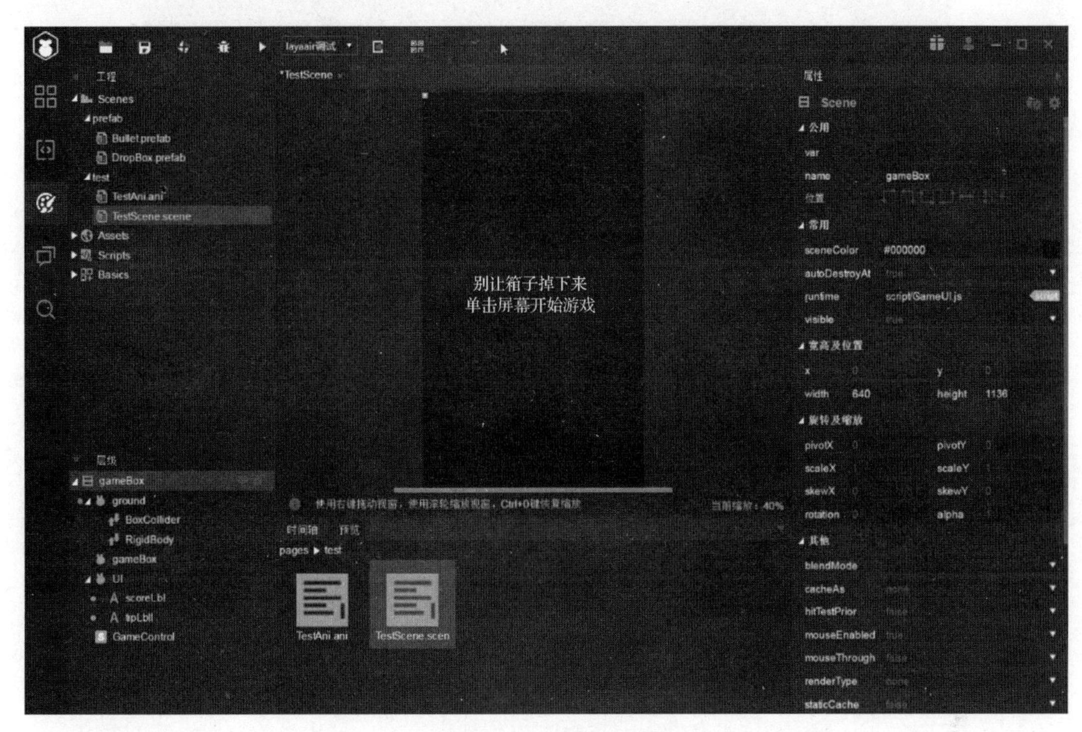

图 1.13　编辑模式页面

工程面板的结构分为如下几个相对独立的部分。

- Scenes：存放场景和预制体。预制体是各种构成场景元素的零件或组件。
- Assets：工程目录下的 laya\assets\文件夹，用于存储原始的资源。
- Scripts：存放项目中的代码，可以挂载到预制体或场景中。
- Basics：LayaAir IDE 提供的一些标准组件。

编辑模式下的操作将在后续章节中进行详细介绍，本章打开编辑模式页面的目的是完成对页面自适应功能的设置。如果此时按【F6】快捷键或单击页面上方工具栏的【运行】按钮，将看到一个一片漆黑的场景，这是因为尚未正确设置项目的场景适配模式。

确保当前 LayaAir IDE 在编辑模式下，按【F9】快捷键，将弹出项目设置面板，如图 1.14 所示。将场景适配模式设置为 showall，将水平对齐模式设置为 center，单击【确定】按钮关闭项目设置面板，完成设置。

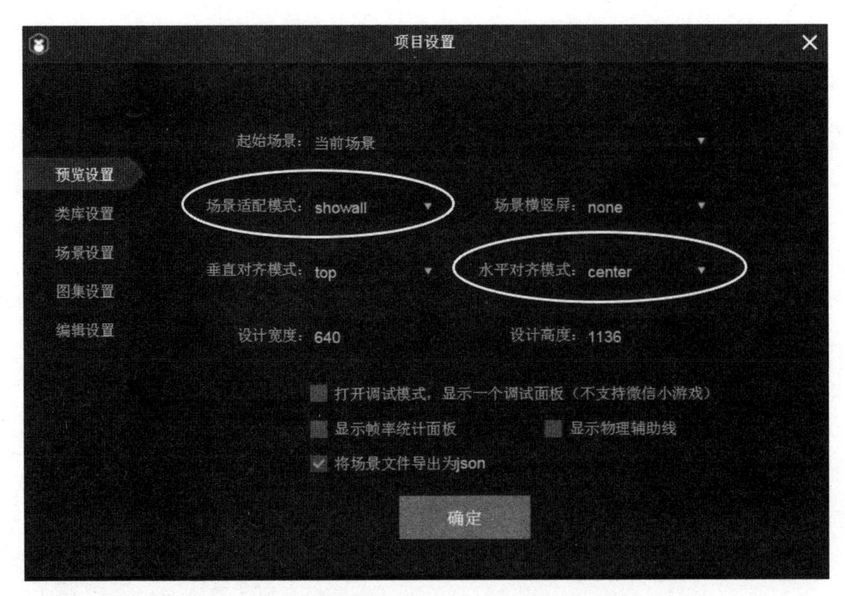

图 1.14 项目设置面板

按【F6】快捷键运行项目，效果如图 1.15 所示，玩法如下。

（1）屏幕顶端不断有盒子落下。如果盒子落到地面，则游戏结束。

（2）单击鼠标，将在屏幕上生成向上运动的小球。

（3）盒子碰到小球后会停止下落。如果盒子被小球击中的次数足够多，则盒子将被击毁。

图 1.15 示例项目的运行效果

我们已经对 LayaAir 2D 示例项目有了大致的了解，接下来将分别把示例项目发布成可以独立运行的 Web 版本和微信小游戏版本。发布项目的操作和在 LayaAir IDE 中的步骤相同。单击顶部工具栏中的【发布】图标按钮，将弹出如图 1.16 所示的发布项目对话框。在发布平台中，可以根据需要选择 Web/Native、微信小游戏、QQ 玩一玩等发布类型，其他选项可以保持默认设置。设置完成后，单击【发布】按钮，等待片刻，将在项目的目录下自动生成 release 目录，在发布项目对话框中将显示“发布完成”的提示信息和【打开发布文件夹】按钮。Web/Native 项目的发布文件夹是 release\web，微信小游戏的发布文件夹是 release\wxgame。

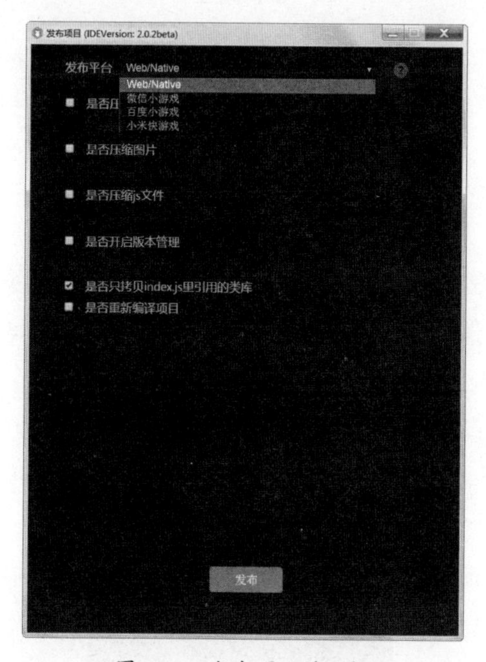

图 1.16　发布项目对话框

现在，可以尝试发布 Web/Native 项目和微信小游戏项目了。按照本书的约定，Web/Native 项目发布的完整路径是 D:\layabox2x\laya2project\chapter1\firstTest\release\web。

将 Web/Native 项目部署到腾讯 COS 上的步骤如下。

（1）将示例项目的 Web 发布文件夹，即 D:\layabox2x\laya2project\chapter1\firstTest\release\目录下的 Web 文件夹，改名为 firsttest。

（2）在浏览器中登录腾讯 COS。

（3）打开如图 1.5 所示的存储桶实例详情页面，单击【上传文件】按钮，在上传文件页面将光标移动到【选择文件】按钮上停留片刻，页面会如图 1.17 所示，弹出一个【选择文件夹】

按钮。单击该按钮，然后上传文件夹 D:\layabox2x\laya2project\chapter1\firstTest\release\firsttest\。

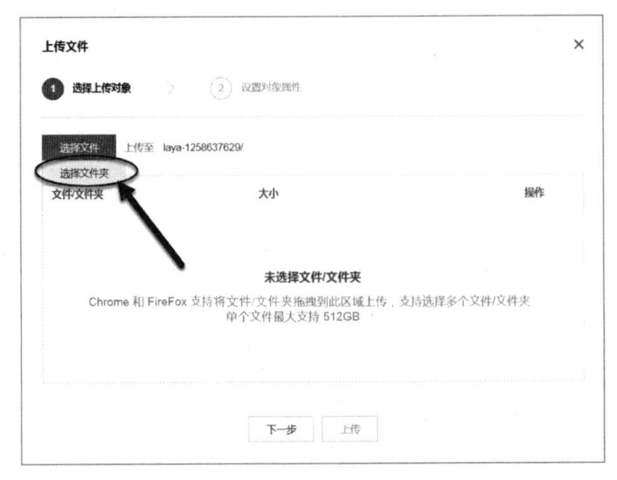

图 1.17　上传文件夹

（4）在 Chrome 浏览器中打开腾讯 COS 的访问节点，即链接 1-6，在其后加上“firsttest”，就可以访问上传的 Web 文件了。如图 1.18 所示，运行效果与在 LayaAir IDE 中完全相同。微信小游戏版本的发布将在 1.3.4 节讲解。

图 1.18　已发布 Web 版本的部署效果

1.3.4　微信开发者工具的下载和使用

微信开发者工具是发布微信小游戏必须使用的工具，下载地址见链接 1-7。打开下载页面后，选择和操作系统匹配的版本下载并安装，具体过程比较简单，在此不再赘述。

安装完毕，启动微信开发者工具，启动后需要和微信账号关联。在移动设备上打开微信，扫描识别码，微信开发者工具的启动页面如图 1.19 所示。单击启动页面左侧的【小程序项目】按钮，可将 LayaAir 项目发布成微信小游戏。单击【小程序项目】按钮，将出现小程序项目设置面板。

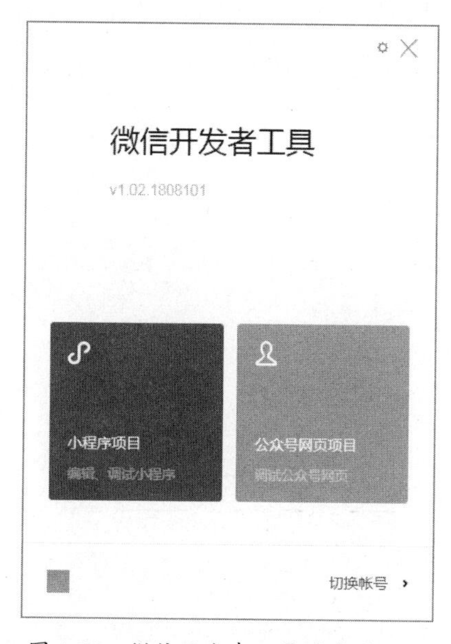

图 1.19　微信开发者工具的启动页面

小程序项目设置面板中的具体设置如下。

（1）项目目录：D:\layabox2x\laya2project\chapter1\firstTest\release\wxgame，即所发布的微信小游戏项目的发布文件夹。

（2）AppID：单击如图 1.20 所示页面上的【小游戏】选项，将自动填充测试账号。

（3）单击【确定】按钮，完成设置，并自动切换至如图 1.21 所示的微信开发者工具主页面。

注意：AppID 是小游戏的唯一标识码，一个 AppID 对应于一个不重复的注册邮箱。

图 1.20　小程序项目设置面板

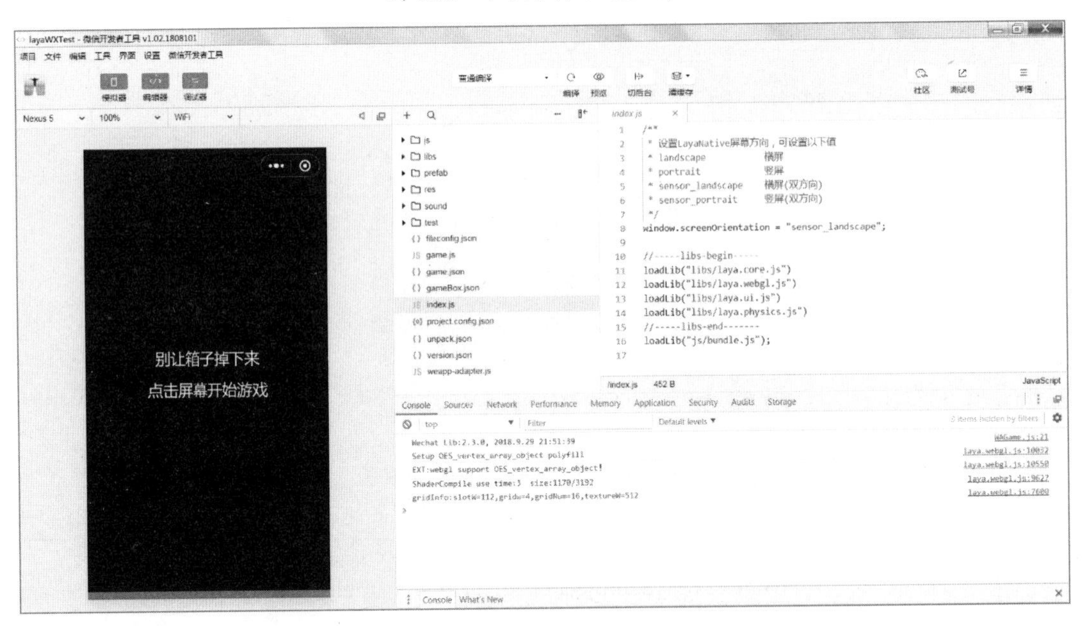

图 1.21　微信开发者工具主页面

微信开发者工具主页面左侧是模拟器，右侧上部是编辑器，右侧下部是调试器。微信小游戏项目发布文件夹中的任何调整都会触发微信开发者工具的重新编译，在模拟器中的游戏体验与在 LayaAir IDE 或本地 Web 服务器中的基本一致。

接下来，可以在移动设备上将 LayaAir 2D 示例项目发布成微信小游戏。单击微信开发者工具主页面上的【预览】按钮，将弹出一个错误提示框，提示代码包的文件大小超过了微信小游戏规定的 4MB 上限，需要手动删除多余的代码，如图 1.22 所示。

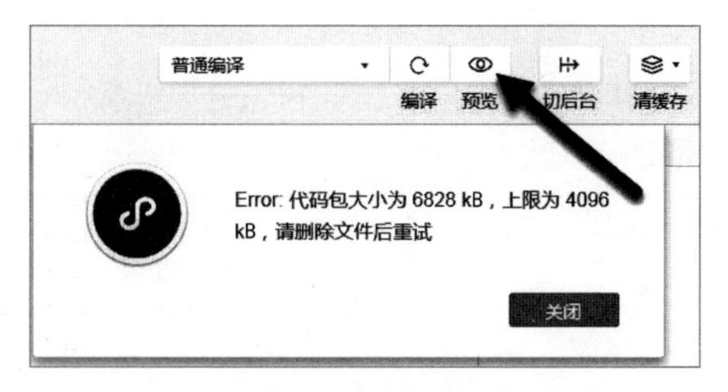

图 1.22　预览/错误提示

在删除多余的代码之前，需要了解微信小程序的代码结构。在微信开发者工具的编辑器中可以查看 game.js（它是微信小程序的入口文件），代码如下。

```
//game.js

01   require("weapp-adapter.js");
02   require("libs/laya.wxmini.js");
03   window.loadLib = require;
04   require("index.js")
```

在 game.js 文件的代码中包含对以下 3 个 JavaScript 文件的引用。

- weapp-adapter.js：微信小游戏运行的基础类库。
- libs/laya.wxmini.js：LayaBox 引擎与微信小游戏的关联类库。
- index.js：真正的项目入口文件。

打开 index.js 文件，可以看见第 9 行至第 12 行代码引用了 4 个 LayaBox 引擎的类库文件，第 14 行代码引用的 js/bundle.js 文件是由 LayaAir IDE 2D 示例项目中的逻辑代码打包生成的，具体如下。

```
//index.js

08   //-----libs-begin-----
09   loadLib("libs/laya.core.js")
10   loadLib("libs/laya.webgl.js")
11   loadLib("libs/laya.ui.js")
12   loadLib("libs/laya.physics.js")
13   //-----libs-end-------
14   loadLib("js/bundle.js");
```

由此可见，在这个项目中，要想减小代码包的“体积”，只能删除 libs 目录下未在项目中关联的文件。在 Windows 操作系统的资源管理器中打开 libs 目录，即 D:\layabox2x\laya2project\chapter1\firstTest\release\wxgame\libs\，保留以上代码中存在引用关系的 5 个 JavaScript 文件，具体如下，将其他文件全部删除。

- laya.core.js
- laya.physics.js
- laya.ui.js
- laya.webgl.js
- laya.wxmini.js

删除其他文件后，微信开发者工具将自动重新编译项目（可以在模拟器中验证项目是否能正常运行）。单击微信开发者工具主页面上的【预览】按钮，release\wxgame\文件夹下的内容将顺利上传到微信小游戏的测试服务器上，然后，会显示一个二维码。用微信扫描该二维码，即可在移动设备上体验刚刚完成的微信小游戏。在微信小游戏项目正式上线前，还有很多需要处理的细节，我们将在后续的章节中详细介绍。

1.4 小结

在本章中，我们首先了解了 HTML5 游戏和 LayBox 引擎，然后体验了 LayaAir IDE 的基本功能，最后完成了 LayaAir IDE 2D 示例项目的 Web 版本和微信小游戏版本的发布。

这是一个美妙的开始。

第 2 章　第一个 2D 游戏

从本章开始，我们将以 LayaAir IDE 作为开发工具，循序渐进地开发一个简单的 2D 游戏。通过本章的学习，我们将了解在使用 JavaScript 作为开发语言时一个 LayaAir 2D 游戏项目的组织结构。本章将详细说明 2D 游戏必须具备的基本功能，包括美术资源的使用，以及玩家输入的接收、处理和反馈等。

本章主要涉及的知识点如下。

- Stage（舞台）。
- Sprite（精灵）。
- 矢量图形绘制。
- 位图使用。
- 文字使用。
- 物体的移动。
- 添加或删除物体。

2.1　游戏需求

我们将用两章的篇幅开发一个射箭类 2D 游戏。玩家通过单击屏幕向指定位置射箭，游戏将记录玩家的每一次单击动作并将其显示在屏幕上；如果玩家射中目标，屏幕上将显示相应的结果。最终的游戏效果，如图 2.1 所示。

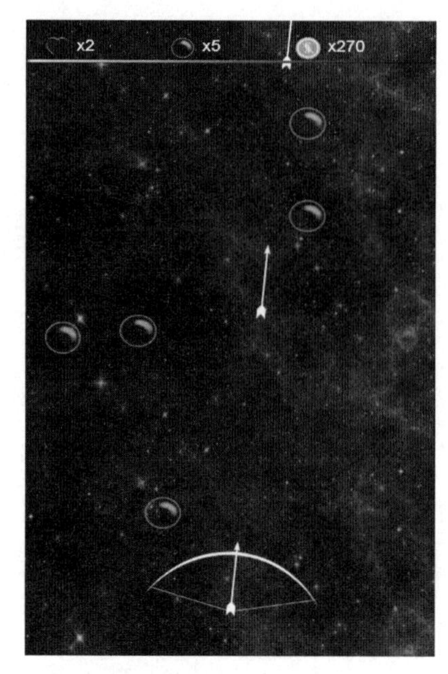

图 2.1 游戏效果

2.2 新建项目

首先，打开 LayaAir IDE（以下简称 IDE），单击【新建项目】按钮，在新建项目面板中进行下列设置。

- 项目类型：LayaAir 空项目。
- 项目名称：myArrow。
- 项目路径：D:\layabox2x\laya2project\chapter2。
- 编程语言：JavaScript。

然后，单击【创建】按钮完成项目创建，如图 2.2 所示。

项目创建完成后，首先切换到编辑模式，然后单击【菜单按钮】→【文件】→【项目设置】选项，打开项目设置面板（快捷键是【F9】，项目设置面板只能在编辑模式下打开）。

在项目设置面板中选择【预览设置】选项，然后设置下列属性，如图 2.3 所示。

- 场景适配模式：showall。
- 水平对齐模式：center。
- 设计宽度：720。
- 设计高度：1280。

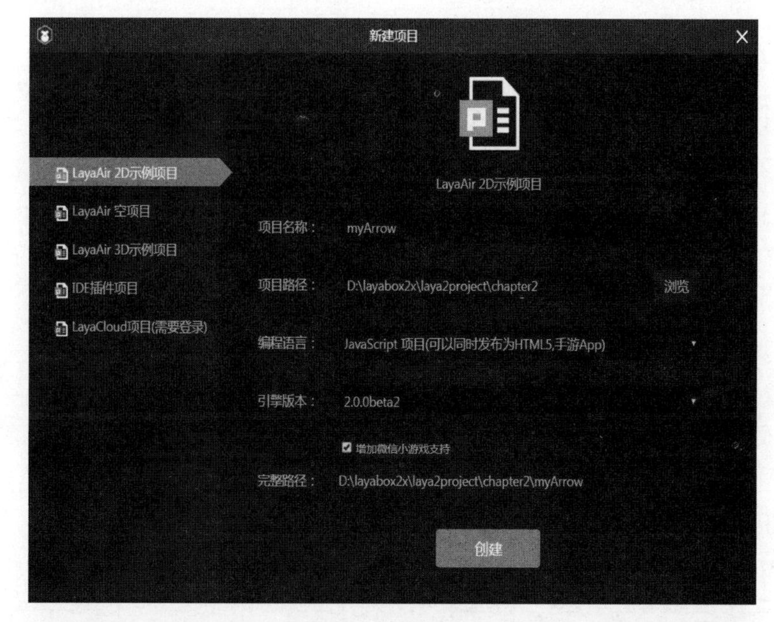

图 2.2　新建项目

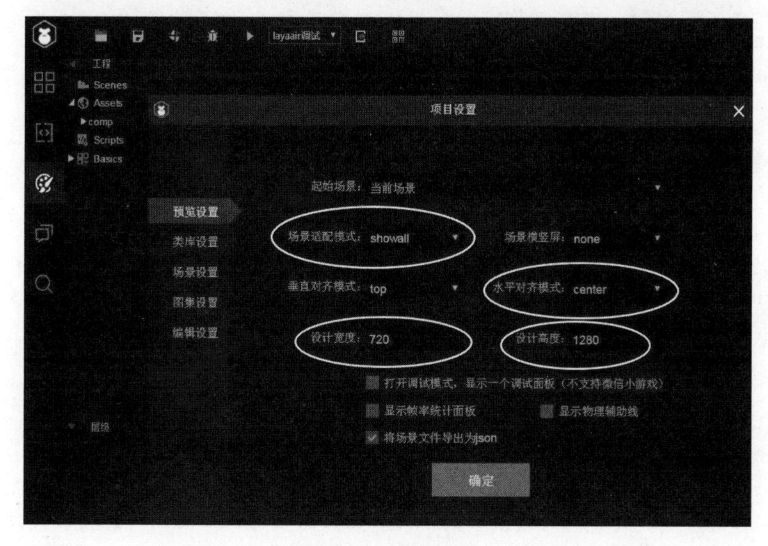

图 2.3　项目设置

单击【确定】按钮，保存设置。此时，如果运行或调试项目，得到的是一个竖屏的空界面，背景默认为黑色。

切换到代码模式，展开资源管理器中的 src 目录，单击 src/GameConfig.js 文件，在编辑器中查看代码，可以发现之前在项目设置面板中设置的属性已经保存在代码中了，具体如下。

```
11  GameConfig.width = 720;
12  GameConfig.height = 1280;
13  GameConfig.scaleMode ="showall";
14  GameConfig.screenMode = "none";
15  GameConfig.alignV = "top";
16  GameConfig.alignH = "center";
```

注意：src/GameConfig.js 文件是 IDE 自动生成的，手动修改无效。参数设置只能在项目设置面板中修改。

单击资源管理器中的 src/main.js 文件，查看代码。src/main.js 是项目的主入口文件，是一个符合 ECMAScript 6（以下简称 ES6）标准的 JavaScript 文件，在创建项目时 IDE 会自动生成这个文件，具体代码解读如下。

首先，完成了对项目设置参数的加载。随后，定义了一个 Main 类，并在构造方法 constructor 中完成了引擎的初始化设置。最后，新建一个 Main 实例来实现项目的入口功能。代码如下。

```
import GameConfig from "./GameConfig";
class Main {
    constructor() {
        //根据 IDE 设置初始化引擎
        …

           //打开调试面板（通过 IDE 设置调试模式，或者在 URL 中添加 debug=true 参数）
           …

        //激活资源版本控制，version.json 由 IDE 发布功能自动生成（没有此文件不影响后续流程）
        Laya.ResourceVersion.enable("version.json", Laya.Handler.create(this, this.
            onVersionLoaded), Laya.ResourceVersion.FILENAME_VERSION);

}

onVersionLoaded() {
     //激活大小图映射；在加载小图时，如果发现小图在大图集合中，则优先加载大图集合而不是小图
     Laya.AtlasInfoManager.enable("fileconfig.json", Laya.Handler.create(this, this.
         onConfigLoaded));
    }

    onConfigLoaded() {
         //加载 IDE 指定的场景
         GameConfig.startScene && Laya.Scene.open(GameConfig.startScene);
    }
 }
```

```
//激活启动类
new Main();
```

Laya.ResourceVersion.enable 及方法 onVersionLoaded()、onConfigLoaded()实现了资源加载和场景加载功能。为了更好地了解 LayaAir 的工作原理，在本章中，不使用场景（Laya.Scene），删除 Laya.ResourceVersion.enable 及方法 onVersionLoaded()、onConfigLoaded()，添加一个新定义的全局方法 init()来承载需要实现的功能。修改后的 src/main.js 文件的完整代码如下。

```
01  import GameConfig from "./GameConfig";
02  class Main {
03      constructor() {
04          //根据 IDE 设置初始化引擎
05          if (window["Laya3D"]) Laya3D.init(GameConfig.width, GameConfig.height);
06          else Laya.init(GameConfig.width, GameConfig.height, Laya["WebGL"]);
07          Laya["Physics"] && Laya["Physics"].enable();
08          Laya["DebugPanel"] && Laya["DebugPanel"].enable();
09          Laya.stage.scaleMode = GameConfig.scaleMode;
10          Laya.stage.screenMode = GameConfig.screenMode;
11          Laya.stage.alignV = GameConfig.alignV;
12          Laya.stage.alignH = GameConfig.alignH;
13          //兼容微信但不支持加载 scene 后缀场景
14          Laya.URL.exportSceneToJson = GameConfig.exportSceneToJson;
15
16          //打开调试面板（通过 IDE 设置调试模式，或者在 URL 中添加 debug=true 参数）
17          If (GameConfig.debug || Laya.Utils.getQueryString("debug") == "true")
                Laya.enableDebugPanel();
18          if (GameConfig.physicsDebug && Laya["PhysicsDebugDraw"])
                Laya["PhysicsDebugDraw"].enable();
19          if (GameConfig.stat) Laya.Stat.show();
20          Laya.alertGlobalError = true;
21
22          init();
23      }
24  }
25  //激活启动类
26  new Main();
27
28  /**功能初始化 */
29  function init(){
30      //显示统计信息
31      Laya.Stat.show();
32      //在调试控制台输出“Hello World”
33      console.log('Hello World!');
```

```
34    }
```

完成代码修改后，在 LayaAir 调试模式下调试项目（快捷键【F5】），将得到如图 2.4 所示的调试结果。可以看到，界面上显示性能统计信息，并在调试控制台输出“Hello World!”。

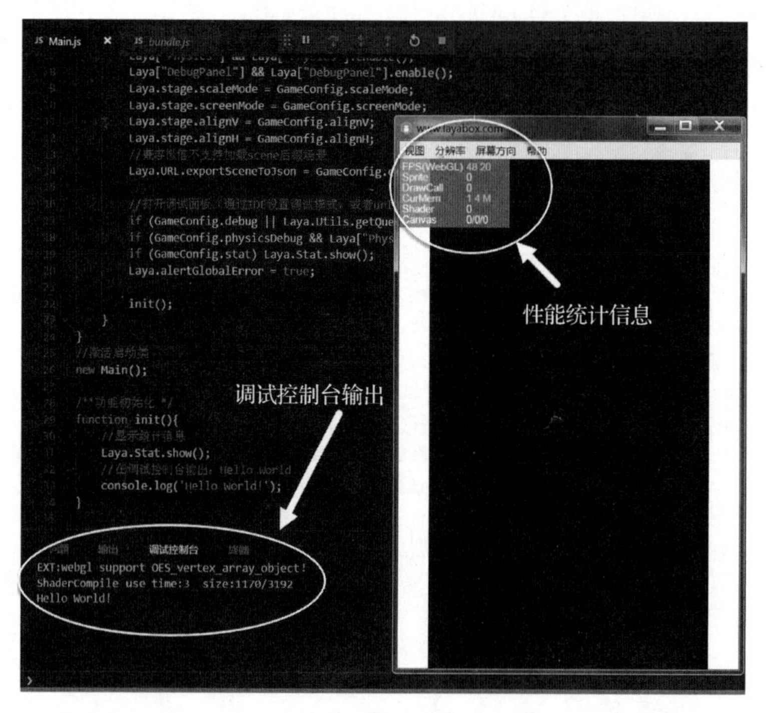

图 2.4　调试结果

注意：在 LayaAir 调试模式下，console.log 是在调试控制台输出的。如果希望在 IDE 中查看 console.log 的输出结果，则只能使用调试模式。

至此，我们已经做好了开发项目的准备，是时候了解代码的编译细节了。在代码模式下，在资源管理器中展开 bin 目录。bin 目录是项目编译目录，bin/index.html 是整个项目运行的基础文件，其中包含 index.js 文件，代码如下。

```
<script type="text/javascript" src="index.js"></script>
```

在 index.html 文件中定义一个 loadLib 方法，加载模块，代码如下。

```
//index.html
    <script type="text/javascript">
        function loadLib(url) {
          var script = document.createElement("script");
```

```
        script.async = false;
        script.src = url;
        document.body.appendChild(script);
    }
</script>
```

打开 index.js 文件后，会看到下面的语句。js/bundle.js 是项目的业务逻辑代码编译后获得的脚本文件，能在其他类库文件的配合下实现项目的功能。打开 js/bundle.js 文件，可以找到与 src/main.js 文件相同的代码片段。

```
//index.js
//-----libs-begin-----
loadLib("libs/laya.core.js")
loadLib("libs/laya.webgl.js")
loadLib("libs/laya.ui.js")
loadLib("libs/laya.physics.js")
//-----libs-end-------
loadLib("js/bundle.js");
```

由此可见，在 IDE 中调试或运行项目时，文件调用顺序是 bin/index.html→bin/index.js→bin/js/bundle.js。

2.3　Stage、Sprite、Graphics

在本节中，我们将创建游戏的场景并熟悉 Laya.stage、Laya.Sprite 及 Laya.graphics 的功能。这 3 个对象分别是 LayaAir 引擎中 laya.display.Stage、laya.display.Sprite 和 laya.display.Graphics 的实例，我们将逐一了解它们的功能和用途。

启动 IDE，打开在 2.2 节创建的工程，切换到代码模式，在资源管理器中打开 scr/Main.js 文件，代码如下。

```
01  import GameConfig from "./GameConfig";
02  class Main {
03      constructor() {
04          //根据 IDE 设置初始化引擎
05          if (window["Laya3D"]) Laya3D.init(GameConfig.width, GameConfig.height);
06          else Laya.init(GameConfig.width, GameConfig.height, Laya["WebGL"]);
07          Laya["Physics"] && Laya["Physics"].enable();
08          Laya["DebugPanel"] && Laya["DebugPanel"].enable();
09          Laya.stage.scaleMode = GameConfig.scaleMode;
10          Laya.stage.screenMode = GameConfig.screenMode;
```

```
11          Laya.stage.alignV = GameConfig.alignV;
12          Laya.stage.alignH = GameConfig.alignH;
```

我们即将创建的是一个 2D 项目，因此调用 Main.js 的第 6 行代码完成 Laya 引擎的初始化，参数设置如下。

```
GameConfig.width: 720
GameConfig.height: 1280
```

我们创建了一个宽为 720 像素、高为 1280 像素的 laya.display.Stage 实例。该行代码等价于：

```
Laya.init(720, 1280, Laya.WebGL);
```

这行代码中的第 3 个参数 Laya.WebGL，表示该项目在运行时优先使用 WebGL 渲染方式。WebGL（Web Graphics Library）是一种 3D 绘图协议，可以为 HTML5 Canvas 提供硬件 3D 加速渲染功能，帮助 Web 开发人员在浏览器里借助系统显卡更流畅地展示动态图形。因为并非所有的浏览器都支持 WebGL，所以，在 WebGL 无法正常工作的情况下，LayaAir 将使用普通的渲染方式来渲染游戏。

以下两行代码用于屏幕适配，将在第 4 章详细介绍，在此暂不展开。

```
09    Laya.stage.scaleMode = GameConfig.scaleMode;
10    Laya.stage.screenMode = GameConfig.screenMode;
```

然后，我们修改 init()方法，具体如下。

```
29  function init(){
30      //设置 stage 的背景颜色
31      Laya.stage.bgColor = '#aabbcc';
32  }
```

laya.display.Stage 是舞台类，所有的显示对象都在舞台上显示，通过 Laya.stage 单例访问。Laya.stage.bgColor 是 Laya.stage 的背景颜色属性。修改完成后，运行项目，将看到一个蓝色背景的空界面。

接下来，将 IDE 的调试模式设置为【Chrome 调试】，运行项目，然后在 Chrome 浏览器被选中的状态下按【F12】快捷键，运行结果如图 2.5 所示。

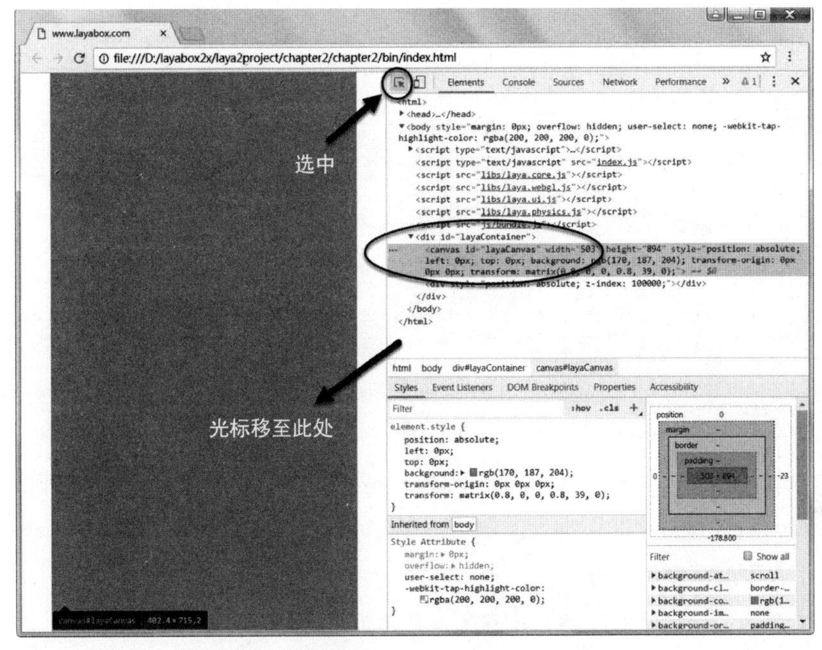

图 2.5　在 Chrome 浏览器中运行调试

在 Chrome 浏览器中保持【选择元素查看】单选按钮为选中状态，然后将光标移至屏幕左侧的空界面区域。此时，在浏览器右侧的【Elements】页面元素显示区将高亮显示一个 ID 为“layaCanvas”的 canvas 元素，代码如下。

```
<canvas id="layaCanvas" ...
```

由此可见，Laya.stage 通常工作在 Canvas 元素中，它与浏览器的对应层级关系，如图 2.6 所示。在普通的 LayaBox 游戏开发中，通常只考虑在 Laya.stage 上实现各种功能。

Laya.stage 是单例模式的对象，在一个游戏项目中只有一个。Laya.stage 也使用 LayaAir 引擎开发游戏的根节点，因此在开发时不建议删除 Laya.stage。贸然删除 Laya.stage 会给重建游戏场景等操作带来很多不便，所以，通常采用在 Laya.stage 上加载或移除对象的方法来渲染游戏的可视化对象。

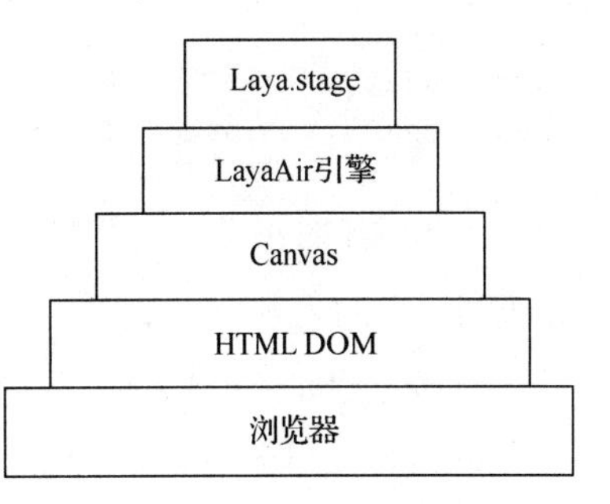

图 2.6　Stage 与浏览器的层级关系

Laya.stage 的坐标系原点在左上角，x 轴的正方向是从左至右，y 轴的正方向是从上至下。在 Main.js 的 init()方法体（后文简称为 init()方法）的最后，添加两行用于显示

Laya.stage 坐标的代码，具体如下。

```
32    //显示 Laya.stage 的坐标
33    console.log('Laya.stage.x = ',Laya.stage.x);
34    console.log('Laya.stage.y = ',Laya.stage.y);
```

切换到 LayaAir 调试模式，运行项目，在调试控制台将输出下列结果。

```
Laya.stage.x = 0
Laya.stage.y = 0
```

注意： Laya.stage 的默认位置是(0,0)，通常不可以修改。

接下来，介绍 Laya.Sprite。

Laya.Sprite 是基本的显示图形的列表节点。Laya.Sprite 默认没有宽和高，并且不接受鼠标事件。通过 Graphics 可以绘制图形或矢量图，支持旋转、缩放、位移等操作。Laya.Sprite 也是容器类，可用来添加多个子节点。

创建一个名为“sp”的 Laya.Sprite 对象，代码如下。

```
var sp = new Laya.Sprite();
```

在 init()方法中添加下列代码并运行。

```
36    //添加 Sprite
37    var sp = new Laya.Sprite();
38    //打印 Laya.stage 的子节点数量
39    console.log('Laya.stage 的子节点数量：',Laya.stage.numChildren);
40    Laya.stage.addChild(sp);
41    console.log('Laya.stage 的子节点数量：',Laya.stage.numChildren);
```

调试控制台的运行输出结果如下。

```
Laya.stage 的子节点数量： 0
Laya.stage 的子节点数量： 1
```

但是，此时在屏幕上没有显示任何内容。这是因为创建的 sp 对象只是一个空节点，不包含任何可显示的元素。

下面介绍如何在 Laya.stage 和 Sprite 对象中添加可显示的内容。

Laya.Graphics 是一个工具 API，用于创建绘图显示对象。在 Laya 项目中，可视化对象的实例都自动包含 Graphics 的功能。例如，在 init()方法的最后添加下面的代码，将在 Laya.stage()

中绘制两条交叉的线段。drawLine()是绘制线段的方法，前 4 个参数分别表示起点的横坐标、纵坐标及终点的横坐标、纵坐标，第 5 个参数表示线段的颜色，第 6 个参数表示线段的宽度。运行结果如图 2.7 所示。

```
43	//在 Laya.stage 中绘制水平线段
44	Laya.stage.graphics.drawLine(100,200,300,200,'#ff0000',1);
45	//在 Laya.stage 中绘制垂线段
46	Laya.stage.graphics.drawLine(200,100,200,300,'#ff0000',1);
```

图 2.7　在 Laya.stage 中绘制两条交叉的线段

同理，可以在已经创建的 Sprite 对象 sp 中绘制图形，代码如下。

```
48	//将 sp 移动到横坐标 400、纵坐标 300 的位置
49	sp.pos(400,300);
50	//绘制两条在 sp 原点交叉的线段
51	sp.graphics.drawLine(-50,0,50,0,'#00ff00',1);
52	sp.graphics.drawLine(0,-50,0,50,'#00ff00',1);
53	//绘制以 sp 原点为中心、半径为 40 的圆
54	sp.graphics.drawCircle(0,0,40,null,'#00ff00',2);
55	//在 Laya.stage 中绘制圆
```

```
56    Laya.stage.graphics.drawCircle(400,300,80,null,'#ff0000',2);
```

运行结果如图 2.8 所示。

图 2.8 在 Sprite 中绘制图形

以下代码在 Sprite 对象的原点绘制了一个半径为 40 的圆。

```
54    sp.graphics.drawCircle(0,0,40,null,'#00ff00',2);
```

drawCircle 的前 3 个参数依次表示圆心坐标 x、y 及圆的半径；第 4 个参数表示圆的填充颜色，此处设为 null（不填充）；第 5 个参数表示边框的颜色；第 6 个参数表示边框的宽。

注意：第 56 行代码与第 54 行代码的运行结果在屏幕上组成了同心圆，这两个圆分别绘制在 Laya.stage 和 sp 上，因此，这两行代码的 drawCircle 参数的圆心坐标是不一样的。

```
56    Laya.stage.graphics.drawCircle(400,300,80,null,'#ff0000',2);
```

Laya.Sprite 是可以嵌套使用的，在指定的 Sprite 中，它们的子节点的 Sprite 位置通常是相对该 Sprite 的原点设置的。在 init()方法的最后，可以添加下面的代码。

```
58    //在 sp 中添加 sp1
59    var sp1 = new Laya.Sprite();
```

```
60	sp.addChild(sp1);
61	//设置 sp1 的坐标，作用和 sp1.pos(x,y)相同
62	sp1.x = 50;
63	sp1.y = 150;
64	//绘制 sp1 的原点
65	sp1.graphics.drawLine(-50,0,50,0,'#aabbcc',1);
66	sp1.graphics.drawLine(0,-50,0,50,'#aabbcc',1);
67	//在控制台打印 sp1 相对 Laya.stage 的坐标
68	var sp1GlpbalPoint = sp.localToGlobal(new laya.maths.Point(sp1.x,sp1.y));
69	console.log('sp1 相对 stage 的坐标是：  ',sp1GlpbalPoint.x,sp1GlpbalPoint.y);
```

运行结果如图 2.9 所示。这时，在调试控制台中会同时显示 sp1 相对于 Laya.Stage 的坐标（以下称为“全局坐标”）。sp1 相对 stage 的坐标是(450,450)。

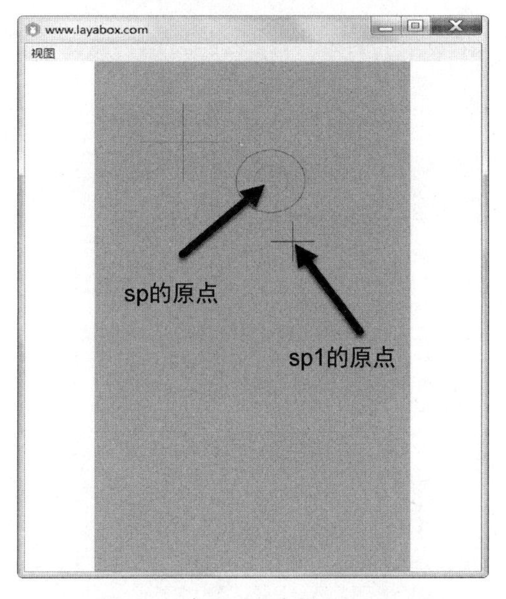

图 2.9　在 Sprite 中添加 Sprite

第 68 行代码的作用是完成 sp1 相对于 Laya.stage 的坐标转换，并将结果存储在一个 laya.maths.Point 类型的对象中（该对象使用 x 和 y 两个元素保存转换结果）。

注意：使用 localToGlobal 方法转换容器本身的坐标时，被转换的点应该是这个容器的坐标原点。例如，将第 68 行代码进行如下修改，得到的转换结果将是先前设定的(400,300)。

```
var sp1GlpbalPoint = sp.localToGlobal(new laya.maths.Point(0,0));
```

localToGlobal 是一个非常有用的方法，可以提供便捷的坐标转换。如果将 sp 围绕其原点转动 30°，使用 localToGlobal 方法可以方便地得到 sp1 的新的全局坐标。修改 init()方法，添加如下代码。

```
71  //将 sp 旋转 30°
72  sp.rotation = 30;
73  //在控制台打印 sp1 相对 Laya.stage 的坐标
74  var sp1GlpbalPoint = sp.localToGlobal(new laya.maths.Point(sp1.x,sp1.y));
75  console.log('sp1 相对 stage 的坐标是： ',sp1GlpbalPoint.x,sp1GlpbalPoint.y);
```

调试项目，将得到如图 2.10 所示的结果，并在调试控制台中输出。sp1 相对于 stage 的坐标是(368.3012715727659,454.9038108507872)。

图 2.10　旋转 Sprite

如图 2.10 所示，sp 与 sp1 的相对位置不变，但由于 sp 旋转了 30°，导致先前绘制在 Sprite 上的线段发生了旋转，sp1 的全局坐标就发生了改变。

Main.js 中的 init()方法的完整代码如下。

```
28  /**功能初始化 */
29  function init() {
30      //设置 stage 的背景颜色
31      Laya.stage.bgColor = '#aabbcc';
32      //显示 Laya.stage 的坐标
33      console.log('Laya.stage.x = ', Laya.stage.x);
34      console.log('Laya.stage.y = ', Laya.stage.y);
35
36      //添加 Sprite
37      var sp = new Laya.Sprite();
38      //打印 Laya.stage 的子节点数量
39      console.log('Laya.stage 的子节点数量：', Laya.stage.numChildren);
40      Laya.stage.addChild(sp);
41      console.log('Laya.stage 的子节点数量：', Laya.stage.numChildren);
42
43      //在 Laya.stage 中绘制水平线段
44      Laya.stage.graphics.drawLine(100, 200, 300, 200, '#ff0000', 1);
45      //在 Laya.stage 中绘制垂线段
46      Laya.stage.graphics.drawLine(200, 100, 200, 300, '#ff0000', 1);
47
48      //将 sp 移动到横坐标 400、纵坐标 300 的位置
49      sp.pos(400, 300);
50      //绘制两条在 sp 原点交叉的线段
51      sp.graphics.drawLine(-50, 0, 50, 0, '#00ff00', 1);
52      sp.graphics.drawLine(0, -50, 0, 50, '#00ff00', 1);
53      //绘制以 sp 原点为中心、半径为 40 的圆
54      sp.graphics.drawCircle(0, 0, 40, null, '#00ff00', 2);
55      //在 Laya.stage 中绘制圆
56      Laya.stage.graphics.drawCircle(400, 300, 80, null, '#ff0000', 2);
57
58      //在 sp 中添加 sp1
59      var sp1 = new Laya.Sprite();
60      sp.addChild(sp1);
61      //设置 sp1 的坐标，作用和 sp1.pos(x,y)相同
62      sp1.x = 50;
63      sp1.y = 150;
64      //绘制 sp1 的原点
65      sp1.graphics.drawLine(-50, 0, 50, 0, '#0000ff', 1);
66      sp1.graphics.drawLine(0, -50, 0, 50, '#0000ff', 1);
67      //在控制台中打印 sp1 相对 Laya.stage 的坐标
68      var sp1GlobalPoint = sp.localToGlobal(new laya.maths.Point(sp1.x, sp1.y));
69      console.log('sp1 相对 stage 的坐标是： ', sp1GlobalPoint.x, sp1GlobalPoint.y);
70
71      //将 sp 旋转 30°
```

```
72        sp.rotation = 30;
73        //在控制台中打印 sp1 相对 Laya.stage 的坐标
74        var sp1GlobalPoint = sp.localToGlobal(new laya.maths.Point(sp1.x, sp1.y));
75        console.log('sp1 相对 stage 的坐标是： ', sp1GlobalPoint.x, sp1GlobalPoint.y);
76    }
```

2.4　美术资源的准备

在 2.3 节中，我们了解了 Laya.stage 和 Sprite 的基本用法，并以 Graphics 作为辅助工具在界面上显示了 Sprite 的具体位置。尽管 Graphics 的功能强大，但在游戏中经常需要使用已经设计好的美术资源，通常的做法是将这些美术资源加载到内存中，然后使用。在本节中，我们首先了解如何准备美术资源。

2.4.1　单张图片资源

多人协作开发游戏时，通常需要有专人负责美术资源的制作。在 2D 游戏开发中，常用的美术资源是位图图片，通常为 JPG 格式或 PNG 格式。JPG 格式的文件，体积比较小，但没有透明通道，常用于制作游戏场景中的简单背景。PNG 格式的文件，通常会包含透明通道，在多张图片叠加时有较好的表现。

准备好的单张图片资源是可以在 Laya 引擎中直接使用的。为了保证开发过程的可维护性，通常会在 bin 目录下准备单独的目录专门存放图片文件，例如 bin/res/img。

在 Windows 资源管理器中，打开 D:\layabox2x\laya2project\chapter2\myArrow\bin\res，然后将 D:\layabox2x\res\chapter2 下的 img 文件夹复制到该路径下。在 IDE 中查看 bin/res/img 目录，单击 img 目录下的图片，显示效果如图 2.11 所示。arrow.png 和 bow.png 是两张不同的 PNG 格式的图片，有很大一部分区域是透明的，因此，在 IDE 中，这两张图片的透明部分都显示了马赛克背景。

我们已经在工程中准备好了游戏中会使用的单张图片素材，在 2.5 节中将尝试通过代码加载这些图片并显示在界面上。

通过刚才的观察可以发现，单张透明图片周围存在很多透明部分。在加载图片资源时，如果能将多张透明图片合成为一张图片，就可以减少透明部分并提高性能。在 2.4.2 节，我们将详细说明将多张图片合成图集（多张图片的集合）的过程。

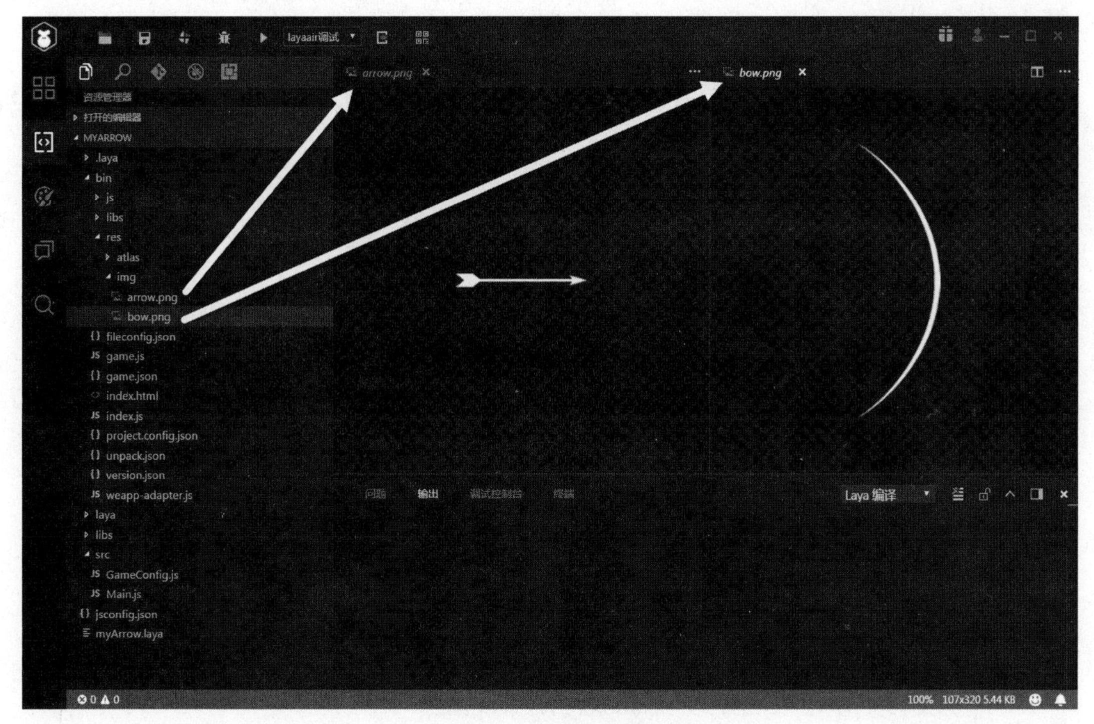

图 2.11　查看单张图片

2.4.2　图集资源

为什么要使用图集资源？在游戏开发中使用多张图片合成的图集资源作为美术资源，有以下优势。

- 优化内存：在合成图集时，不仅会删除每张图片周围的空白区域，还可以在整体上实施各种优化算法。合成图集后，可以减小游戏包的“体积”并避免内存占用。
- 减少 GPU 运算时间：如果多个 Sprite 渲染的是来自同一个图集的图片，这些 Sprite 就可以通过同一个渲染批次来处理，从而减少 GPU 的运算时间，提高运行效率。

图集制作的操作步骤如下。

单击【菜单按钮】→【工具】→【图集打包】，打开【图集打包工具】面板，如图 2.12 所示。

图 2.12 图集打包（1）

在【图集打包工具】面板中设置参数，然后单击【确定】按钮进行打包，如图 2.13 所示。如果打包图集的操作正确完成，将在指定的输出目录下生成一张以图集所在目录命名的 PNG 格式的图片和一个同名的 atlas 文件。在此，将项目中需要打包的内容设置如下，如图 2.13 所示。

- 资源文件夹的父级目录：D:\layabox2x\res\chapter2。
- 输出目录：D:\layabox2x\laya2project\chapter2\myArrow\bin\res\atlas。

图 2.13 图集打包（2）

注意：图集打包的实质是将一个文件夹内的所有图片合并成一张图片，因此，生成的图片的名称是该文件夹的名字，选择的资源根目录路径是该文件夹的路径。被打包的图片的最大宽度是 512 像素，合成图集的最大宽度是 2048 像素，自定义图集的尺寸不能超过这两个值。建议使用这两个值。

2.5　加载和使用美术资源

从 2.4 节中我们了解到，在 Laya 引擎中，图片资源可以单张使用或合成为图集使用。尽管使用图集通常可以优化性能，但单张原始图片可能存在尺寸过大而无法合成为图集的情况，因此，需要根据实际情况进行单张图片的加载或图集的加载。

在开始本节的内容前，我们对 src/Main.js 进行调整。

在 Main.js 的最后新建一个 init2()方法，代码如下。

```
79  function init2() {
80      //设置 stage 的背景颜色
81      Laya.stage.bgColor = '#aabbcc';
82  }
```

屏蔽对 init()方法的调用，增加对 init2()方法的调用，代码如下。

```
22  // init();
23  init2();
```

2.5.1　单张图片资源的加载和使用

加载单张图片，可以使用 Laya.Sprite 对象的 loadImage()方法实现。

在 Main.js 的 init2()方法的最后，添加下列代码。

```
83   //创建一个 Sprite 作为弓的根节点
84   var sp_bow = new Laya.Sprite();
85   Laya.stage.addChild(sp_bow);
86   //将弓移动到屏幕中央
87   sp_bow.pos(360, 1200);
88   //绘制弓的中心点
89   sp_bow.graphics.drawLine(-100, 0, 100, 0, "#00ff00", 1);
90   sp_bow.graphics.drawLine(0, -100, 0, 100, "#00ff00", 1);
91
92   //创建一个 Sprite，加载图片资源 bow.png 作为弓并显示
93   var sp_bow_img = new Laya.Sprite();
94   sp_bow.addChild(sp_bow_img);
95   //绘制图片的坐标原点
96   sp_bow_img.graphics.drawLine(-100, 0, 100, 0, "#00ffff", 1);
97   sp_bow_img.graphics.drawLine(0, -100, 0, 100, "#00ffff", 1);
98   //移动弓的图像并将其在正确的位置显示
99   sp_bow_img.pos(30, -160);
```

```
100
101 //加载弓的图片资源
102 sp_bow_img.loadImage("res/img/bow.png",
103     Laya.Handler.create(this, function () { console.log('图片加载完毕！') }));
104 //把弓逆时针旋转 90°，对准正上方
105 sp_bow.rotation = -90;
```

图 2.14　加载单张图片并显示

运行效果如图 2.14 所示。第 102 ~ 103 行代码实现了加载图片并显示图片的功能。bow.png 的宽是 107 像素，高是 320 像素。为了让弓绕原点旋转的动画效果更好，设置 sp_bow_img.pos(30, –160)，即弓向 x 轴正方向移动 30 像素，而非紧贴着 sp_bow 的坐标原点。

loadImage()是 Laya.Sprite 对象加载图片的方法，其处理结果是返回 Sprite 对象本身，因此，需要先创建 Laya.Sprite 对象。loadImage 方法有两个常用参数：第一个参数是字符串格式的图片加载路径，是必填项；第二个参数是图片加载完毕的处理方法，可以实现一些加载后的功能。

loadImage()是一个异步加载的过程，不是立即完成的，且由于网络延时、图片文件较大等因素，加载过程可能有延时，因此可以使用第五个参数来监听加载完成触发的消息。值得注意的是：Laya.Handler.create(this, function () { console.log('图片加载完毕！') })是 Laya 定义的事件监听句柄的固定写法。在对象池内创建一个句柄，默认会执行一次并立即回收。第一个参数指定该监听事件的发起者，第二个参数是一个完整的方法体。至此，我们实现了加载完毕在调试控制台打印消息“图片加载完毕！”的功能。

我们已经了解了加载单张图片的基本方法。显然，对于需要不断重复创建的箭来说，每次创建都要进行一次异步图片加载，是很不合理的。幸运的是，我们可以使用加载图集的方式来解决这个问题。

注意：loadImage 的 API 在 2.0 版本中进行了修改，不再提供加载后移动图像的功能。

2.5.2　图集资源的加载和使用

在使用图集中的资源之前，要预加载图集资源，然后设置图片的皮肤（skin）属性为“原小图目录名/原小图资源名.png”。图集的加载也是异步的，后续的图片设置需要在加载完成后进

行，通常的做法是给加载图片的方法添加一个加载完成的事件监听，然后在处理事件监听的方法内设置图片的皮肤属性。

下面是加载图集并在界面上显示箭的代码，需要将这段代码放到 init2()方法的最后。

```
107     //加载图集
108     Laya.loader.load("res/atlas/img.atlas",
109         Laya.Handler.create(this, onAssetLoaded));
110
111     /**加载图集后的处理 */
112     function onAssetLoaded() {
113         //创建承载箭的 Laya.Sprite
114         var sp_arrow = new Laya.Sprite();
115         //使用图集中箭的图像数据建立一个 Laya.Image 对象
116         var img_arrow = new Laya.Image('img/arrow.png');
117         //将 img_arrow 添加到 sp_arrow 中
118         sp_arrow.addChild(img_arrow);
119         //图像的原点在左上角，为了让箭头出现在 sp_arrow 的原点位置，需要偏移图像坐标
120         img_arrow.pos(-152, -8);
121         //绘制辅助线，标注箭的原点
122         sp_arrow.graphics.drawLine(-50, 0, 50, 0, "#ff0000", 1);
123         sp_arrow.graphics.drawLine(0, -50, 0, 50, "#ff0000", 1);
124         //在 Laya.stage 中添加箭，并把它放置在和弓对应的位置
125         Laya.stage.addChild(sp_arrow);
126         sp_arrow.pos(360, 1040);
127         //箭头向上
128         sp_arrow.rotation = -90;
129     }
```

用于加载图集的方法是 Laya.loader.load()。它是 Laya 引擎通用的加载方法，需要设置第 4 个参数，指定加载的对象是图集，才能在加载完成后正常使用加载的图集内容。该方法的第 1 个参数用于指定加载资源的路径，在此指向我们创建的图集配置文件 img.atlas，在加载过程中会自动加载对应的图片文件 img.png。加载成功后，加载完成事件将触发 onAssetLoaded()方法，完成后续的操作。如图 2.15 所示，我们成功地从图集中获取小图资源并应用到项目中，代码中的 sink 值 img/arrow.png 其实就是图集打包前所对应的资源名称和路径。

至此，基本的图集加载操作已经完成。然而，在正式的游戏项目中通常会有多个图集，且各个图集的用途可能存在差异。Laya.loader.load()方法的第 1 个参数可用于传入数组，完成多个图集的批量加载。

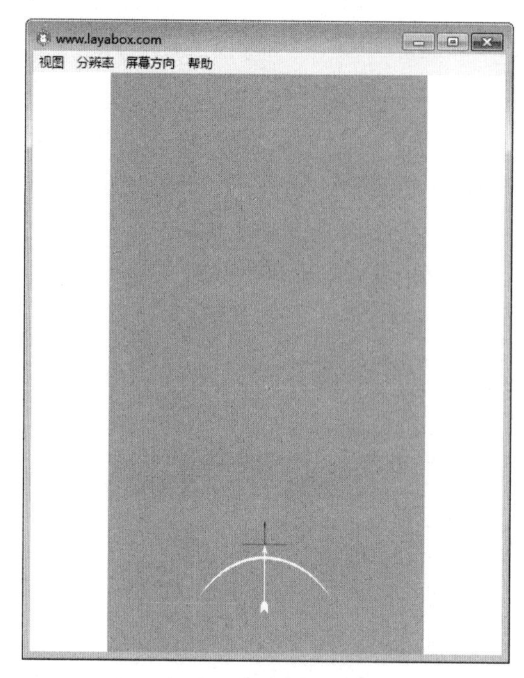

图 2.15 加载图集并显示

首先，建立一个新的入口方法体 init3()，代码如下。

```
function init3() {
    //设置 stage 的背景颜色
    Laya.stage.bgColor = '#aabbcc';
    //加载多个图集
    loadAtlas(["res/atlas/img.atlas","res/atlas/comp.atlas"]);
}
```

添加对 init3()的调用，代码如下。

```
22  // init();
23  //init2();
24  init3();
```

然后，将 Laya.loader.load()封装成可以动态接收图集路径的方法，代码如下。

```
function loadAtlas(atlasPath) {
    Laya.loader.load(atlasPath,
        Laya.Handler.create(this, onAssetLoaded));
}
```

把创建箭的代码封装成独立的方法 createArrow()，解耦加载的图集并使用图集的关联关系，代码如下。

```
function createArrow(){
    //创建承载箭的 Laya.Sprite
    var sp_arrow = new Laya.Sprite();
    //使用图集中箭的图像数据建立一个 Laya.Image 对象
    var img_arrow = new Laya.Image('img/arrow.png');
    //将 img_arrow 添加到 sp_arrow 中
    sp_arrow.addChild(img_arrow);
    //图像的原点在左上角，为了让箭头出现在 sp_arrow 的原点位置，需要偏移图像坐标
    img_arrow.pos(-152, -8);
    //绘制辅助线，标注箭的原点
    sp_arrow.graphics.drawLine(-50, 0, 50, 0, "#ff0000", 1);
    sp_arrow.graphics.drawLine(0, -50, 0, 50, "#ff0000", 1);
    //在 Laya.stage 中添加箭，并把它放置在和弓对应的位置
    Laya.stage.addChild(sp_arrow);
    sp_arrow.pos(360, 1040);
    //箭头向上
    sp_arrow.rotation = -90;
}
```

同理，可以用图集实现弓的图片资源加载，代码如下。

```
function createBow() {
    //创建一个 Sprite 来加载图片资源 bow.png，将其作为弓并显示
    var sp_bow = new Laya.Sprite();
    Laya.stage.addChild(sp_bow);
    //将弓移动到屏幕中央
    sp_bow.pos(360, 1200);
    //绘制弓的中心点
    sp_bow.graphics.drawLine(-100, 0, 100, 0, "#00ff00", 1);
    sp_bow.graphics.drawLine(0, -100, 0, 100, "#00ff00", 1);
    //使用图集创建弓的图像并将其显示出来
    var img_bow = new Laya.Image('img/bow.png');
    sp_bow.addChild(img_bow);
    img_bow.pos(30, -160);
    //把弓逆时针旋转 90°，对准正上方
    sp_bow.rotation = -90;
}
```

最后，创建 onAssetLoaded()方法，用于 Laya.loader.load 加载资源之后的操作，代码如下。

```
function onAssetLoaded() {
```

```
    createBow();
    createArrow();
}
```

此时，项目运行的结果与图 2.15 基本相同。此处使用 Laya.Image 显示加载后的图像。laya.ui.Image 类用于表示位图图像或绘制图形的显示对象。Image 和 Clip 是两个支持异步加载的 UI 组件，例如“img.skin = "abc/xxx.png"”，其他 UI 组件均不支持异步加载。使用“img.skin = "abc/xxx.png"”可以动态替换需要显示的内容。例如，在下面的代码后面添加一行修改 skin 的代码。

```
175        var img_bow = new Laya.Image('img/bow.png');
```

修改结果如下。

```
174        //使用图集创建弓的图像并将其显示出来
175        var img_bow = new Laya.Image('img/bow.png');
176        img_bow.skin = 'comp/clip_num.png';
```

运行结果如图 2.16 所示。

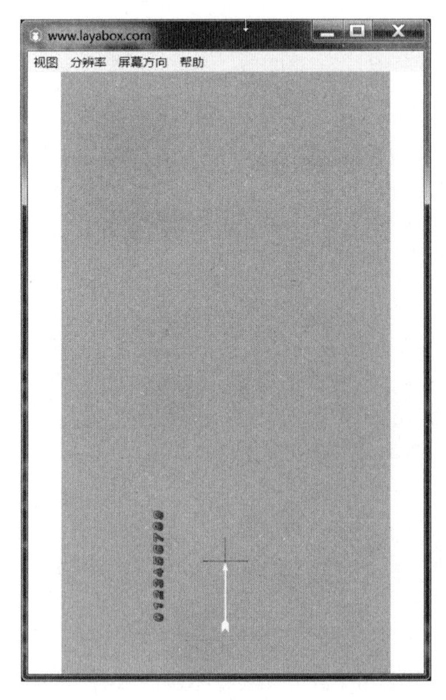

图 2.16　动态替换显示内容

2.6　添加文字

文字是界面的重要组成部分，可以用来显示图像难以表述的信息。在游戏开发中，文字通常属于 UI 部分。在使用 LayaAir 开发游戏时，可以对文字大小、形状等进行可视化编辑，代码通常只用来动态改变文字的内容。本书后续将详细讲解文字的可视化编辑，本节旨在用一个简单的示例说明文字在代码中的使用方法。

首先，注释掉给弓箭添加的标识原点的辅助线及切换 skin 的功能。

然后，在 Main.js 中添加一个用于创建文字标题的方法 createTitle()，代码如下。

```
function createTitle(){
    //创建一个文本实例
    var title = new Laya.Text();
    //设置颜色
    title.color = "#FFFFFF";
    //设置字体
    title.font = "Impact";
    //设置字体大小
    title.fontSize = 40;
    //设置位置
    title.pos(80,100);
    //在 Laya.stage 中添加文本
    Laya.stage.addChild(title);
    //设置文本内容
    title.text = "Hello World";
    //设定 title 的名字，用于后续操作
    title.name = "title";
}
```

接下来，修改 init3()方法，添加对 createTitle()方法的调用，代码如下。

```
function init3() {
    //设置 stage 的背景颜色
    Laya.stage.bgColor = '#aabbcc';
    //加载多个图集
    loadAtlas(["res/atlas/img.atlas","res/atlas/comp.atlas"]);
    //添加文字
    createTitle();
    //从 Laya.stage 中查找文字标题
    var title = Laya.stage.getChildByName("title");
```

```
    title.text += "12345678";
}
```

通过 createTitle()方法，我们创建了一个文字标题，并将它命名为“title”，以后可以通过 Laya.stage.getChildByName("title")引用它。title.text 是一个字符串，可以使用“+=”在该字符串的最后添加文字并更新显示。运行效果如图 2.17 所示。

图 2.17 添加文字

2.7 添加鼠标响应事件

游戏开发中最常用的交互形式是鼠标交互，它在个人计算机和移动设备上都有良好的用户体验。在 LayaAir 中，鼠标交互是通过在 Stage、Sprite 等元素上添加鼠标事件监听来触发对应的响应事件完成的。

在 Laya.stage 中添加鼠标按下响应事件的代码如下。

```
Laya.stage.on(Laya.Event.MOUSE_DOWN, this, function () { /**具体响应处理的代码*/ });
```

on()方法用于给 Laya.stage 添加事件监听，第 1 个参数可以是其他已定义的事件类型。Laya.Event.MOUSE_DOWN 是鼠标响应事件。鼠标响应事件类型有下列几种。

- Laya.Event.MOUSE_MOVE：鼠标在监听对象上移动。
- Laya.Event.MOUSE_OUT：鼠标移除监听对象。
- Laya.Event.MOUSE_UP：鼠标抬起。
- Laya.Event.MOUSE_DOWN：鼠标按下。
- Laya.Event.MOUSE_WHEEL：鼠标滚轮滚动。
- Laya.Event.CLICK：鼠标单击。
- Laya.Event.DOUBLE_CLICK：鼠标双击。

本节将要实现的功能是当鼠标按下时在 Laya.stage 中添加箭，并在文字标题中显示鼠标按下的次数。

在 Main.js 中，找到下面的代码。

```
function onAssetLoaded() {
    createBow();
    createArrow();
}
```

首先添加一个全局计数器 count，然后添加鼠标按下事件的响应。修改后的代码如下，粗体是修改的部分。

```
//添加一个全局计数器
var count = 0;

function onAssetLoaded() {
    createBow();
    // createArrow();

    //引用文字对象
    var title = Laya.stage.getChildByName("title");
    title.text = '单击屏幕射箭';
      //添加计数器并将其初始化为 0
      count = 0;
    Laya.stage.on(Laya.Event.MOUSE_DOWN, this, function () {
       //鼠标按下后计数器自动加 1
       count++;
```

```
        //在文本标题中输出计数器的变化
        title.text = '已射出 ' + count + ' 支箭';
        createArrow();
    });
}
```

调试后将得到如图 2.18 所示的效果：每次按下鼠标后，createArrow()方法就会执行一次，屏幕上会添加一只箭并进行计数。由于这些箭的位置是重合的，因此，从第 2 次鼠标按下开始，暂时无法看到明显的效果，在 2.8 节添加箭的移动功能后，将有直观的视觉体验。

图 2.18　按下鼠标

至此，基于鼠标按下事件的功能已经在 Main.js 中实现。如果需要在 Laya.Sprite 对象 sp 上添加鼠标响应事件，代码与之类似，示例如下。

```
    sp.on ( Laya.Event.CLICK , this, function () {
    /**
```

```
 * 鼠标响应事件的具体功能代码
 */
 });
```

2.8 物体的移动

在了解如何用代码控制物体的移动之前，需要了解相关知识。在人眼观察到的目标发生变化后，人眼可以短暂保留目标变化之前看见的影像，这种性质称为“眼睛的视觉暂留”。利用这一原理，只要在视觉残留消失之前修改目标，就能形成流畅的视觉变化体验。早期的电影每秒播放 24 帧图像，目前个人计算机和移动设备的屏幕刷新频率都能达到每秒 60 帧。

在游戏开发中，物体移动的实质是在人眼无法分辨的时间间隔内改变物体的坐标并刷新。目前，游戏开发中常用的刷新频率有 30 帧/秒、60 帧/秒，频率越高，游戏体验就越流畅。LayaAir 引擎支持 30 帧/秒和 60 帧/秒两种刷新频率，默认是 60 帧/秒。在对物体位移的显示效果要求不高的游戏中（例如卡牌类游戏），可以使用 30 帧/秒的刷新频率来提升性能。

在 LayaAir 中设置刷新频率，可以通过设置 Laya.stage 的 frameRate 属性完成，示例如下。

```
//Laya.stage 刷新频率设为 30 帧/秒
Laya.stage.frameRate = 'low';
```

frameRate 支持以下 3 种模式。

- fast：60 帧/秒（默认）。
- slow：30 帧/秒。
- mouse：30 帧/秒（鼠标移动后会自动加速到 60 帧/秒，鼠标静止 2 秒后自动降速至 30 帧/秒，以节省能耗）。

注意：在 HTML5 游戏开发中，通常不使用 JavaScript 原生定时器来定时修改物体坐标，原因是屏幕的刷新时间间隔与该时间段的系统运算量有关且不完全相同，如果用定时器的时间间隔作为计算依据，那么物体在屏幕上的移动会有明显的抖动或卡顿现象。

在 LayaAir 中，基于帧率处理显示内容变化的方法是 Laya.timer.frameLoop()。与之相关的是，可以用 Laya.timer.delta 获取各帧之间的实际时间间隔。

继续 2.7 节的工程，修改 Main.js 的 init3()方法。修改后的代码如下。

```
function init3() {
    //设置 stage 的背景颜色
    Laya.stage.bgColor = '#aabbcc';
```

```
    //加载多个图集
    loadAtlas(["res/atlas/img.atlas", "res/atlas/comp.atlas"]);
    //添加文字
    createTitle();
    //从 Laya.stage 中查找文字标题
    var title = Laya.stage.getChildByName("title");
    title.text += " 12345678";
    //基于帧率重复执行
    Laya.timer.frameLoop(1, this, onFrame);
}

function onFrame() {
    console.log('Laya.timer.delta : ', Laya.timer.delta);
}
```

frameLoop 的第 1 个参数是间隔帧数，即间隔多少帧执行一次 frameLoop()方法，通常设置为 1，即每一帧都执行；第 2 个参数是执行域，通常设置为 this；第 3 个参数是实际的响应方法，在上面的代码中指向自定义的 onFrame()方法。

调试并运行程序，单击鼠标触发响应事件，将在调试控制台看到类似下面的输出。

```
Laya.timer.delta :  17
Laya.timer.delta :  16
Laya.timer.delta :  17
Laya.timer.delta :  16
Laya.timer.delta :  19
Laya.timer.delta :  15
Laya.timer.delta :  17
```

显然，各帧之间的时间间隔不是固定的。

接下来，我们给箭添加移动动作。需要给箭添加标识，以便从 Laya.stage 中找到需要改变位置坐标的箭。

在 LayaAir 中，可以给物体指定名称，并以此作为区分的标识；一组相同的物体，也可以用相同的名字来命名，但在查找特定的物体时，需要有唯一的名字作为标识。

在 createArrow()方法的后面添加一行代码，指定箭的名字为“arrow”。修改后的 createArrow()方法的代码，如下所示。

```
function createArrow() {
    //创建承载箭的 Laya.Sprite
    var sp_arrow = new Laya.Sprite();
    //使用图集中箭的图像数据建立一个 Laya.Image 对象
```

```
    var img_arrow = new Laya.Image('img/arrow.png');
    //将 img_arrow 添加到 sp_arrow 中
    sp_arrow.addChild(img_arrow);
    //图像的原点在左上角，为了将箭头放在 sp_arrow 的原点位置，需要偏移图像坐标
    img_arrow.pos(-152, -8);
    //绘制辅助线，标注箭的原点
    //sp_arrow.graphics.drawLine(-50, 0, 50, 0, "#ff0000", 1);
    //sp_arrow.graphics.drawLine(0, -50, 0, 50, "#ff0000", 1);
    //在 Laya.stage 中添加箭，并把它放在和弓对应的位置
    Laya.stage.addChild(sp_arrow);
    sp_arrow.pos(360, 1040);
    //箭头向上
    sp_arrow.rotation = -90;
    sp_arrow.name = 'arrow';
}
```

修改之前创建的 onFrame()方法，添加对箭的控制。修改后的 onFrame()方法的代码，如下所示。

```
function onFrame() {
    // console.log('Laya.timer.delta : ', Laya.timer.delta);
    var speed = 1.5;
    for (var i = 0; i < Laya.stage.numChildren; i++) {
        var obj = Laya.stage.getChildAt(i);
        If (obj.name != 'arrow') continue;
        obj.y -= speed * Laya.timer.delta;
    }
}
```

当刷新频率为 60 帧/秒时，各帧之间的时间间隔 Laya.timer.delta 大约是 16 毫秒。设置移动速度 speed 为 1.5 像素/秒，实际每帧的移动距离约为 9 像素，每秒移动约 93 像素。

在上面的代码中，使用 numChildren 属性可以获取 Laya.stage 的子节点数量。使用 getChildAt() 遍历 Laya.stage 的子节点，找到其中名字为“arrow”的箭，更改它们的 *y* 轴坐标值。

调试项目，单击鼠标后在 Laya.stage 中添加的箭都会以相同的速度向上移动。多次单击，运行结果如图 2.19 所示。

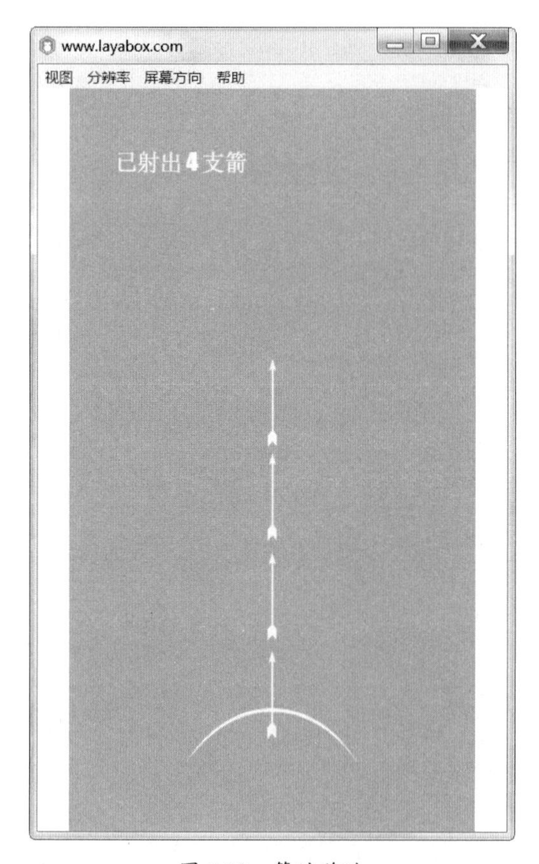

图 2.19 箭的移动

2.9 添加或删除物体

在 Laya.stage 或 Laya.Sprite 对象中添加物体，一共有 3 种方法。

- addChild()：将物体添加到容器中。
- addChildAt()：将物体添加到容器的指定索引位置。
- addChildren()：批量添加物体。

addChild()方法在前面已经多次介绍，在此不再累述。Laya.stage()、Laya.Sprite()方法是可以添加可视化物体的容器，当物体被添加到容器中后，将成为容器内部树状结构的子节点。可以使用 numChildren()方法获取容器内子节点的数量。addChild()方法用于依次将物体添加到子节点序列的最后。addChildAt()方法用于将物体放到容器的指定索引位置。addChildren()方法需要先建立一个数组来存放需要批量添加的物体，然后将数组名作为 addChildren()方法的参数。

删除物体是一件比较麻烦的事情，如果处理不当，很容造成内存泄漏，因此，需要谨慎对待。安全地删除物体，需要完成以下 3 项工作。

- 关闭物体的定时器。
- 取消物体的事件监听。
- 解除所有指向物体的引用。

幸运的是，LayaAir 引擎将这 3 项工作封装成一个简单的 destroy()方法。该方法的对象会默认把自己从父节点中移除并清理自身的引用关系，等待 JavaScript 自动垃圾回收机制的回收。经 destroy()方法处理的对象不能再被使用。

继续 2.8 节的项目，修改 Main.js 的 onFrame()方法，具体如下。

```
148 function onFrame() {
149     // console.log('Laya.timer.delta : ', Laya.timer.delta);
150     var speed = 1.5;
151     for (var i = 0; i < Laya.stage.numChildren; i++) {
152         var obj = Laya.stage.getChildAt(i);
153         if (obj.name != 'arrow') continue;
154         obj.y -= speed * Laya.timer.delta;
155         if (obj.y < 250) obj.destroy();
156     }
157 }
```

第 155 行代码的作用是，当箭自下向上运动时，如果 y 轴坐标值小于 250，则把箭删除。运行调试程序，在界面上将显示预期的效果。

2.10　小结

本章介绍了 LayaBox 项目的整体结构及一些常用的模块和功能。对于一个常规的 LayaBox 2D 游戏，完整的游戏启动流程通常遵循下列步骤。

（1）LayaBox 引擎初始化，创建 Laya.stage。

（2）设置 stage 的尺寸、对齐方式、缩放方式等。

（3）加载需要的资源。

（4）加载完成后进入游戏初始化阶段，根据游戏的代码初始化游戏场景。

（5）添加用户和游戏的交互响应，例如鼠标点击事件响应。

（6）添加基于帧的场景控制来管理场景内的物体移动。

（7）添加对需要删除物体的管理功能。

在下一章中，会将本章的示例模块化，从而提高项目的可维护性，并完善本章的示例，使其成为一个完整的游戏。

第 3 章　模块化的游戏开发

在第 2 章中，我们实现了游戏的一些基础功能，这些功能都集中在 Main.js 中。虽然这些功能被分别写在多个方法体内，但由于面向对象编程遵循开放封闭原则（一个软件实体应该对扩展开发，对修改封闭，可扩展但不可更改），因此，组织和管理对象的最佳方法是让对象管理自身的逻辑。基于这样的原则，在本章中我们将重构之前实现的功能，提高项目的可维护性，并完善这个示例，使其成为一个完整的游戏。

本章主要涉及的知识点如下。

- 对象、类。
- 单例模式。
- 场景。
- 预制体。
- 对象池。
- 坐标系。
- WebStorage 数据存储。

3.1　对象和单例

3.1.1　面向对象编程

JavaScript 是一种面向对象的编程语言。2015 年 6 月 ECMAScript 6 标准（ES6）发布后，JavaScript 语言具备了两种创建对象的方式。

- ES5 方式：方法（function）即对象，示例如下。

```
var obj = function(){};
```

也可以简写为

```
var obj = {};
```

- ES6 方式：使用 class 关键字创建类，然后调用 new 实例化类，示例如下。

```
class MyClass{ constructor() {}}
var obj = new MyClass();
```

LayaAir 2.0 支持 ES6 语法，ECMAScript 标准是向下兼容的，因此，LayaAir 1.x 创建的使用 ES5 语法的工程大都可以在 LayaAir 2 IDE 中正常运行。不过，用 LayaAir 1.x 和 LayaAir 2.0 创建的项目在结构上存在差异，用 LayaAir 2.0 创建的项目建议使用 ES6 语法。

在 LayaAir 中，Laya.Stage（舞台）是游戏的根节点，上面的所有元素呈树状结构。为了操作舞台上的元素，需要对元素对象进行扩展，添加具体的逻辑功能。在 LayaAir 的 API 中，对舞台上的显示对象有下列描述。

- laya.display.Stage 是舞台类，显示列表的根节点，所有显示对象都在舞台上显示，通过 Laya.stage 单例访问。
- laya.display.Node 是可以放在显示列表中的所有对象的基类。该显示列表管理 Laya 运行时显示的所有对象。使用 Node 类排列显示列表中的显示对象，Node 对象可以有子显示对象。
- laya.display.Sprite 是基本的显示图形的显示列表节点。Sprite 默认没有宽和高，默认不接受鼠标响应事件。Sprite 也是容器类，可用来添加多个子节点。通过 Graphics 可以绘制图形或矢量图。Graphics 支持旋转、缩放、位移等操作。
- laya.display.Scene 是场景类，负责场景的创建、加载、销毁等功能，继承关系为 Scene →Sprite→Node（Scene 是 LayaBox 2.0 的新功能，稍后我们将使用它）。

查看 laya.display.Sprite 的 API 说明就会发现，Sprite 既没有移动功能，也没有对 Laya.timer.frameLoop()的调用。因此，要想让一个 Sprite 对象具备额外的功能，就需要对其进行扩展。

例如，用 Sprite 将箭扩展成可以复用的对象。ES5 方式的代码如下。

```
var Arrow = (function () {
    function arrowSprite(){
        Arrow.super(this);
        this.name = 'arrow';
    Laya.class(arrowSprite, "Arrow", Laya.Sprite);
    return arrowSprite;
}());
```

如果需要在这个扩展对象中添加一些功能，例如指定它的位置、图像、控制移动等，则可以进行如下修改。

```
var Arrow = (function () {
    function arrowSprite(x, y){
        Arrow.super(this);
        this.name = 'arrow';
        //创建图像并将其添加到 Sprite 中
        var img_arrow = new Laya.Image('img/arrow-sheet0.png');
        this.addChild(img_arrow);
        //设置图像的显示位置
        img_arrow.pos(-152, -8);
        this.speed = 2;      //每秒移动 2000 像素
        //在场景中添加对象
        Laya.stage.addChild(this);
        //设置初始位置
        this.pos(x, y);
        //基于帧率定时重复执行
        Laya.timer.frameLoop(1, this, this.update);
    }
    Laya.class(arrowSprite, "Arrow", Laya.Sprite);
    return arrowSprite;
}());

//给实例添加需要的属性方法
//此处的功能是箭的移动控制
Arrow.prototype.update = function () {
    this.x += this.x_speed * Laya.timer.delta;
    this.y += this.y_speed * Laya.timer.delta;
    var distance = this.startPoint.distance(this.x, this.y);
    if (distance > 4000) {
        Laya.timer.clear(this, this.update);
        //销毁对象
        this.destroy();
    }
}
```

至此，我们已经用 ES5 方式扩展了一个带有自定义功能的 Arrow 对象，可以用类似下面的方式来创建它的实例。

```
var arrow = new Arrow(300,600);
```

使用 ES6 方式同样可以完成对象的扩展。与 ES5 方式相比，ES6 的语法更简洁，代码可读性更强，示例如下。

```
export default class ArrowSprite extends Laya.Sprite {
    constructor() { super(); }
    onEnable() {    }
    onDisable() {    }
}
```

export default class 是标准的 ES6 方式的类声明格式。在一个文件或模块中，export、import 可以有多个，export default 只能有一个。此处声明了一个名为“ArrowSprite”的类。extends 表示对指定类的扩展，在这里，被扩展的基类是 Laya.Sprite。constructor 是类的构造方法，在 constructor 中必须调用 super 方法（因为子类没有自己的 this 对象，所以，子类必须继承父类的 this 对象，然后对其进行加工，而 super 就代表了父类的构造函数）。

因为我们在此扩展的是 Laya.Sprite，所以，可以继承 Sprite 的两个虚方法 onEnable()和 onDisable()。onEnable()是该对象被加载到舞台后调用的方法，常用于一些初始化参数的设置、对象在对象缓存池中被重复使用时的参数复位等操作。onDisable()是该对象从舞台移除后调用的方法，常用于对象池回收等。

同理，我们可以在扩展后的 ArrowSprite 类中添加需要的功能，具体代码如下。

```
export default class ArrowSprite extends Laya.Sprite {
    constructor() { super(); }
    //加载到舞台时执行
    onEnable() {
        this.speed = 2;     //每秒移动 2000 像素
        this.startPoint = new laya.maths.Point(this.x, this.y);
        this.x_speed = this.speed * Math.cos(this.rotation * Math.PI / 180);
        this.y_speed = this.speed * Math.sin(this.rotation * Math.PI / 180);
        this.alpha = 0;
        //基于帧率定时重复执行
        Laya.timer.frameLoop(1,this,this.onUpdate);
    }
    //onUpdate 等同于 Arrow.prototype.onUpdate
    onUpdate() {
        this.x += this.x_speed * Laya.timer.delta;
        this.y += this.y_speed * Laya.timer.delta;
        var distance = this.startPoint.distance(this.x, this.y);
        if (distance > 100) this.alpha = 1;
        if (distance > 2000) {
            this.removeSelf();
        }
```

```
    }
    //从舞台移除后调用
    onDisable() {
        //当箭被移除时，回收箭到对象池，从而方便复用，减少对象创建开销
        Laya.Pool.recover("arrow", this);
    }
}
```

由于 LayaAir 2.0 是使用图形显示与功能逻辑分离的方式进行开发的，所以，通常不会直接新建一个被扩展的 Sprite，而是通过添加 Runtime 或脚本的方式来扩展功能。在 3.1.2 节中，我们将详细讲解相关内容。

3.1.2　单例模式

在软件项目开发，尤其是游戏项目开发中，经常需要保证数据和操作的唯一性。在面向对象编程方法中，对象的唯一性是依靠单例模式实现的。单例对象的实现，在 ES5 和 ES6 中语法结构略有差异，下面我们用这两种方式来实现单例游戏管理对象 GameManager。

ES5 方式，代码如下。

```
//定义单例对象 GameManager
var GameManager = (function () {
    var singleton;
    function Construct() {
        //玩家角色最大生命值
        this.hitpoint = 25;
        //玩家角色当前生命值
        this.currentHitpoint = 25;
    }
    singleton = new Construct();
    return singleton;
})();
//显示玩家角色生命值的方法
GameManager.showHitPoint = function () {
     Console.log("玩家角色最大生命值:",GameManager. Hitpoint);
}
```

在定义 GameManager 之后，我们就可以在项目中任何需要的地方，用类似下面的语句调用 GameManager 中的属性或方法了。

```
//获取玩家角色当前生命值
var currentHitpoint = GameManager. currentHitpoint;
```

```
//调用显示生命值的方法
GameManager.showHitPoint();
```

ES6 方式，代码如下。

```
//定义单例类 GameManager
export default class GameManager {
    constructor() {
        //玩家角色最大生命值
        this.hitpoint = 3;
    }
    //静态方法
    static getInstance() {
        if (!this.instance) {
            this.instance = new GameManager();
        }
        return this.instance;
    }
}
```

此时，调用与 GameManager 相关的属性或方法，需要使用 getInstance()语句，代码如下。

```
//获取玩家角色最大生命值
var hitpoint = GameManager.getInstance().hitpoint;
```

关于对象和单例的话题，至此告一段落。为了兼顾用 LayaAir 1.x 构建的项目，本节分别介绍了对象及单例在 ES5 和 ES6 方式下的实现，本书的后续内容都将使用 ES6 方式构建类和对象。

3.2 重构 2D 射箭游戏

在本节中，我们将在第 2 章的基础上开发一个功能较为完整的游戏。该游戏的需求如下。

- 在屏幕顶部显示玩家角色生命值、击破气球的数量、获得的金币数量。
- 在开始场景中，将击破气球的数量清零，将玩家角色生命值复位为 3。
- 在开始场景中单击【开始】按钮，切换到主场景。
- 主场景中包含玩家可以控制的弓。弓的位置是固定的，单击屏幕可以旋转弓的角度，然后向指定方向发射箭。
- 在箭发射时播放音效。
- 在主场景中随机出现气球。
- 气球可自由下落，每次气球下落到屏幕底部时，玩家角色生命值减少 1。

- 当玩家角色生命值为 0 时，游戏结束，切换到开始场景。
- 箭发射后，在指定方向上匀速移动。箭遇到气球时，击破气球的数量、获得的金币数量将增加。
- 金币数量累积，不清零。

LayaAir 2.0 IDE 中的游戏项目可以拆分成多个能够可视化编辑的场景，每个场景都可以包含多个能够可视化编辑的预制体，各个预制体可以通过各自绑定的代码来操作。

3.2.1 划分场景

模块化的游戏开发项目，有多种划分模块的方式。根据游戏场景的功能，大致可以划分成如图 3.1 所示的几个场景。游戏启动后，首先显示加载场景。加载场景通常用于显示游戏资源的加载进度和游戏初始化进度等。加载过程结束，游戏场景会切换到开始场景。开始场景通常是一个游戏的入口场景，用于不同功能场景的切换。主场景是展示游戏核心玩法的地方。辅助场景通常是为了游戏的商业利益而设计的，各类游戏的辅助场景会有所不同。由于游戏功能的切换可以在开始场景中完成，因此，开始场景与主场景、辅助场景的切换是双向的。所有的场景都与一个单例模式的游戏管理对象 GameManager 关联。GameManager 可用于游戏数据的管理，确保游戏数据的唯一性和正确性，也可用于场景中的事件通信和消息管理等。

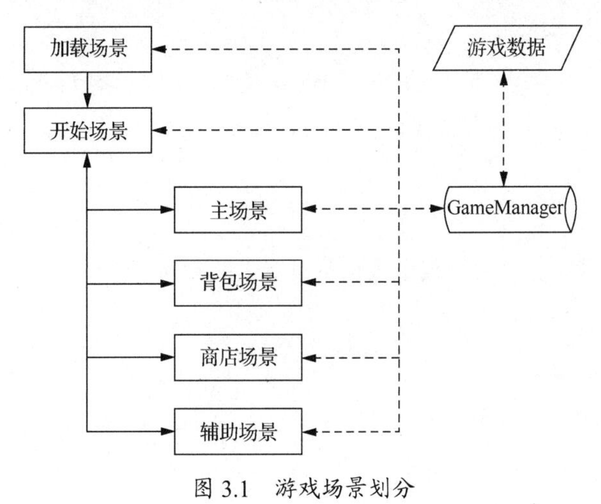

图 3.1 游戏场景划分

本节的场景比较简单，只有开始场景和主场景，但仍使用 GameManager 来管理游戏数据，整体结构如图 3.2 所示。这样的设计可以较为方便地在将来添加辅助功能场景，例如强化装备的场景、合成装备的场景等。

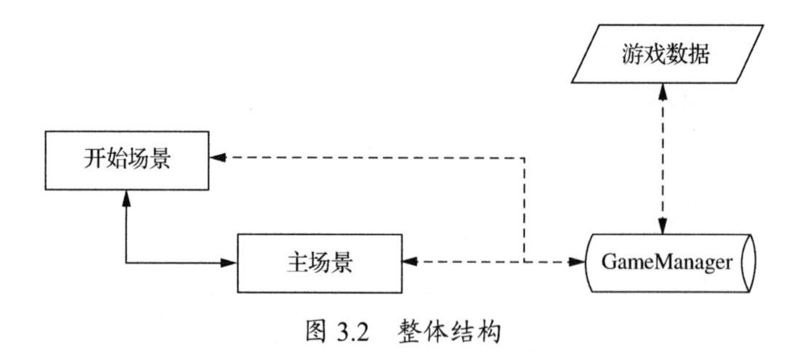

图 3.2　整体结构

3.2.2　创建场景

laya.display.Scene 是 LayaAir 2.0 专门为管理场景而设计的类。使用 IDE 的编辑模式，可以便捷地完成场景的可视化编辑。

下面让我们开始实际的操作。

（1）新建项目。

- 项目类型：LayaAir 空项目。
- 项目名称：myArrow2。
- 项目路径：D:\layabox2x\laya2project\chapter3。
- 编程语言：JavaScript。

（2）复制需要的美术资源。

将美术资源文件 img 复制到项目的 laya\assets 路径下。laya\assets 路径下的资源，如果在编辑模式下被使用，则 img 文件夹将被自动打包成图集。可以在项目的 bin\res\atlas 路径下找到 img.atlas 和 img.png 文件。

（3）设置项目。

在编辑模式下设置项目设置面板中【预览设置】的下列属性。

- 场景适配模式：showall。
- 水平对齐模式：center。
- 设计宽度：720。
- 设计高度：1280。

（4）创建场景。

在编辑模式下，将光标移动到 Scenes 处，然后单击右键，在弹出的快捷菜单中选择【新建】→【页面/场景】选项，在打开的【新建】面板中填写参数后，单击【确定】按钮，即可完成场景的创建，如图 3.3 和图 3.4 所示。

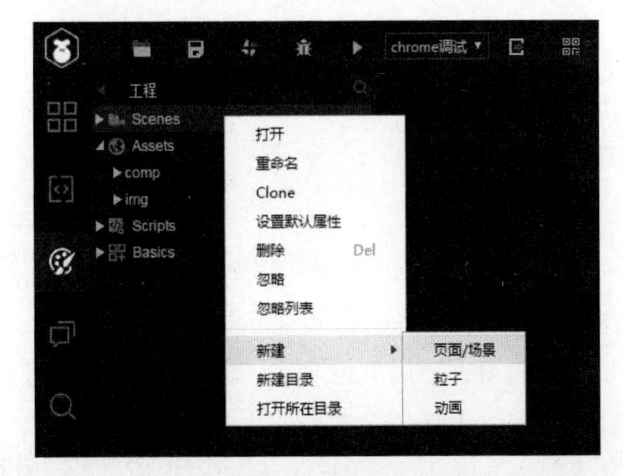

图 3.3　新建场景

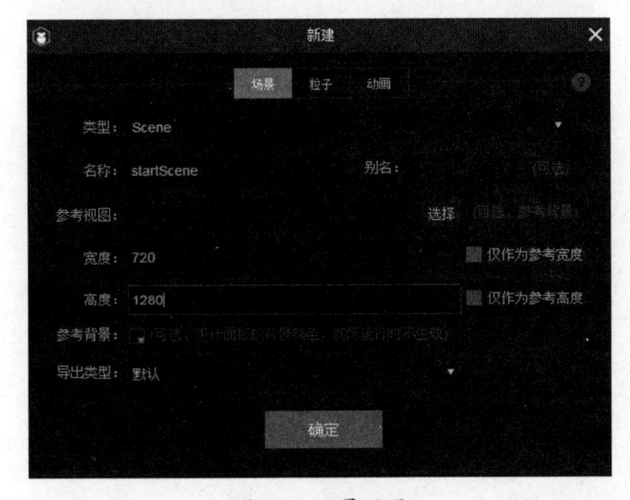

图 3.4　场景设置

重复创建场景的操作，创建两个场景 mainScene 和 startScene，它们的宽度值均为 720，高度值均为 1280。

3.2.3　编辑场景

在 mainScene 场景中将完成下列编辑操作。

- 添加背景图片。
- 创建顶部 UI 标题栏预制体。
- 创建弓的预制体。
- 创建箭的预制体。

- 创建球的预制体。

在 startScene 场景中将完成下列编辑操作。

- 复用顶部 UI 标题栏预制体。
- 创建一个开始按钮。

首先，编辑 mainScene.scene 场景。在编辑模式下的资源管理器中，选中 mainScene.scene 场景，双击打开场景（单击右键，在弹出的快捷菜单中选择【打开】选项亦可）。场景打开后，在编辑器中可以使用右键拖动视窗，使用滚轮缩放视窗，按【Ctrl+D】组合键恢复视窗，在视窗的右下角将显示当前视窗的缩放比例。

接下来，添加背景图片。在场景中添加图片包括两个步骤：拖动图片到场景；设置图片的属性。

拖动图片的操作步骤，如图 3.5 所示。

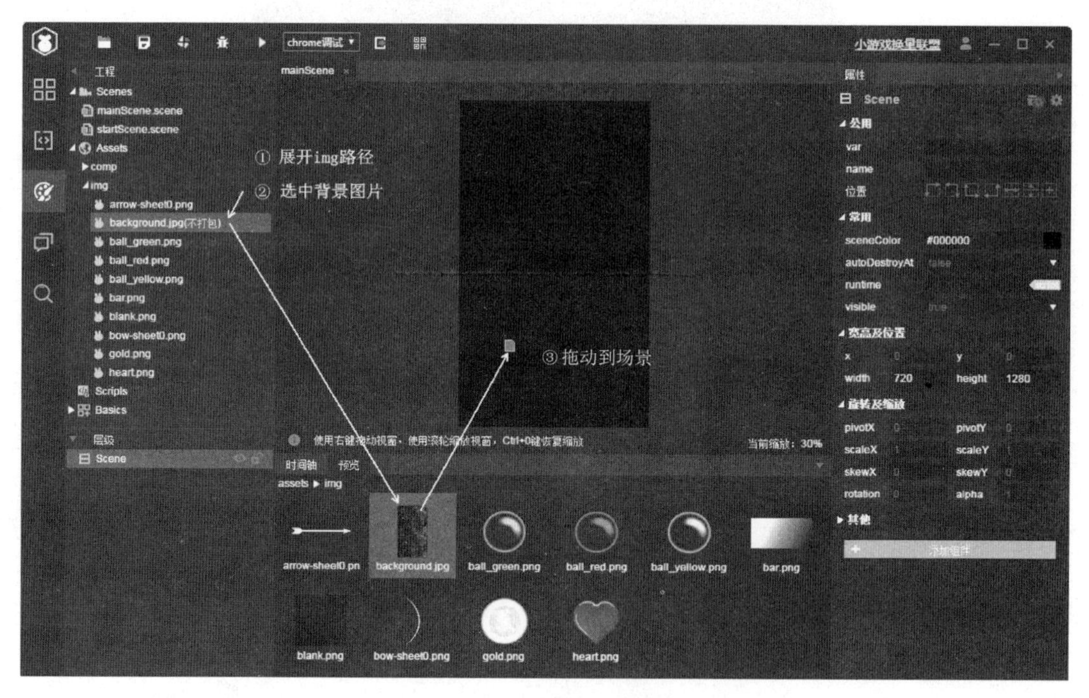

图 3.5　拖动图片到场景

① 在资源管理器中展开背景图片所在的路径 Assests\img。

② 单击选中准备添加到场景中的背景图片 background.jpg。

③ 在预览窗口中，将光标移至背景图片的缩略图上并按往左键，将缩略图拖动到编辑视窗中，然后松开左键。此时，background.jpg 将出现在场景的对应位置，在资源管理器下方的层级面板中，将新增一个 Sprite 对象。

将美术素材添加到场景中后，它们的位置及其他属性通常需要调整，从而确保新增的 Sprite 对象处于选中状态。然后，在右侧的属性面板中设置属性 name 为 background、x 为 0、y 为 0。设置属性后的背景图片，如图 3.6 所示。

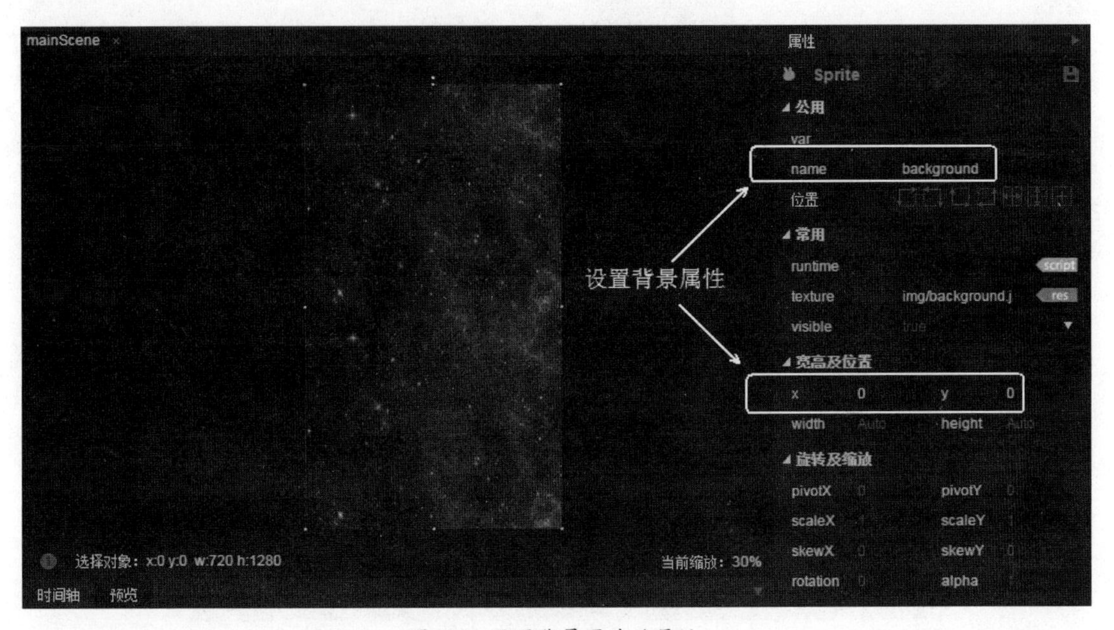

图 3.6 设置背景图片的属性

下面创建顶部 UI 标题栏预制体。

创建一个空的 Sprite 节点。在层级面板中选中顶层的 Scene，然后单击右键，在弹出的快捷菜单中选择【创建 Sprite 节点】选项，如图 3.7 所示。在【属性】面板中，将新建的 Sprite 节点的名称设置为“uiLayer”。

设置 UI 图标。在 uiLayer 被选中的状态下，如图 3.8 所示，将 heart.png 拖动到层级面板的 uiLayer 上。

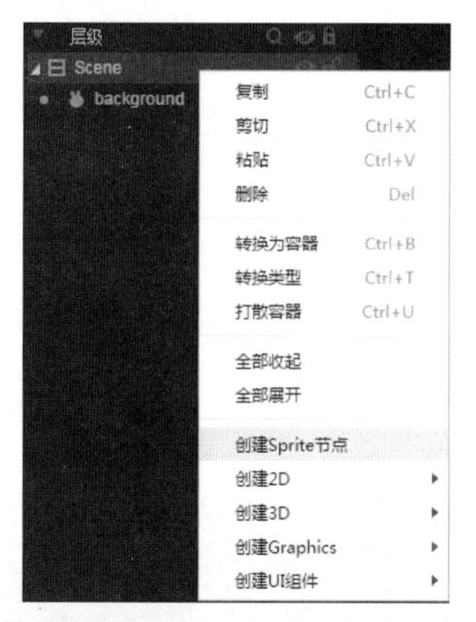

图 3.7 创建 Sprite 节点

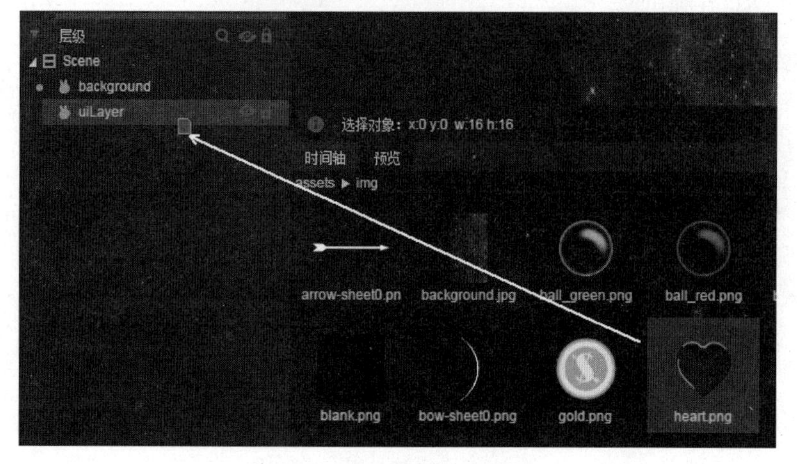

图 3.8 拖动图片到指定容器上

重复这样的操作，将 gold.pngh、ball_green.png 和 img/bar.png 也拖动到层级面板的 uiLayer 上。此时，uiLayer 上有 4 个 Sprite 对象，分别如表 3.1 所示设置它们的属性。

表 3.1 图标属性设置

texture	x	y	width	height	说明
img/heart.png	30	30	50	50	生命值图标
img/ball_green.png	250	30	50	50	命中统计图标
img/gold.png	470	30	50	50	金币图标
img/bar.png	3	80	720	5	装饰条

添加文字标签。同样，在 uiLayer 被选中的状态下单击右键，在弹出的快捷菜单中选择【创建 UI 组件】→【Text】选项，创建 3 个文字标签，分别按表 3.2 所示设置它们的属性。

表 3.2　文字标签属性设置

var	text	fontSize	color	X	y	width	height	说明
txt_hp	x999	30	#ffffff	90	35	75	60	生命值
txt_ball	x999	30	#ffffff	310	35	75	60	命中统计
txt_gold	x999	30	#ffffff	530	35	75	60	金币值

创建预制体，如图 3.9 所示。

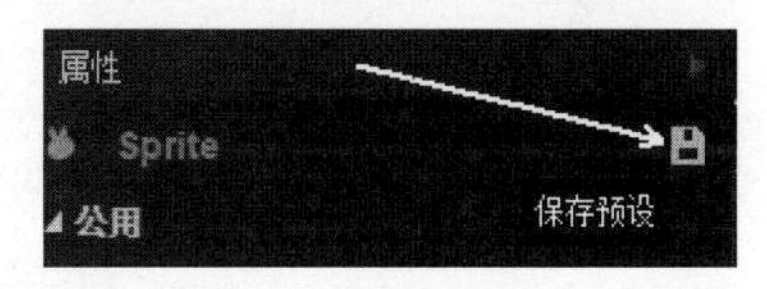

图 3.9　创建预制体

我们已经完成了主场景 UI 的编辑，把它转换成预制体后即可在其他场景中复用。具体操作很简单，在层级面板中的 uiLayer 被选中的状态下，在属性面板中单击其顶部的【保存】图标按钮，在弹出的【保存预设】对话框中单击【确定】按钮，即可创建预制体。创建预制体后，层级面板中的 uiLayer 的字体样式将变成黄色，资源管理器面板中将添加一个 prefab 路径，将其展开即可看见我们刚才创建的预制体 uiLayer.prefab。此时的编辑界面，如图 3.10 所示。

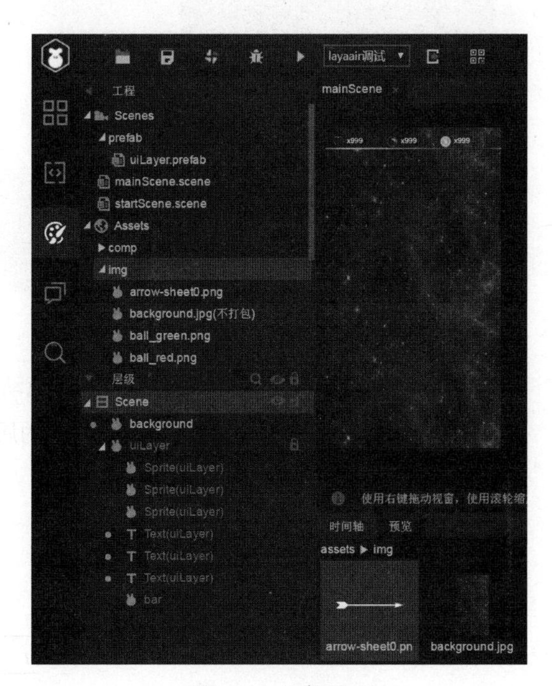

图 3.10　编辑界面

再添加一个空的 Sprite 节点，并将其命名为“ground”。在层级面板中选中顶层的 Scene，然后单击右键，在弹出的快捷菜单中选择【创建 Sprite 节点】选项（如图 3.7 所示），在【属性】面板中将新建的 Sprite 节点的名称设置为“ground”（ground 用于管理场景中的箭和气球）。

最后，编辑 startScene 场景。

复用顶部 UI 标题栏预制体。在资源管理器中打开 startScene 场景，然后将 prefer 路径下的 uiLayer.prefab 拖动到编辑器中，随后设置场景中的 uiLayer 属性，令 x 为 0、y 为 0。

创建一个游戏开始按钮。在层级面板中选中顶层的 Scene，然后单击右键，在弹出的快捷菜单中选择【创建 UI 组件】→【Button】选项，如图 3.11 所示，即可创建一个按钮。创建的 UI 组件，默认的坐标原点都是(0,0)，很多参数需要根据实际情况在属性面板中调整。

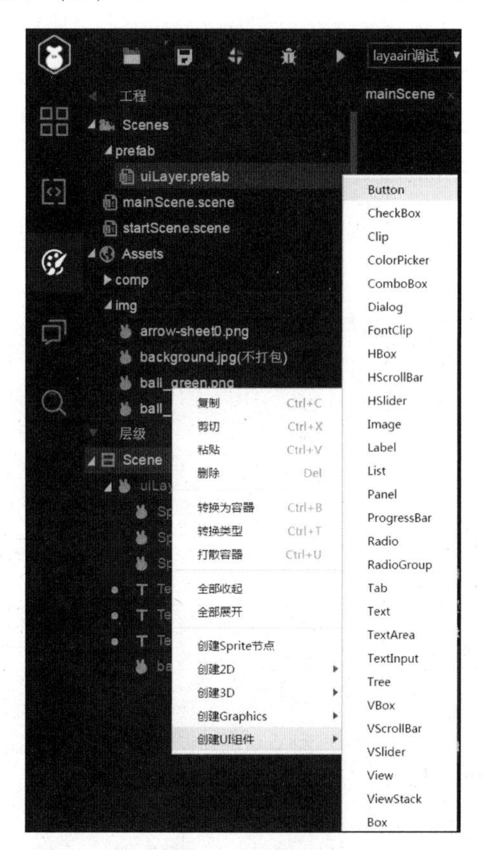

图 3.11 创建按钮

在层级面板中，保持创建的按钮为选中状态，参考表 3.3，在右侧的属性面板中编辑按钮的属性。

表 3.3　按钮属性设置

var	label	x	y	width	height	labelSize
BTN_start	开始游戏	285	615	150	50	30

编辑后的开始场景，如图 3.12 所示。

图 3.12　开始场景

3.2.4　实现场景切换

如果在编辑模式中打开的场景是 mainScene.scene，那么项目调试或运行的结果将显示为主场景；如果打开的场景是 startScene.scene，则显示为开始场景。在实际项目中，开始场景通常是固定的，因此，需要在项目设置面板中对其进行设置。按【F9】快捷键，打开项目设置面板，如图 3.13 所示，将起始场景设置为 startScene.scene。

接下来，我们将实现在 startScene 场景中单击【开始游戏】按钮，场景切换至 mainScene 的功能。startScene 是 laya.display.Scene 对象的实例，我们可以继承它以实现定制的功能，具体操作如下。

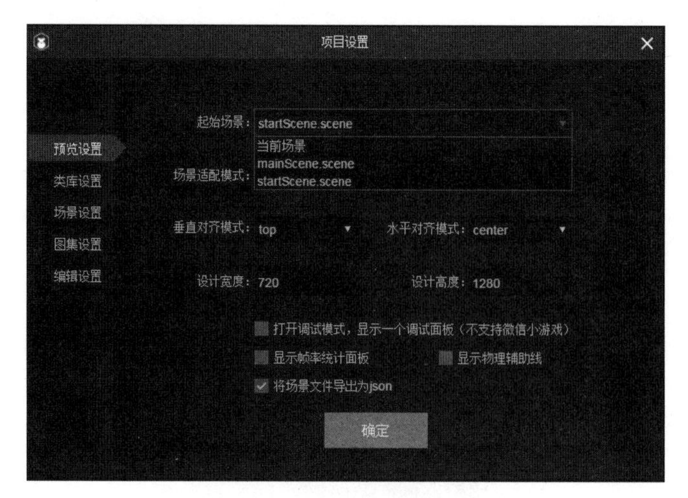

图 3.13 设置场景

创建 StartScene.js。将 IDE 切换至代码模式，在 src 路径下新建一个文件夹 script。然后，在 src/script 路径下新建一个 StartScene.js 文件，代码如下。

```
/**StartScene.js*/
export default class StartScene extends Laya.Scene {
    constructor() { super(); }
    onEnable() {
        this.BTN_start.on(Laya.Event.CLICK, this, function (e) {
            e.stopPropagation();     //阻止冒泡
            Laya.Scene.open('mainScene.scene');
        })
    }
}
```

onEnable()是该对象被加载到舞台后调用的方法，我们在其中添加对按钮 BTN_start 的点击事件监听。Laya.Scene.open()方法用于切换场景，在此执行时将切换至 mainScene.scene 指向的 mainScene 场景。

将 StartScene.js 绑定在 startScene.Scene 上。切换至编辑模式，保持 startScene 场景为打开状态，在层级面板中保持顶层的 Scene 处于选中状态，然后将资源管理器面板中的 StartScene.js 拖动到右侧属性面板的 runtime 输入框中（必须确保拖动到 runtime 输入框中，输入框边框高亮显示），具体操作如图 3.14 所示。

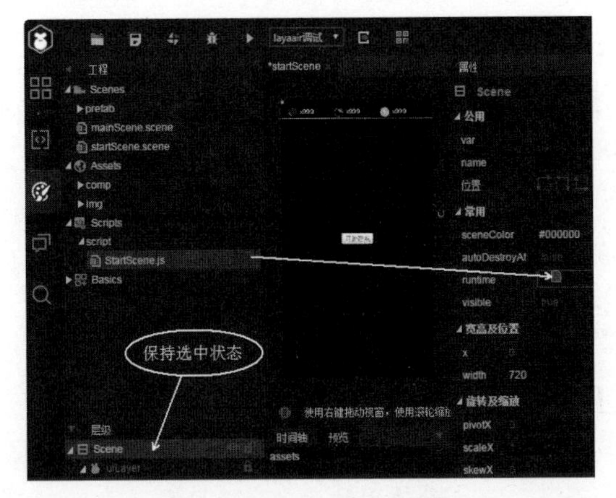

图 3.14　添加运行时扩展

保存修改。此时运行项目，结果如图 3.15 所示，场景顺利切换。

图 3.15　单击按钮切换场景

在此，我们有必要了解属性面板中 var 和 name 属性的区别。如图 3.16 所示，在编辑模式下，所有打开的编辑对象在属性面板中都有 var 和 name 这两个属性，这两个属性都可以在代码中指向包含该属性的对象本身，但在使用上略有不同。

图 3.16　var 和 name

- var：可以在代码中直接引用，但目前只有 UI 组件对象可以使用该属性，例如我们已经使用过的如下代码。

```
this.BTN_start.on(Laya.Event.CLICK, this, function (e) {/***/});
```

- name：必须用 getChildByName()方法从父容器中找到该对象，才能进行后续的操作。如果上面的开始按钮定义 name 属性为“BTN_start_1”，就可以用下面的代码实现相同的场景切换功能。

```
var BTN_start_1 = this.getChildByName('BTN_start_1');
BTN_start_1.on(Laya.Event.CLICK, this, function (e) {
    e.stopPropagation();    //阻止冒泡
    Laya.Scene.open('mainScene.scene');
})
```

注意：在场景的属性设置中，autoDestroyAtClose 属性建议保持默认值。如图 3.17 所示，该属性定义场景关闭时是否销毁节点和使用的资源，默认值是 false。目前，销毁场景使用的资源会影响预制体对象缓冲池的正常使用。

图 3.17　场景的 autoDestroyAtClose 属性

3.2.5　预制体

在 LayaAir 2.0 中，预制体的本质是 JSON（JavaScript Object Notation）数据对象，用于存储预先设定的可视化对象的相关信息。目前，在 LayaAir 2.0 中，场景对象不能创建预制体。在 laya\pages\prefab\路径下，我们可以找到已经创建的顶部 UI 标题栏预制体 uiLayer.prefab。创建预制体的方法是，打开场景，在层级面板中选择已经编辑好的 Sprite 对象，在其属性面板的顶端单击【保存预设】图标按钮，在弹出的【保存预设】对话框中单击【确定】按钮。

要想实现本章的目标功能，还需要创建以下 3 个预制体。

- arrow.prefab：箭。
- ball.prefab：球。
- bow.prefab：弓。

创建预制体的步骤如下。

（1）在编辑模式下，打开 mainScene.scene。

（2）在层级面板中选中顶层的 Scene。

（3）创建 3 个 Sprite 节点，分别将它们的 name 属性修改为 arrow、ball、bow。

（4）分别将这 3 个 Sprite 节点保存为预制体，完成后的资源管理器和层级面板，如图 3.18 所示。

（5）在层级面板中删除这 3 个预制体，然后保存场景。

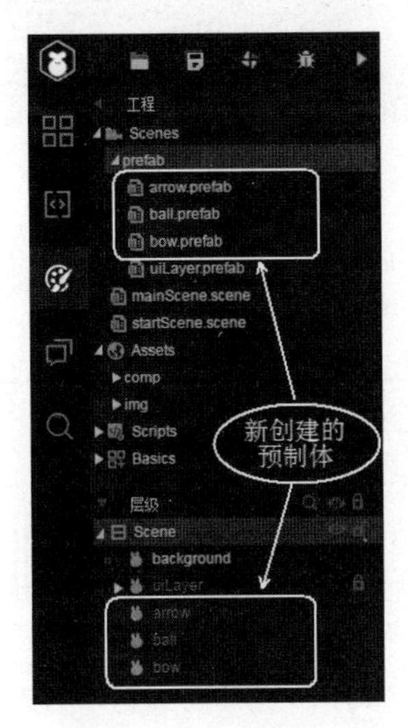

图 3.18　新建预制体

接下来，编辑各个预制体（在资源管理器中打开 prefab 路径下的各个预制体进行操作）。

首先是 arrow.prefab。在层级面板中创建一个 Sprite 节点，将其命名为 image，修改 image 的属性，如表 3.4 所示。修改后的 arrow.prefab，如图 3.19 所示。

表 3.4　箭的属性

texture	img/arrow-sheet0.png
x	−152
y	−8

图 3.19　arrow.prefab

然后是 ball.prefab。在层级面板中创建一个 Sprite 节点，将其命名为 img_ball，修改 img_ball 的属性，如表 3.5 所示。修改后的 ball.prefab，如图 3.20 所示。

表 3.5 球的属性

texture	img/ball_green.png
x	−40
y	−40

图 3.20 ball.prefab

最后是 bow.prefab。在层级面板中创建如表 3.6 所示的 Sprite 节点，并修改相关属性。

表 3.6 箭属性设置

父节点	name（节点名称）	texture	x	y
bow	img_bow	img/bow-sheet0.png	30	−160
bow	sp_arrow		157	0
sp_arrow	img_arrow	img/arrow-sheet0.png	−152	−8
bow	sp_fired			
bow	sp_ready			

sp_fired 和 sp_ready 用于绘制不同状态的弓弦。修改后的 bow.prefab，如图 3.21 所示。

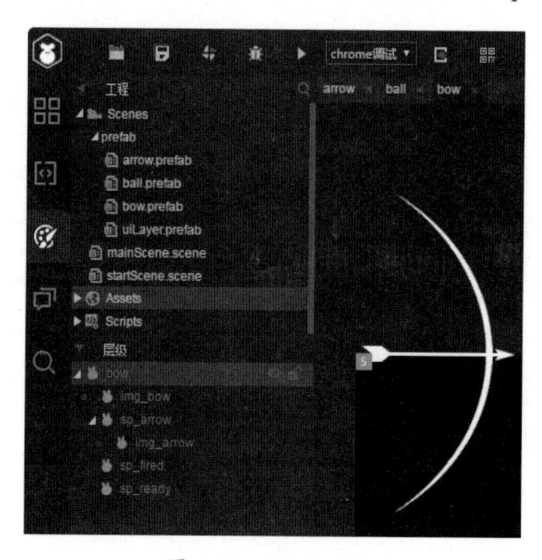

图 3.21 bow.prefab

注意：Sprite 节点的坐标原点是(0,0)，而在显示图形时往往需要使用图像的中心点来控制位置，因此，通常会在预制体内添加 Sprite 来显示图形。

3.2.6　预制体操纵：弓的操纵

预制体在场景中有两种使用方式，具体如下。

- 在编辑模式中，将预制体拖动到场景中的合适位置。
- 给场景添加控制代码，在控制代码中使用对象缓冲池来管理预制体。

预制体的操纵有两种方式，具体如下。

- 在预制体的父容器中，使用 getChildByName()方法定位预制体，然后进行操作。
- 在预制体本身关联的操纵代码中进行操作。

我们首先实现对弓的操控。在编辑模式下，打开 mainScene.scene，保持层级面板中的 Scene 为选中状态，然后将 bow.profab 从资源管理器面板拖动到编辑器中，如图 3.22 所示。

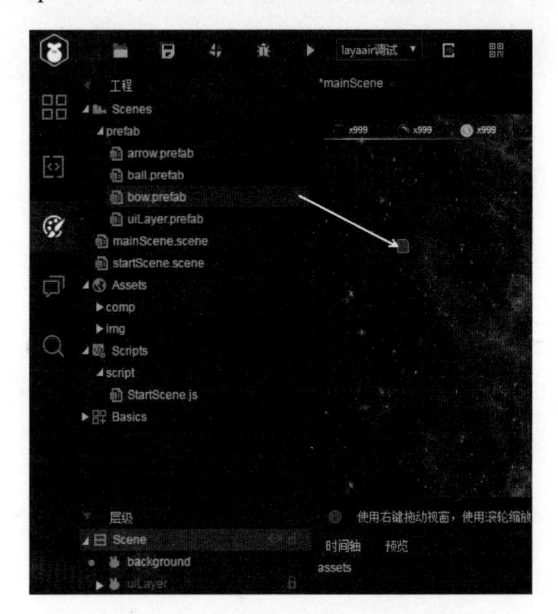

图 3.22　在场景中添加 bow.prefab

随后，按表 3.7 所示修改弓的属性，完成后的 mainScene.scene，如图 3.23 所示。

表 3.7　场景中弓的属性

name	x	y	rotation	说明
mybow	360	1200	–90	弓

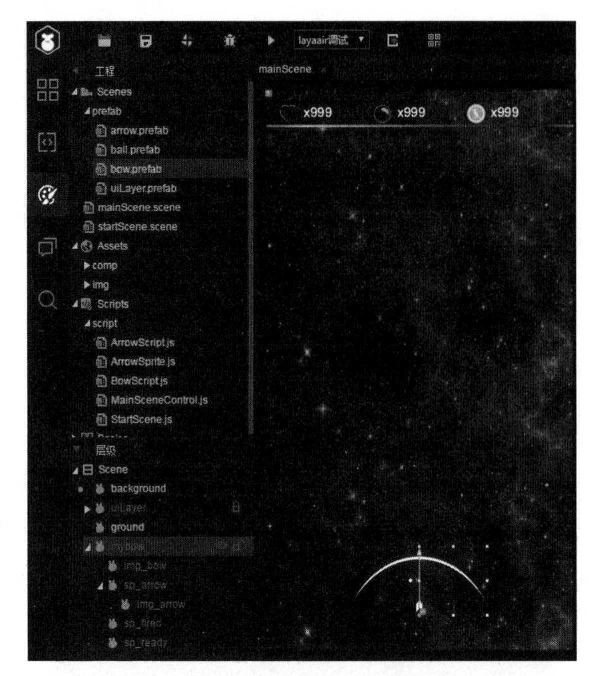

图 3.23　在场景中修改 bow.prefab 的属性

切换到代码模式，在 src\script 路径下，创建主场景的控制脚本 MainScenceControl.js 和弓的控制脚本 BowScript.js。MainScenceControl.js 的初始代码如下。

```
/**MainScenceControl*/

import BowScript from "./BowScript";

export default class MainScenceControl extends Laya.Script {
    constructor() { super(); }
    onEnable() {
        this.mybow = this.owner.getChildByName('mybow');
        this.ground = this.owner.getChildByName('ground');
    }
    onStageClick(e) {
        //停止事件冒泡，提高性能
        e.stopPropagation();
        console.log('this.owner ', this.owner, '\n');
        var bowScript = this.mybow.getComponent(BowScript);
        bowScript.fire();
    }
}
```

Laya.Script 是 LayaAir 2.0 中专门用于创建脚本的基类，可以以插件方式添加各种需要的功能。它包含 3 个常用的虚方法，分别是 onEnable()、onUpdate()和 onStageClick()。

- onEnable()：在脚本的宿主对象加载到舞台后执行。
- onUpdate()：在每帧刷新时执行，等同于被 Laya.timer.frameLoop()调用的方法。
- onStageClick()：处理屏幕点击响应事件。

在 onEnable()方法中，我们用下面这行代码添加对场景中弓的映射。"mybow" 是预先定义的弓的 name 属性的值，由于 mainScene.scene 和 MainScenceControl.js 是以脚本插件方式关联的，所以 MainScenceControl.js 中的 this.owner 在完成脚本绑定操作后将指向 mainScene.scene。代码执行后，this.mybow 将被映射为 mainScene.scene 场景中的弓预制体。

```
this.mybow = this.owner.getChildByName('mybow');
```

预制体是可视化对象，如果要调用绑定在预制体上的脚本，就需要使用 getComponent()方法。下面这行代码完成了对弓预制体绑定脚本的映射。

```
var bowScript = this.mybow.getComponent(BowScript);
```

BowScript.js 是我们准备绑定在弓上的脚本，如果要在 MainScenceControl.js 中使用它，就需要预先用 import 来导入，代码如下。

```
import BowScript from "./BowScript";
```

BowScript.js 的初始代码如下。

```
/**BowScript*/

export default class BowScript extends Laya.Script {
    /** @prop {name:arrow,tips:"箭预制体对象",type:Prefab}*/

    constructor() { super(); }
    onEnable() {
        var xOffSet = 30;
        this.sp_fired = this.owner.getChildByName('sp_fired');
        this.sp_fired.graphics.drawLine(20 + xOffSet, -145, 20 + xOffSet, 145, "#ffffff", 1);

        this.sp_ready = this.owner.getChildByName('sp_ready');
        this.sp_ready.graphics.drawLine(20 + xOffSet, -145, -16 + xOffSet, 0, "#ffffff", 1);
        this.sp_ready.graphics.drawLine(20 + xOffSet, 145, -16 + xOffSet, 0, "#ffffff", 1);
```

```
        this.sp_arrow = this.owner.getChildByName('sp_arrow');

        this.init();
    }
}

BowScript.prototype.init = function () {
    this.sp_arrow.alpha = 1;
    this.sp_fired.alpha = 0;
    this.sp_ready.alpha = 1;
    this.isReady = true;
}

BowScript.prototype.fire = function () {
    if (this.isReady == false) return;
    this.isReady = false;

    this.sp_arrow.alpha = 0;
    this.sp_fired.alpha = 1;
    this.sp_ready.alpha = 0;

    //每 0.1 秒装填一次
    Laya.timer.once(100, this, this.init);
}
```

弓的脚本与箭的预制体的关联，是用下面的@prop 语句实现的。在编辑面板中添加脚本后，可以在属性面板中拖动预制体到脚本上来完成关联。

```
    /** @prop {name:arrow,tips:"箭预制体对象",type:Prefab}*/
```

在 BowScript.js 的 onEnable()方法中，我们使用 graphics.drawLine()方法绘制了张弓和射击两种状态的弓弦，在 MainScenceControl.js 中调用 bowScript.fire()方法后，弓的显示状态将会切换。

接下来，从 IDE 切换到编辑模式，完成脚本的绑定。

我们需要完成两个脚本的绑定。首先是 mainScene.scene 场景绑定 MainScenceControl.js。如图 3.24 所示，打开 mainScene.scene 场景，在层级面板中确认顶层的 Scene 为选中状态，然后在属性面板中单击【添加组件】→【Code】→【MainScenceControl】选项。

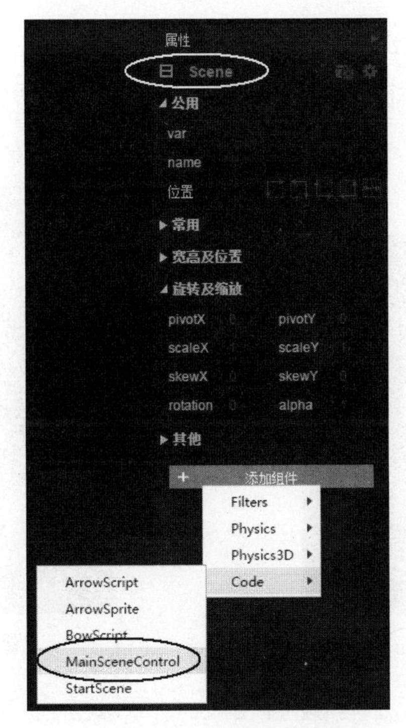

图 3.24　在场景中添加脚本

将 mainScene.scene 场景中的 mybow 绑定到 BowScript.js，具体操作为：在层级面板中，确认顶层的 mybow 为选中状态；在属性面板中单击【添加组件】→【Code】→【BowScript】选项；将箭的预制体 prefab/arrow.prefab 从资源管理器面板拖动到已添加的 BowScript.js 上。完成后的 mybow 属性面板，如图 3.25 所示，预先设定的@prop 语句实现的就是此处的预制体关联。

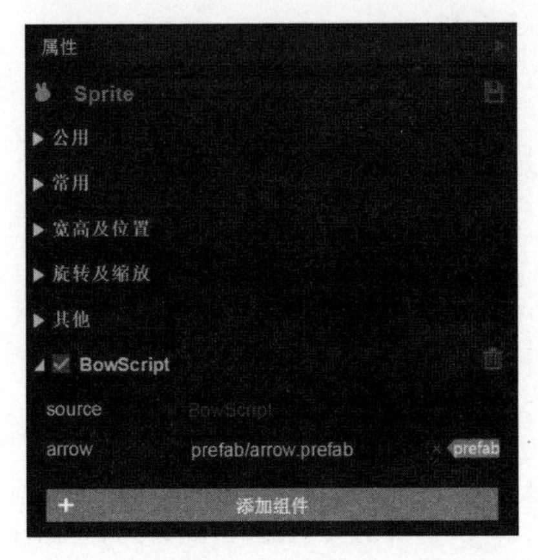

图 3.25　添加脚本并在脚本上添加预制体

绑定这两个脚本后，在层级关系面板中 BowScript.js 和 MainScenceControl.js 将出现在正确的层级目录中，如图 3.26 所示。运行项目，进入主场景，单击后弓的状态将如图 3.27 所示，响应屏幕点击事件。

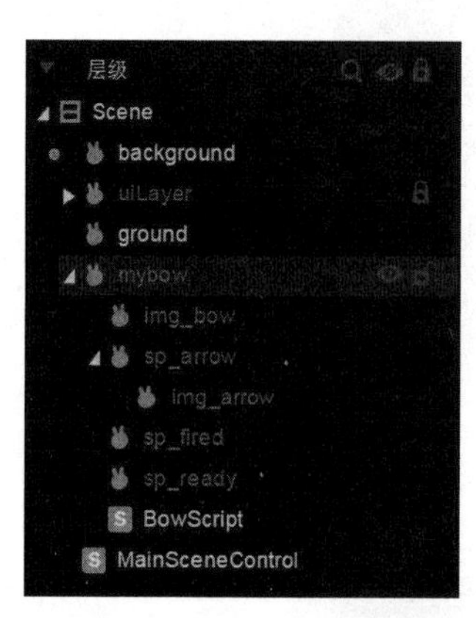

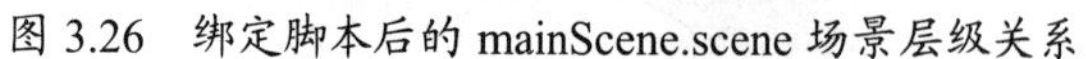
图 3.26　绑定脚本后的 mainScene.scene 场景层级关系

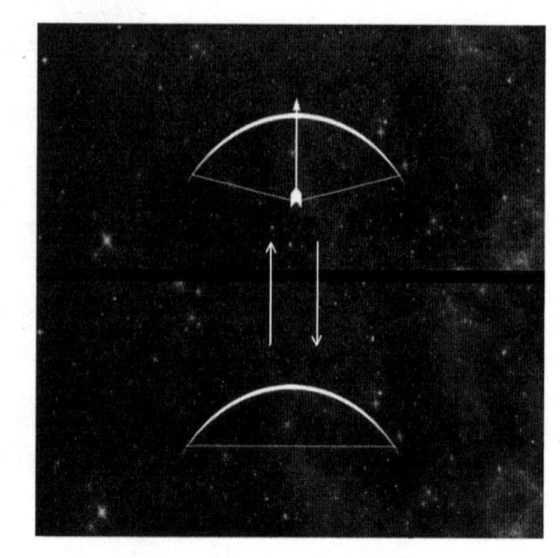

图 3.27　弓的状态切换

注意：运行时代码和脚本必须放在 src 目录的自建路径下，如 src\script\。切记！

3.2.7　预制体操纵：箭的操纵

在 3.2.6 节中，我们已经为箭的预制体与弓的脚本添加了关联，但还没有在场景中添加箭。在本节中，我们将完成以下两个任务。

- 在操纵弓的脚本中实现添加箭的功能。
- 给箭的预制体添加移动控制。

将 IDE 切换到代码模式，打开 BowScript.js，然后在 fire()方法的最后添加下列代码。

```
//每 0.1 秒装填一次
Laya.timer.once(100, this, this.init);

//箭的方向垂直向上
 var rotation = -90;
 this.owner.rotation = rotation;

 var ground = this.owner.parent.getChildByName('ground');
 var flyer = Laya.Pool.getItemByCreateFun("arrow", this.arrow.create, this.arrow);
 var arrow_globalPos = this.owner.localToGlobal(new laya.maths.Point(this.sp_arrow.x,
     this.sp_arrow.y));
```

```
flyer.pos(arrow_globalPos.x, arrow_globalPos.y);
flyer.rotation = rotation;
ground.addChild(flyer);
```

在此处，动态创建预制体实例的方法是 Laya.Pool.getItemByCreateFun()。Laya.Pool 是对象池类，用于对象的存储和重复使用。合理使用对象池，可以有效减少创建对象的开销，避免频繁进行垃圾回收，从而提高游戏的流畅度。getItemByCreateFun()方法根据传入的对象类型标识，获取对象池中此类型标识的一个对象实例。示例如下。

```
var flyer = Laya.Pool.getItemByCreateFun("arrow", this.arrow.create, this.arrow);
```

getItemByCreateFun()方法的 3 个参数对应的是之前通过@prop 语句关联的预制体，代码如下。

```
/** @prop {name:arrow,tips:"箭预制体对象",type:Prefab}*/
```

在新增的代码中，ground 是 mainScene.scene 场景中 ground 节点的映射，通过对象池添加的箭的实例，将被添加到 ground 节点。修改后完整的 fire()方法，代码如下。

```
/** BowScript.js */

BowScript.prototype.fire = function () {
    if (this.isReady == false) return;
    this.isReady = false;

    this.sp_arrow.alpha = 0;
    this.sp_fired.alpha = 1;
    this.sp_ready.alpha = 0;

    //每 0.1 秒装填一次
    Laya.timer.once(100, this, this.init);

    //箭的方向垂直向上
    var rotation = -90;
    this.owner.rotation = rotation;

    var ground = this.owner.parent.getChildByName('ground');
    var flyer = Laya.Pool.getItemByCreateFun("arrow", this.arrow.create, this.arrow);
    var arrow_globalPos = this.owner.localToGlobal(new laya.maths.Point(this.sp_arrow.x,
        this.sp_arrow.y));
```

```
    flyer.pos(arrow_globalPos.x, arrow_globalPos.y);
    flyer.rotation = rotation;
    ground.addChild(flyer);
}
```

接下来，给箭的预制体添加移动控制。我们可以分别通过在箭的预制体 prefab/arrow.prefab 上添加运行时代码和脚本组件的方式来实现这一功能。

在 src\script 路径下分别创建 ArrowScript.js 和 ArrowSprite.js。

创建 ArrowScript.js，代码如下。

```
/**ArrowScript.js */

export default class ArrowScript extends Laya.Script {
    constructor() { super(); }

    onEnable() {
        this.speed = 2;     //每秒移动 2000 像素
        this.startPoint = new laya.maths.Point(this.owner.x, this.owner.y);
        this.x_speed = this.speed * Math.cos(this.owner.rotation * Math.PI / 180);
        this.y_speed = this.speed * Math.sin(this.owner.rotation * Math.PI / 180);
        this.alpha = 0;
    }

    onUpdate() {
        this.owner.x += this.x_speed * Laya.timer.delta;
        this.owner.y += this.y_speed * Laya.timer.delta;
        var distance = this.startPoint.distance(this.owner.x, this.owner.y);
        if (distance > 100) this.alpha = 1;
        if (distance > 2000) {
            this.owner.removeSelf();
        }
    }

    onDisable() {
        //当箭被移除时，回收箭到对象池，从而方便复用，减少创建对象的开销
        Laya.Pool.recover("arrow", this.owner);
    }
}
```

创建 ArrowSprite.js，代码如下。

```
/** ArrowSprite.js */
```

```
export default class ArrowSprite extends Laya.Sprite {
    constructor() { super(); }

    onEnable() {
        this.speed = 2;      //每秒移动 2000 像素
        this.startPoint = new laya.maths.Point(this.x, this.y);
        this.x_speed = this.speed * Math.cos(this.rotation * Math.PI / 180);
        this.y_speed = this.speed * Math.sin(this.rotation * Math.PI / 180);
        this.alpha = 0;

        Laya.timer.frameLoop(1,this,this.onUpdate);
    }

    onUpdate() {
        this.x += this.x_speed * Laya.timer.delta;
        this.y += this.y_speed * Laya.timer.delta;
        var distance = this.startPoint.distance(this.x, this.y);
        if (distance > 100) this.alpha = 1;
        if (distance > 2000) {
            this.removeSelf();
        }
    }

    onDisable() {
        //当箭被移除时，回收箭到对象池，从而方便复用，减少创建对象的开销
        Laya.Pool.recover("arrow", this);
    }
}
```

ArrowScript.js 和 ArrowSprite.js 的功能完全相同，当箭被添加到场景中时调用 onEnable()方法，根据箭的角度设定箭在水平和垂直方向上的移动速度，并记录箭的初始位置，然后，每帧调用 onUpdate()方法移动箭的位置，当箭离开初始位置 2000 像素以后，将箭从场景中移除，回收到对象池中准备复用。

在箭的预制体 prefab/arrow.prefab 中添加控制代码的方式有两种，如图 3.28 所示。将 IDE 切换到编辑模式，在资源管理器中打开 prefab/arrow.prefab，然后在 arrow.prefab 的属性面板中添加运行时代码或脚本组件 ArrowScript.js。完成其中任意一种控制代码的添加后，运行项目，在主场景中单击的效果，如图 3.29 所示。

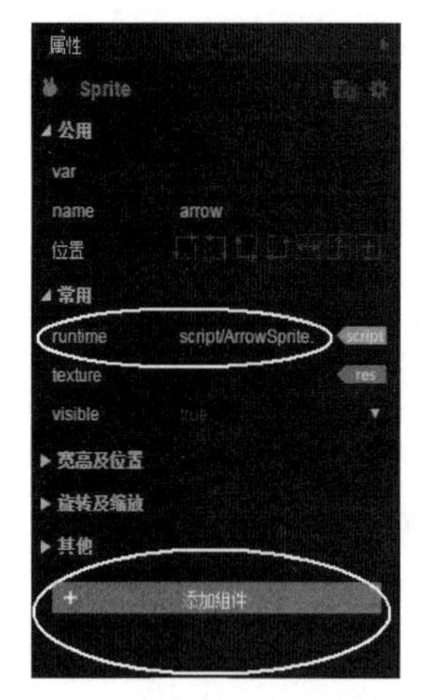

添加运行时代码

添加脚本组件

图 3.28　添加箭的控制代码

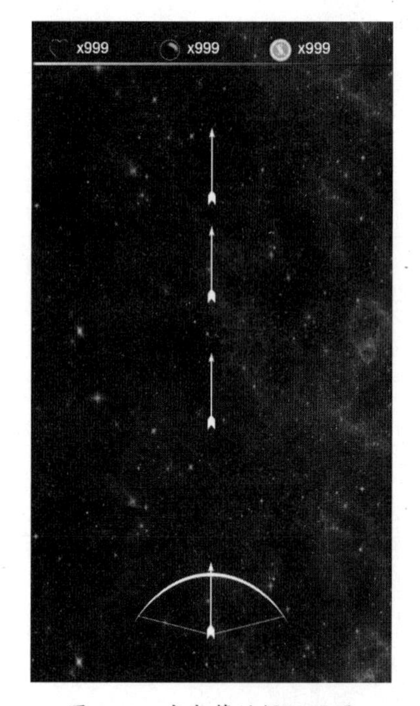

图 3.29　完成箭的操纵设置

运行时代码和脚本组件可以完成一部分相同功能的扩展，二者的区别如表 3.8 所示。显然，脚本组件方式的可扩展性更好。在后面的章节中，我们将在箭预制体上使用脚本组件方式。

表 3.8　运行时与脚本组件的比较

项目	运行时代码	脚本组件
代码	ArrowSprite.js	ArrowScript.js
关联的预制体	prefab/arrow.prefab	prefab/arrow.prefab
基类	Laya.Sprite	Laya.Script
应用方式	原型链继承	通过插件扩展
在代码中引用预制体	this	this.owner
基于帧的刷新	需要自行添加	包含接口
属性面板挂载预制体	需要自行实现	设置@prop 语句

3.2.8　预制体操纵：气球的操纵

与箭的操纵类似，气球的操纵也包含在场景中添加气球和气球的逻辑控制两部分。预制体不仅可以在编辑模式下拖动到属性面板中进行关联，也可以直接在代码中用 Laya.loader.load() 方法加载。接下来，我们采用代码方式在场景中添加气球。

在代码编辑模式下，打开 MainScenceControl.js，进行如下修改。

```
    onEnable() {
     console.log('>>>---MainScenceControl--->');
     this.mybow = this.owner.getChildByName('mybow');
     this.ground = this.owner.getChildByName('ground');

     //确认气球预制体加载完毕的标识
     this.ballPrefabReady = false;
     Laya.loader.load("prefab/ball.prefab", Laya.Handler.create(this, function (prefab)
          {
          this.ballPrefabReady = true;
          this.ballPrefab = prefab;
     }));

     //延时统计
     this.deltaCount = 1000;
 }

 /* 添加气球 */
 creatBall() {
     if (this.ballPrefabReady == false) return;
     //使用对象池创建气球
```

```
        var ball = Laya.Pool.getItemByCreateFun("ball", this.ballPrefab.create,
            this.ballPrefab);
        var radomX = parseInt(Math.random() * 60) + 1;      //获取随机数 1 ~ 60
        var radomY = parseInt(Math.random() * 5);
        ball.pos(radomX * 11, 200 + radomY * 64);
        this.ground.addChild(ball);
    }

    onUpdate() {
        this.deltaCount -= Laya.timer.delta;
        if (this.deltaCount <= 0) {
            this.deltaCount = 1000;
            this.creatBall();
        }
    }
```

在 onEnable()方法中设置对气球预制体 prefab/ball.prefab 的加载。由于 Laya.loader.load()方法是异步加载的，因此需要添加一个判断预制体是否加载完成的标识 this.ballPrefabReady。

当预制体加载完成后，创建一个预制体实例 this.ballPrefab = prefab。然后，创建一个 creatBall()方法，随机在屏幕的不同位置创建气球。最后，调用按帧率刷新的 onUpdate()方法，每隔 1 秒创建一个气球。

气球的逻辑控制包括下列功能。

- 气球加载到场景中后加速下落。
- 当气球到达屏幕底部（y > 1250）时，气球破裂。
- 使用 graphics.drawCircle()方法实现气球破裂效果。

在 src/script 路径下创建 BallScript.js，初始代码如下。

```
/** BallScript */

export default class BallScript extends Laya.Script {
    constructor() { super(); }
    onEnable() {
        this.img_ball = this.owner.getChildByName('img_ball');
        this.y_speed = 0;
        //每秒加速 10 像素
        this.Acceleration = 0.001;
        this.boom = false;
        this.radio = 30;
        this.radioRaise = 2;
    }
```

```
    onUpdate() {
        if (this.boom === true) {
            this.owner.graphics.clear();
            this.radioRaise *= 2;
            var radio = this.radio + this.radioRaise;
            this.owner.graphics.drawCircle(0, 0, radio, null, '#9cdb5a', 1);
            if (radio >= 80) this.owner.removeSelf();
        }
        else {
            this.y_speed += this.Acceleration * Laya.timer.delta;
            this.owner.y += this.y_speed;
            if (this.owner.y > 1250) {
                this.boom = true;
                this.img_ball.alpha = 0;
                this.radio = 30;
                this.radioRaise = 2;
            }
        }
    }

    onDisable() {
        //当气球被移除时，回收气球到对象池，从而方便复用，减少创建对象的开销
        Laya.Pool.recover("ball", this.owner);
    }
}
```

当气球到达屏幕底部时，将 this.boom 设置为 true，触发气球破裂效果。ball.prefab 使用 img_ball 节点显示气球的图像，当气球破裂时将 img_ball 隐藏。然后，不断调用 graphics.clear() 方法清空绘制命令，并用 graphics.drawCircle()方法绘制半径不断增大的圆形，从而实现破裂效果。

BallScript.js 的代码创建后，将 IDE 切换到编辑模式，在资源管理器中打开 ball.prefab，将 BallScript.js 设置为 ball.prefab 的脚本。此时，运行项目，如图 3.30 所示。在运行的最初，气球的状态都是正常的，但当气球落到底部并被复用后，显示的是气球破裂时的状态，因此，对象池中的气球需要在重新加载到场景中时添加复位图形表现的代码。

复位图形表现的方法，依据的是气球是否处于破裂状态，即 this.boom 是否为 true。为了更好地展示预制体在对象池中的复用情况，当 this.boom 为 true 时，气球的颜色将被替换成红色。在 onEnable()方法中添加复位图形表现的代码后，再次运行项目，我们将会发现，当气球不断掉落时，新出现的气球大部分是红色的，这说明它们中的大部分已被复用。

图 3.30　添加脚本后的气球

修改后的代码如下。

```
onEnable() {
    this.img_ball = this.owner.getChildByName('img_ball');
     //复位图形表现
     if (this.boom === true) {
        this.img_ball.texture = 'img/ball_red.png';
        this.img_ball.alpha = 1;
        this.owner.graphics.clear();
}
    this.y_speed = 0;
    //每秒加速 10 像素
    this.Acceleration = 0.001;
    this.boom = false;
    this.radio = 30;
    this.radioRaise = 2;
    }
```

3.3　坐标系与物体的旋转

在 2.3 节中，我们了解了在 Stage 中如何设定多个不同的 Sprite 并用 Graphics 标记它们的坐标原点。事实上，Stage 的每一个节点都有独立的坐标系且可以自由旋转，因此，这些坐标系可能既不平行也不重合。然而，在计算位置、角度等时，需要进行坐标转换，只有在统一的坐标系中，才有可能计算出正确的结果。为了便于计算，LayaAir 引擎提供了 localToGlobal()方法，将 Stage 中各个节点的本地坐标转换为相对于 Stage 的全局坐标。

坐标系旋转是在项目中经常遇到的需求。在 LayaAir 中，是用角度来设定物体的旋转的。使用下面的方法，可以根据两个坐标值计算它们之间的角度。在进行角度计算时，0°、360° 和–360° 的物理意义并不相同，对于跨越象限的旋转，通常需要将角度规格化。

```
function getAngle(x1, y1, x2, y2) {
    var x = x2 - x1;
    var y = y2 - y1;
    var angle = Math.round(Math.atan(y / x) / Math.PI * 180);
    //规格化角度 0° ~360°
    if (x >= 0 && y >= 0) return angle;                //第 1 象限
    else if (x < 0 && y >= 0) return (180 + angle);    //第 2 象限
    else if (x < 0 && y < 0) return (180 + angle);     //第 3 象限
    else return (360 + angle);                         //第 4 象限
}
```

打开/src/script/BowScript.js，将上面的 getAngle()方法添加到 BowScript.js 中，就可以旋转弓的角度了。修改 BowScript.prototype.fire 方法中的下列代码。

```
var rotation = -90;
this.owner.rotation = rotation;
```

修改后的代码如下。

```
var rotation = getAngle(this.owner.x, this.owner.y, Laya.stage.mouseX, Laya.stage.mouseY);
this.owner.rotation = rotation;
```

运行项目，我们会发现，弓已经能瞄准单击的位置并发射箭了。箭的位置是由下面的代码实现的。弓预制体中的 this.sp_arrow 用于标识箭的位置，每次单击添加的箭，其坐标、角度都与 this.sp_arrow 重合。

```
var arrow_globalPos = this.owner.localToGlobal(new laya.maths.Point(this.sp_arrow.x,
    this.sp_arrow.y));
```

3.4 添加音效

在 LayaBox 中，laya.media.SoundManager 用于对声音进行管理，playSound()方法用于播放音效（可以同时播放多个音效，因此播放背景音乐也是可以的）。HTML5 标准推荐使用 ogg 格式的音频文件。

下面我们给射箭和气球破裂添加音效。

首先，将包含音频资源的 audio 文件夹复制到工程的 bin\res 路径下。然后，分别修改 BallScript.js 和 BowScript.js，添加音效控制代码。

在 BallScript.js 中，将 Laya.SoundManager.playSound()方法添加到实现气球破裂效果的代码中，具体如下。

```
onUpdate() {
    if (this.boom === true) {
        Laya.SoundManager.playSound("res/audio/papa.ogg", 1);
        this.owner.graphics.clear();
```

在 BowScript.js 中，将下面这行代码添加到 BowScript.prototype.fire()方法体的最后。

```
Laya.SoundManager.playSound("res/audio/bow.ogg", 1);
```

这样就完成了音效的代码设置。我们可以调试项目，试听效果。

3.5 点的碰撞

在游戏开发中，经常会遇到需要实现碰撞检测的需求。其中，最简单的是质点的碰撞，即将需要检测的物体简化为质点，以两个质点之间的距离作为判定碰撞的依据。在本书的项目中，我们在 MainScenceControl.js 中实现气球与箭的碰撞。

首先，在 MainScenceControl.js 中添加对 BallScript.js 的引用。当碰撞发生时，通过脚本 BallScript.js 将 boom 属性设置为 true，触发气球破裂效果，代码如下。

```
import BallScript from "./BallScript";
```

然后，在 MainScenceControl.js 中添加碰撞检测方法 collide()。由于碰撞检测需要遍历待检测的碰撞对象，因此，箭和气球都被添加到主场景的 ground 节点中，以便遍历对象。碰撞检测的过程使用双层循环：第 1 层循环找到一支箭；第 2 层循环遍历气球，找出其中与之距离小于 35 像素的，触发它的破裂效果。代码如下。

```
/*碰撞检测*/
collide() {
    for (var i = 0; i < this.ground.numChildren; i++) {
        if (this.ground.getChildAt(i).name === 'arrow') {
            var arrow = this.ground.getChildAt(i);
            var point = new laya.maths.Point(arrow.x, arrow.y);
            for (var j = 0; j < this.ground.numChildren; j++) {
                if (i === j) continue;      //忽略与自身的碰撞
                var target = this.ground.getChildAt(j);
                if (target.name === 'arrow') continue;
                if (target.boom === true) continue;
                var distance = point.distance(target.x, target.y);
                if (distance <= 35) {
                    if (target.name === 'ball') {
                        var ballScript = target.getComponent(BallScript);
                        if (ballScript && ballScript.boom === false) {
                            ballScript.boom = true;
                        }
                    }
                    break;
                }
            }
        }
        else continue;
    }
}
```

最后，在 onUpdate()方法体中添加碰撞检测方法 collide()，代码如下。至此，碰撞检测功能已经实现。

```
    onUpdate() {
    this.deltaCount -= Laya.timer.delta;
    if (this.deltaCount <= 0) {
        this.deltaCount = 1000;
        this.creatBall();
    }

    this.collide();
}
```

3.6 中心化的游戏管理

在 3.2.1 节中我们已经了解，可使用单例模式的 GameManager 对象进行游戏数据的管理，以确保游戏数据的唯一性和正确性。该方法也可用于实现场景中的事件通信和消息管理等功能。在 src\script 路径下创建 GameManager.js，代码如下。

```
/** GameManager */
export default class GameManager {
    constructor() {
        this.hitpoint = 3;
        this.hitBall = 0;
        this.gold = 0;
    }

    //静态方法
    static getInstance() {
        if (!this.instance) {
            this.instance = new GameManager();
        }
        return this.instance;
    }
}
```

GameManager.js 定义了以下 3 个参数。

- hitpoint：玩家生命值。
- hitBall：每局游戏中击破的气球数量。
- gold：击破 1 个气球获得 10 个金币，可以累计。

使用单例模式的 GameManager 对象，可以减少对象之间的方法调用和关联，降低代码的复杂度并提高可读性。接下来，我们通过 GameManager 实现两个功能。

第 1 个功能是修改 src\script\MainScenceControl.js，关联被击破气球数量、金币数据的变化。

在 MainScenceControl.js 的顶部添加对 GameManager 的引用，代码如下。

```
import GameManager from "./GameManager";
```

在 collide()方法体中找到下面的代码并进行修改。

```
if (ballScript && ballScript.boom === false) {
    ballScript.boom = true;
```

```
    GameManager.getInstance().hitBall += 1;
    GameManager.getInstance().gold += 10;
}
```

第 2 个功能是修改 src\script\BallScript.js，使气球到达屏幕底部时减少玩家角色生命值。

在 BallScript.js 的顶部添加对 GameManager 的引用，代码如下。

```
import GameManager from "./GameManager";
```

在 onUpdate()方法体中找到下面的代码并进行修改。

```
if (this.owner.y > 1250) {
    //穿透底线，造成伤害
    GameManager.getInstance().hitpoint--;
    if (GameManager.getInstance().hitpoint < 0) GameManager.getInstance().hitpoint = 0;
    this.boom = true;
```

3.7　自定义事件

从子节点向父容器传递数据是一件比较麻烦的事情。在父容器中，基于帧刷新数据是一种效率比较低的实现方式。通常，从子节点向父容器传递数据，是用自定义事件配合单例对象实现的。

在 3.6 节中，我们已经实现了气球被击破的统计及气球突破屏幕底线的统计，接下来，应该把这些变化动态地显示在界面上。在此，将 src/script/MainScene.js 作为运行时代码关联到 mainScene.scene 场景，实现相关功能。

初始的 MainScene.js 代码如下。

```
/** MainScene */

import GameManager from "./GameManager";
export default class MainScene extends Laya.Scene {
    constructor() { super(); }

    onEnable() {
        Laya.timer.frameLoop(1, this, this.onBallUpdate);
    }

    onBallUpdate() {
        this.txt_hp.text = 'x' + GameManager.getInstance().hitpoint;
        this.txt_ball.text = 'x' + GameManager.getInstance().hitBall;
```

```
        this.txt_gold.text = 'x' + GameManager.getInstance().gold;

        if (GameManager.getInstance().hitpoint === 0) {
            GameManager.getInstance().hitpoint = 3;
            Laya.Scene.open('startScene.scene');
        }
    }
}
```

上面的代码实现了动态的数据显示。但是，它是基于帧刷新实现的，如果每帧需要处理的事务过多，就会影响刷新的性能。更好的处理方法是在每次气球破裂时发送自定义事件消息，在 MainScene.js 中监听气球破裂的消息，当收到消息时更新界面数据。相关的修改如下。

修改 src/script/BallScript.js 的 onDisable()方法，添加自定义消息，代码如下。

```
onDisable() {
    Laya.stage.event(Laya.Event.MESSAGE,'ballbreak');
    //当气球被移除时，回收气球到对象池，从而方便下次复用，减少对象创建的开销
    Laya.Pool.recover("ball", this.owner);
}
```

修改 src/script/MainScene.js 的 onEnable()方法，将每帧刷新界面改为接收自定义事件触发刷新界面，代码如下。

```
onEnable() {
    //初始化界面显示
    this.onBallUpdate();
    //接收气球破裂发出的事件
    Laya.stage.on(Laya.Event.MESSAGE, this, function (data) {
        if(data === 'ballbreak')this.onBallUpdate();
    });
}
```

Laya.stage.event()方法定义了一个事件。Laya.stage.on()方法负责监听，完成从子节点到父容器的通信。Laya.Event.MESSAGE 是可传递自定义参数的事件类型。因此，可在 Laya.stage.event()方法的第 2 个参数中添加想要传递的信息，可以是字符串，也可以是数组。在 Laya.stage.on()的处理方法中，可根据传入的数据进行事件分类，以应对多种自定义事件。

注意：在 LayaBox 项目中，考虑项目的兼容性，不建议使用浏览器的 DOM 自定义事件。微信小游戏等基于运行时的环境不支持浏览器的 DOM 自定义事件。

3.8 JSON 数据详解

JSON 是一种轻量级的数据格式，是 ECMAScript 的一个子集，使用 JavaScript 语法来描述数据对象，但独立于语言和平台。JSON 解析器和 JSON 库支持多种编程语言。JSON 文本文件的后缀是“.json”。JSON 数据可以作为不包含注释语句、方法体及类声明的 JavaScript 文件。

JSON 语法规则如下。

- 数据在名称/值对中。
- 数据由逗号分隔。
- 花括号用于保存对象。
- 方括号用于保存数组。

JSON 的优势如下。

- 基于纯文本，跨平台传递极其简单。
- JavaScript 原生支持，后台语言几乎全部支持。
- 轻量级数据格式，占用字符数量少，特别适合互联网的数据传递。
- 可读性强，在合理缩进后容易识别。
- 容易编写和解析。

LayaAir 引擎几乎离不开 JSON，包括图集的打包储存、资源的加载、编辑器组件的描述、类的导出、预制体的描述、语言包的支持等。

3.9 LocalStorage 数据存储

在 HTML5 中，可以使用 LocalStorage 永久保存需要的数据。对于游戏存档需求，这是一个很好的实现方式。LocalStorage 存储的内容是字符串，各浏览器对 LocalStorage 大小的支持并不统一，通常 LocalStorage 的大小不要超过 2.5MB。出于安全考虑，建议 localStorage 数据只关联项目或从网站访问。

LayaAir 引擎对 LocalStorage 进行了简单的封装，对应的类是 LocalStorage。常用的方法主要有以下几种。

- clear：清除本地存储。
- setItem：存储指定键名的字符串。
- getItem：获取指定键名的字符串。

- setJSON：存储指定键名的 JSON 对象。
- getJSON：获取指定键名的 JSON 对象。

注意：getItem 方法获取的是字符串，如果需要进行数值计算，就必须先进行数值转化，例如使用 parseInt()方法。getJSON 方法会自动将获取的数据转换成 JavaScript 对象。

接下来，我们实现对金币和每局最高气球击破纪录的存档和读取功能。

存储 LocalStorage 数据的操作是在 src/script/MainScene.js 中实现的。首先，添加一个名为 setLocalStorage 的方法，用于管理 LocalStorage 数据的存储，代码如下。

```
/*存储永久数据*/
function setLocalStorage() {
    //存储单个数据
    Laya.LocalStorage.setItem('gold', GameManager.getInstance().gold);
    //存储 JSON 对象
    var sorceInfo = {};
    sorceInfo.gold =  GameManager.getInstance().gold;
    sorceInfo.hightScore = GameManager.getInstance().hitBall;
    Laya.LocalStorage.setJSON('sorceInfo',sorceInfo);
}
```

然后，在 onBallUpdate()方法中添加对 setLocalStorage()方法的调用，代码如下。

```
onBallUpdate() {
    this.txt_hp.text = 'x' + GameManager.getInstance().hitpoint;
    this.txt_ball.text = 'x' + GameManager.getInstance().hitBall;
    this.txt_gold.text = 'x' + GameManager.getInstance().gold;

    if (GameManager.getInstance().hitpoint === 0) {
        GameManager.getInstance().hitpoint = 3;
        setLocalStorage();
        Laya.Scene.open('startScene.scene');
    }
}
```

最后，修改 src/script/StartScene.js，完成 LocalStorage 数据的读取及数据显示操作。完整的 StartScene.js 代码如下。

```
/**StartScene.js */

import GameManager from "./GameManager";

export default class StartScene extends Laya.Scene {
```

```
    constructor() { super(); }

    onEnable() {
        getLocalStorage();

        GameManager.getInstance().hitpoint = 3;
        GameManager.getInstance().hitBall = 0;

        this.txt_hp.text = 'x' + GameManager.getInstance().hitpoint;
        this.txt_ball.text = 'x' + GameManager.getInstance().hitBall;
        this.txt_gold.text = 'x' + GameManager.getInstance().gold;

        var BTN_start_1 = this.getChildByName('BTN_start_1');
        BTN_start_1.on(Laya.Event.CLICK, this, function (e) {
            e.stopPropagation();     //阻止冒泡
            Laya.Scene.open('mainScene.scene');
        })
    }
}

/* 获取本地存储 */
function getLocalStorage() {
    //清除本地存储，在调试时取消对下面一行代码的注释
    //Laya.LocalStorage.clear();
    var gold = Laya.LocalStorage.getItem('gold');
    if (gold) GameManager.getInstance().gold = parseInt(gold);
    else Laya.LocalStorage.setItem('gold', 0);
}
```

至此，我们的第一个使用 LayaBox 2.0 引擎开发的游戏项目，基本成形了。

3.10　小结

在本章中，我们使用模块化的游戏开发方式，结合 LayaAir 2.0 IDE 的可视化编辑功能，实现了一个完整的游戏功能。项目的整体结构关系，如图 3.31 所示。

这个游戏的结构，体现了 LayaAir 2.0 的一些技术特点。

- 所有对象都是舞台上的节点，它们以树状结构分布。
- 使用场景管理不同的业务逻辑。不同的场景可以相互切换。
- 预制体对象可以进行可视化编辑，这提高了开发效率。
- 场景、预制体都可以根据需要，通过对象继承或包含脚本的方式，灵活地扩展功能。

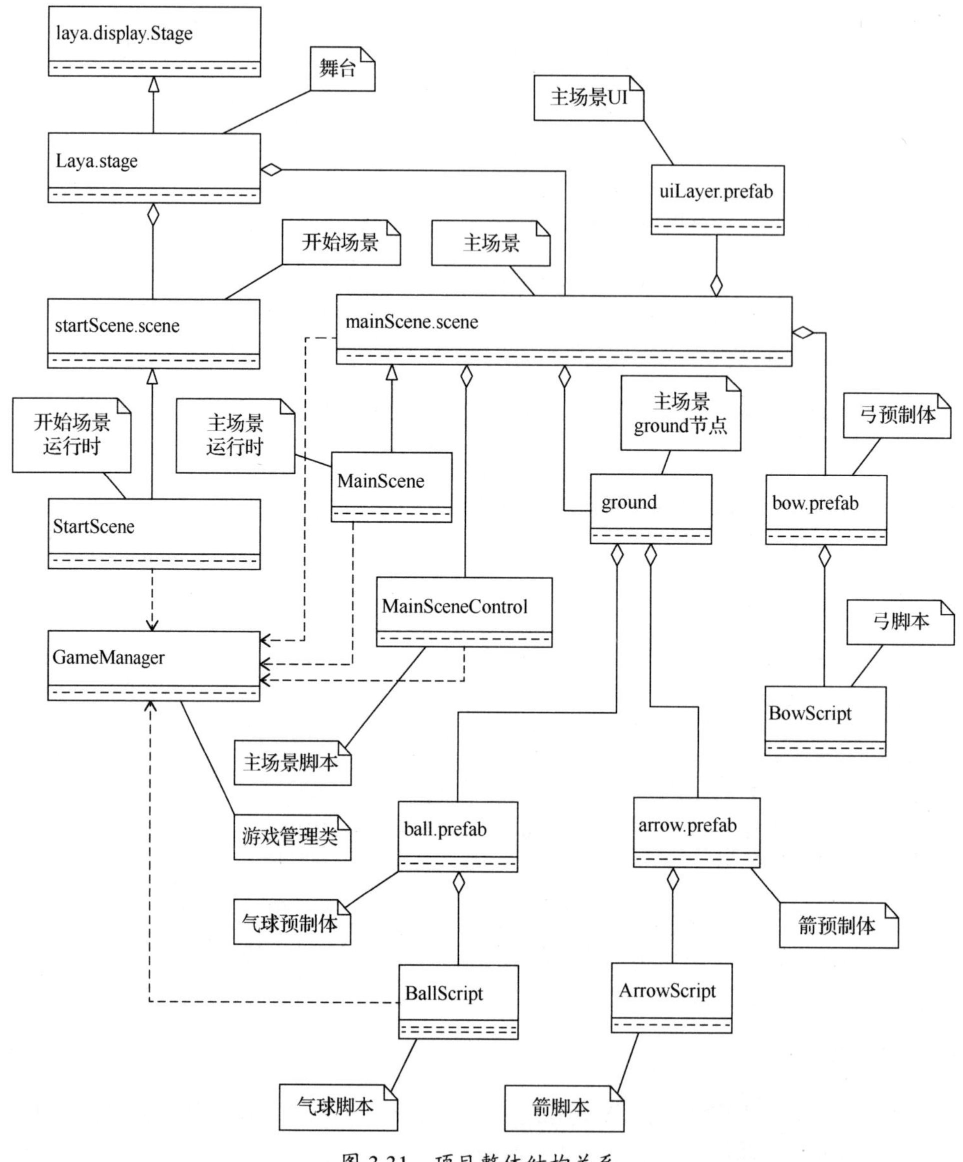

图 3.31　项目整体结构关系

通过本章的学习，我们对 LayaBox 开发游戏的整体流程有了初步的了解。在后面的章节中，我们将深入研究 LayaBox 的常用功能。

第 4 章 屏幕适配

我们的生活已经进入移动互联网时代，各种尺寸和规格的移动设备伴随着我们。作为开发者，有必要思考如何让项目尽可能效果一致地运行在尽可能多的设备上，这样的工作就是屏幕适配。屏幕适配是一个烦琐、复杂的过程，然而值得庆幸的是，依靠各引擎厂商的帮助，大部分开发者可以专注于业务逻辑的实现，屏幕适配已经被简化成相关的参数设置和测试。

4.1 屏幕适配原理

在了解屏幕适配的原理之前，有必要了解一些与屏幕显示有关的知识。

- 像素（Pixel）：一个由数字序列表示的图像中的最小单位，称为像素，缩写为 px。
- 物理分辨率：屏幕的最佳分辨率，即屏幕实际存在的总像素数，是屏幕的固有参数，不能调节，其含义是屏幕最多可显示的像素数。
- PPI（Pixels Per Inch）：也叫像素密度，表示每英寸的像素数量。PPI 的数值越大，屏幕上显示的图像的像素密度就越高。
- DPI（Dots Per Inch）：每平方英寸中取样、可显示或输出的像素点的数目。DPI 是打印机、鼠标等设备的分辨率的度量单位。

对于物理分辨率相同的设备，PPI 越大，像素的体积就越小，显示效果就越细腻。在移动设备上，越来越多的设备使用触摸屏。因为手指和硬件尺寸的比例是相对固定的，所以，考虑到人体与设备的交互，使用的图标、按钮等控件会占用较大的物理尺寸，如果在分辨率相同的个人计算机上显示，会因为 PPI 降低而导致物理尺寸增大。

对于个人计算机，可以根据需要调整逻辑分辨率。例如，物理分辨率为 1920 像素 × 1080 像素的显示器，可以设置成 1280 像素 × 720 像素或不超过其自身物理分辨率的其他分辨率。然而，移动设备的分辨率是不可以这样设置的。如果两款手机的物理尺寸接近，但物理分辨率差异较大，那么，可以通过设置不同的 PPI 来保证它们有相同的逻辑分辨率。只要两个屏幕的逻辑像素相同，它们的显示效果就是一致的。如图 4.1 所示，iPhone 4s 的物理分辨率是 iPhone 3gs 的 2 倍，在设置相同的逻辑分辨率后，iPhone 4s 使用 2×2 个物理像素显示一个逻辑像素，从而确保显示效果的统一。

图 4.1 相同的逻辑分辨率

物理分辨率与逻辑分辨率的比值称为倍率。常见的 Android 系统设备的屏幕尺寸倍率关系，如图 4.2 所示。因为 Android 系统设备的屏幕尺寸很多、分辨率跨度很大，不像 iOS 系统只有几款设备、尺寸固定，所以，Android 系统把各种设备的像素密度划分成几个区间，给不同区间的设备定义了不同的倍率，以保证显示效果接近。

540x960
[倍率1.5]
720x1280
[倍率2]
1080x1920
[倍率3]

逻辑像素
360x640
逻辑像素
360x640
逻辑像素
360x640

图 4.2 常见的 Android 系统设备屏幕尺寸倍率关系

由于在移动设备上，是通过逻辑分辨率来统一显示效果的，所以，尽管移动设备的物理分辨率已经接近个人计算机，但逻辑分辨率却因硬件尺寸、操作方式的限制而没有得到提高。同一台移动设备的逻辑分辨率是唯一的，因此，移动设备上的浏览器使用的逻辑分辨率也是唯一的。根据逻辑分辨率的宽度，可以将显示设备类型进行划分，如表 4.1 所示。

表 4.1　显示设备类型

显示设备类型	代表产品	宽度
超小设备	手机	小于 768px
小型设备	平板电脑	大于等于 768px
中型设备	个人计算机	大于等于 992px
大型设备	个人计算机	大于等于 1200px

HTML5 游戏是基于浏览器和 Web 技术开发的，所有的内容都包含在 canvas 标签内。由于 canvas 有相对独立的图形渲染能力，因此，在设计和开发游戏时，通常不需要考虑浏览器的逻辑分辨率，而是设定一个较大的界面尺寸。LayaBox 引擎会不断将游戏内容渲染成位图，然后由 canvas 呈现在浏览器或其他显示媒介中——最终，显示媒介被完整地显示在屏幕上。

综上所述，屏幕适配的意义在于：通过配置正确的分辨率倍率及其他参数，使应用程序适合在各种屏幕上显示。在实际的 LayaBox 游戏开发过程中，由于引擎已经完成了大部分的屏幕适配工作，所以，开发者通常不需要过多关注浏览器的逻辑分辨率、硬件的物理分辨率，而应该关注 LayaBox 的舞台呈现在 canvas 中使用的填充方式。人体工程学研究发现，人的两只眼睛的视野范围不是一个正方形，而是一宽高比为 16∶9 的长方形。因此，推荐使用的游戏场景尺寸是 1136 像素 × 640 像素、1280 像素 × 720 像素、1920 像素 × 1080 像素等。

在 LayaAir 2.0 IDE 中，屏幕适配包含以下 4 个参数。

- 场景适配模式：GameConfig.scaleMode。
- 场景横竖屏：GameConfig.screenMode。
- 垂直对齐模式：GameConfig.alignV。
- 水平对齐模式：GameConfig.alignH。

这 4 个参数只能在编辑模式下打开项目设置面板进行设置（快捷键为【F9】），修改后的参数设置将被自动保存在 src/GameConfig.js 中。GameConfig.js 文件是自动生成的，每次项目编译后都会自动更新，因此，不要直接修改它。

为了详细比较各种参数设置，我们新建一个 LayaAir 空项目。

- 项目名称：ScreenAdaptation。
- 项目路径：D:\layabox2x\laya2project\chapter4。
- 编程语言：JavaScript。

在项目设置中，设置宽为 800 像素，高为 600 像素，4 个屏幕适配参数保持默认值，具体如下。

- 场景适配模式：fixedwidth。
- 场景横竖屏：none。
- 垂直对齐模式：top。
- 水平对齐模式：left。

随后，新建一个场景，名称为 test，宽为 800 像素，高为 600 像素。在场景中添加一幅背景图片 background.png，并将其复制到路径 D:\layabox2x\laya2project\chapter4\ScreenAdaptation\laya\assets\img\下。

将 background.png 拖入 test.scene，设置属性 x 为 0、y 为 0。background.png 中共有 48 个 100 像素 × 100 像素的正方形色块，如图 4.3 所示，我们将在稍后的屏幕适配参数调整中观察 background.png 的显示情况。

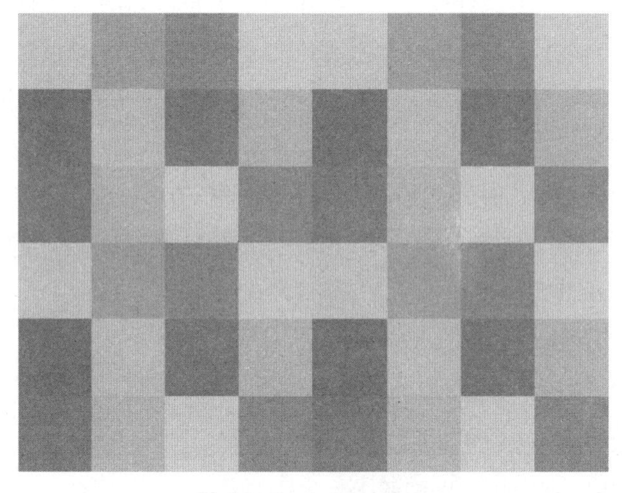

图 4.3　background.png

按【F5】快捷键调试项目，设置分辨率为“Apple iPhone 4”，屏幕方向为横屏，运行结果如图 4.4 所示。iPhone 5 的物理分辨率是 1136 像素 × 640 像素，宽高比是 16∶9，而我们设置的场景尺寸是 800 像素 × 600 像素，宽高比是 4∶3。因为默认的场景适配模式是 fixedwidth，即根据屏幕宽度缩放，所以，纵向的正方形色块未能完全显示在屏幕中。

图 4.4　默认的屏幕适配效果

4.2　屏幕适配模式

场景适配模式 GameConfig.scaleMode，有下列可选参数。

- noscale：不缩放。
- exactfit：全屏不等比缩放。
- showall：最小比例缩放。
- noborder：最大比例缩放。
- full：不缩放，stage 的宽和高等于屏幕的宽和高。
- fixedwidth：宽不变，高根据屏幕尺寸缩放。
- fixedheight：高不变，宽根据屏幕尺寸缩放。
- fixedauto：根据宽高比，自动选择使用 fixedwidth 或 fixedheight。

在本节中，我们将逐一了解这些场景适配模式的显示效果。为了比较它们的差异，将以下 3 个参数统一设置：场景横竖屏为 none；垂直对齐模式为 top；水平对齐模式为 left。调试时的分辨率统一使用 iPhone5 模式，即物理分辨率是 1136 像素 × 640 像素，逻辑分辨率是 568 像素 × 320 像素。各场景适配模式的显示效果介绍如下。在调试窗口按【F12】快捷键，将显示开发者工具。

（1）noscale：不缩放。如图 4.5 所示，屏幕逻辑分辨率是 568 像素 × 320 像素，canvas 的实际显示分辨率被固定为 640 像素 × 480 像素。由于 canvas 的实际宽度 : 舞台映射的宽度 = 逻辑分辨率宽度 : canvas 的实际宽度，可以得出，舞台映射的宽度约为 721 像素；又由于逻辑分辨率宽度 : 舞台映射宽度 = 逻辑分辨率高度 : 舞台映射高度，可以得出，舞台映射的高度约为

405 像素，每个正方形色块的尺寸是 100 像素 × 100 像素，显示结果与上述计算结果基本一致。

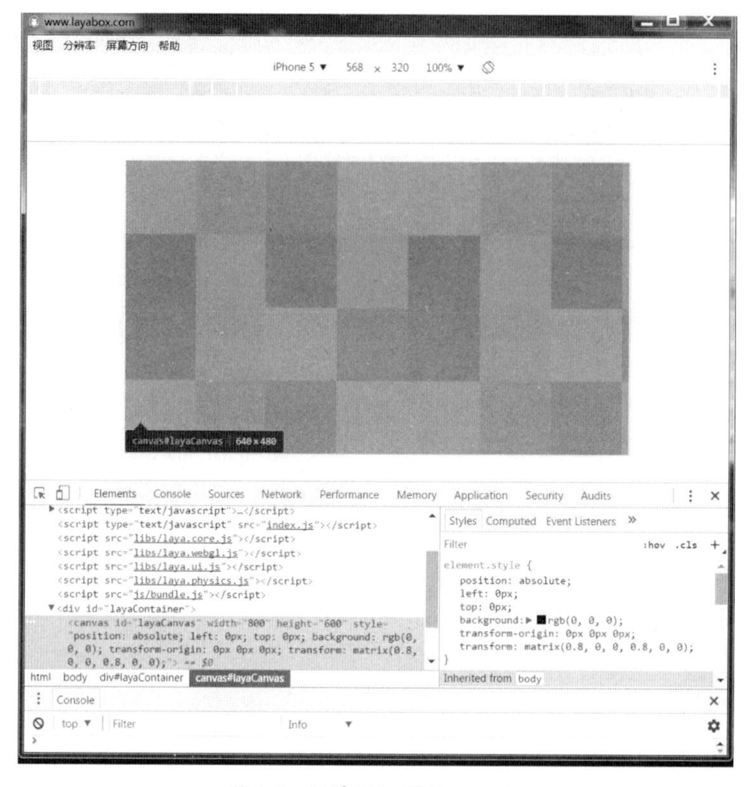

图 4.5　场景适配模式 noscale

（2）exactfit：全屏不等比缩放。exactfit 模式是一种不考虑内容的原始比例，直接通过非等比缩放填满整个浏览器屏幕的模式。在这种模式下，canvas 的实际尺寸与屏幕逻辑分辨率一致，canvas 的名义尺寸与舞台设计尺寸一致。当 canvas 的实际尺寸与 canvas 的名义尺寸存在差异时，这种非等比的缩放模式可能会导致显示时有明显的变形，如图 4.6 所示。

（3）showall：最小比例缩放。在 showall 模式下，舞台按照设计的宽高比，完整地显示在 canvas 中。当舞台的宽高比与屏幕逻辑分辨率的宽高比不一致时，canvas 不会填充整个屏幕，而是仅匹配屏幕逻辑分辨率中较小的尺寸。在本例中，屏幕的逻辑分辨率，宽是 568 像素，高是 320 像素，因此，canvas 的实际尺寸匹配的是屏幕的逻辑宽度，即 320 像素，如图 4.7 所示。

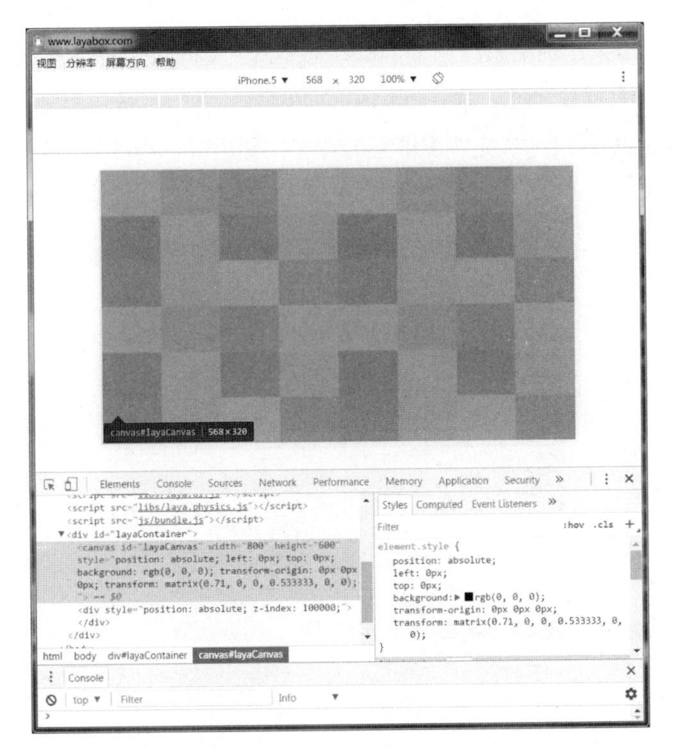

图 4.6　场景适配模式 exactfit

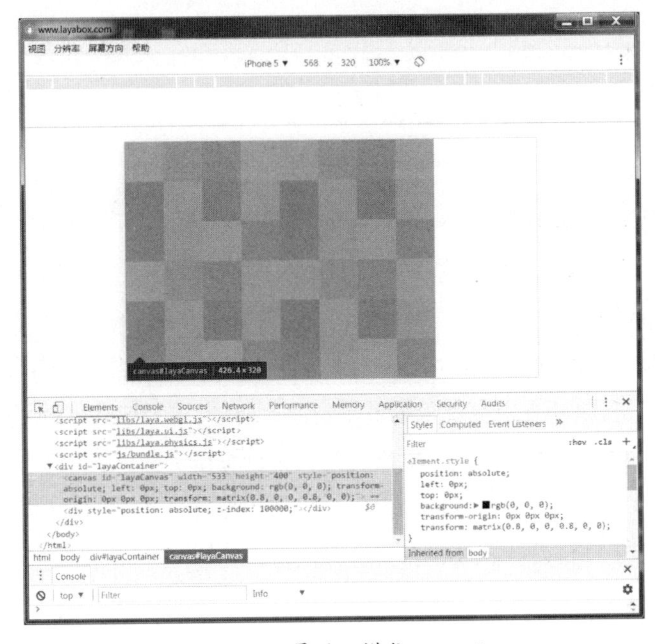

图 4.7　场景适配模式 showall

（4）noborder：最大比例缩放。在 noborder 模式下，canvas 的名义尺寸与舞台设计尺寸一致，且显示比例与舞台设计尺寸一致，canvas 的实际尺寸匹配屏幕逻辑分辨率中较大的尺寸。在本例中，canvas 的实际尺寸优先匹配屏幕的宽度，超过屏幕高度的部分会被裁切，如图 4.8 所示。

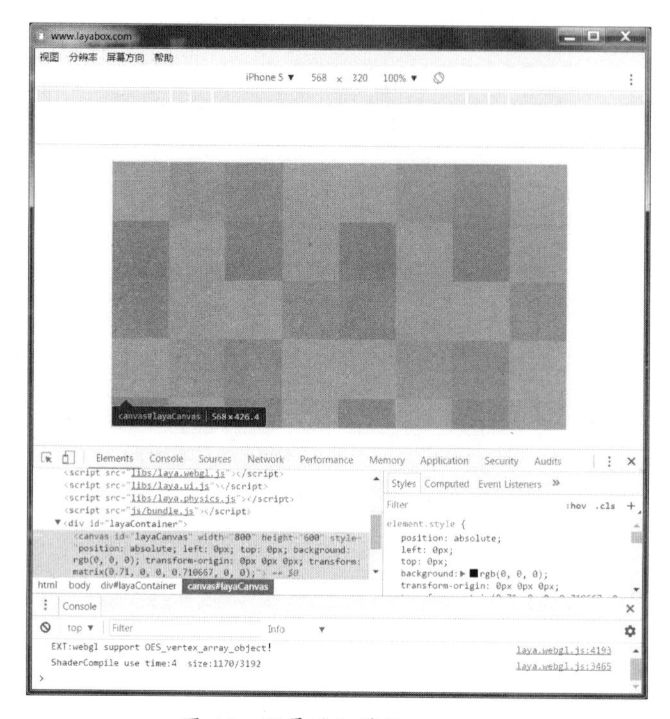

图 4.8　场景适配模式 noborder

（5）full：不缩放，stage 的宽和高等于屏幕的宽和高。在 full 模式下，舞台设计尺寸不会被缩放，在保持 1 : 1 原始比例的基础上，将舞台与浏览器屏幕左上角对齐，舞台设计尺寸超出屏幕的部分会被裁切。在本例中，舞台设计尺寸是 800 像素 × 600 像素，屏幕尺寸是 568 像素 × 320 像素，因此，舞台的显示在水平和垂直方向上都会被裁切，如图 4.9 所示。

（6）fixedwidth：宽度不变，高度根据屏幕宽高比缩放。在 fixedwidth 模式下，canvas 的实际尺寸与屏幕尺寸一致，canvas 的名义宽度与舞台设计宽度一致，canvas 的名义高度等于适配高度（适配高度 = 舞台设计宽度 × 屏幕宽高比），最终按屏幕宽高比进行全屏缩放适配。如果 canvas 的名义高度小于舞台设计高度，就会进行裁切，如图 4.10 所示。

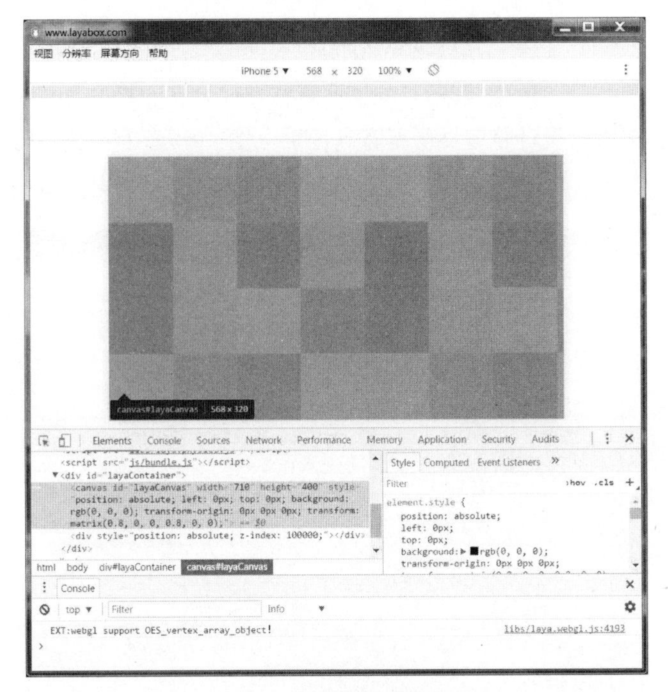

图 4.9　场景适配模式 full

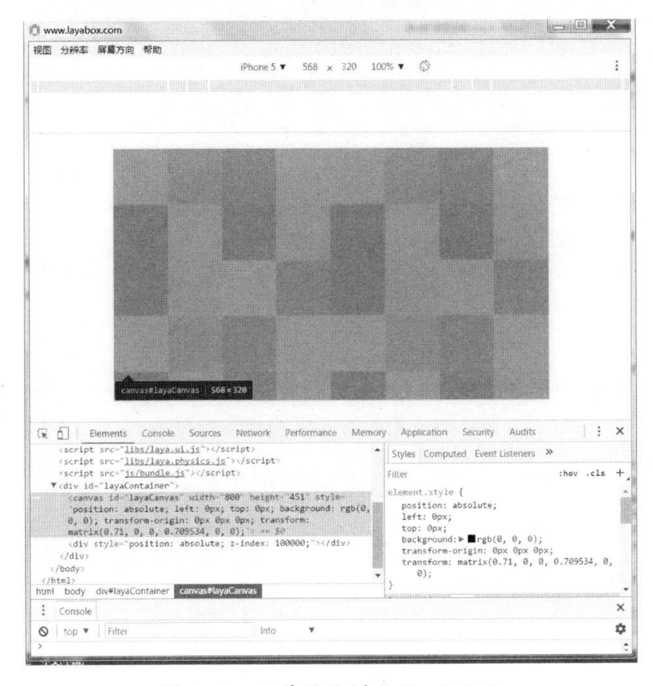

图 4.10　场景适配模式 fixedwidth

（7）fixedheight：高度不变，宽度根据屏幕宽高比缩放。在 fixedheight 模式下，canvas 的实际尺寸与屏幕尺寸一致，canvas 的名义高度与舞台设计高度一致，canvas 的名义宽度等于适配宽度（适配宽度 = 舞台设计宽度 × 屏幕宽高比），最终按屏幕宽高比进行全屏缩放适配。如果 canvas 的名义宽度大于舞台设计宽度，那么屏幕上将会有黑边，如图 4.11 所示。

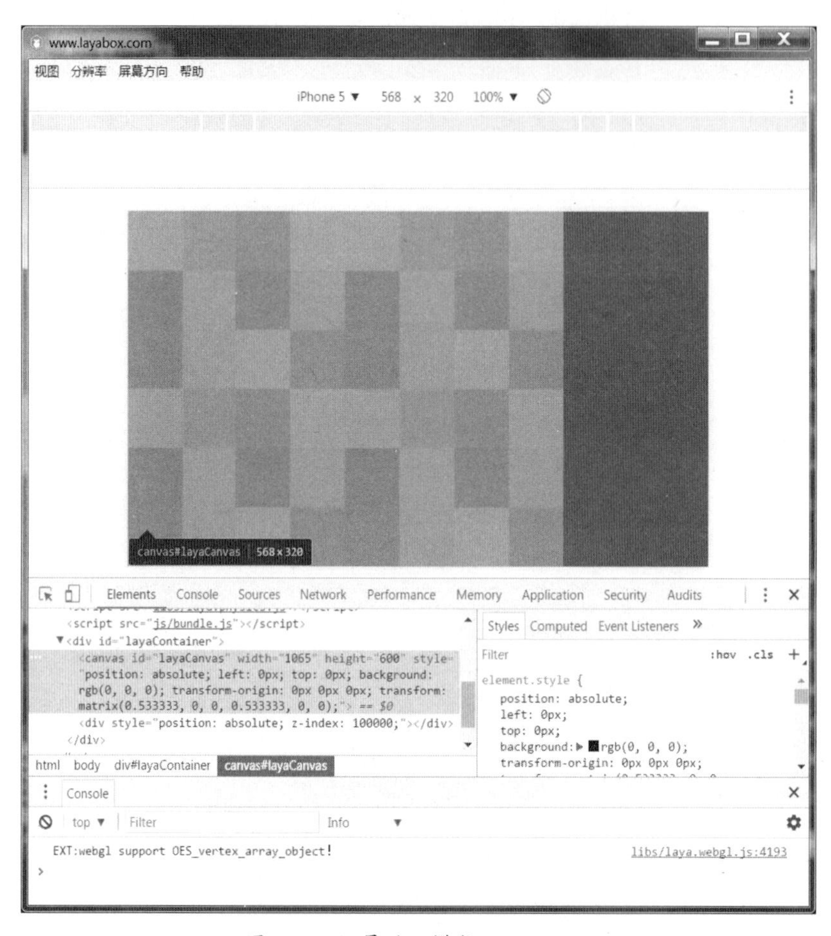

图 4.11　场景适配模式 fixedheight

（8）fixedauto：根据宽高比，自动选择 fixedwidth 或 fixedheight 模式。在 fixedauto 模式下，canvas 的实际尺寸与屏幕尺寸一致，并分别计算在 fixedwidth 和 fixedheight 模式下 canvas 名义尺寸的宽高比，然后确定要使用的适配模式。

在本例中，参照先前的计算：在适配 fixedwidth 模式时，canvas 的名义尺寸是 800 像素 × 451 像素，宽高比的值是 1.7738；在适配 fixedheight 模式时，canvas 的名义尺寸是 1065 像素 × 600 像素，宽高比的值是 1.775；屏幕尺寸是 568 像素 × 320 像素，宽高比的值是 1.775。因为屏幕宽高比与适配 fixedheight 模式时 canvas 名义尺寸的宽高比一致，所以，此时将自动选择 fixedheight 模式，调试结果如图 4.11 所示。

各场景适配模式参数对比，如表 4.2 所示。

表 4.2　适配模式参数对比

场景适配模式	屏幕尺寸	canvas 实际尺寸	canvas 名义尺寸	舞台设计尺寸	保持比例	缩放	裁切
noscale	568 × 320	640 × 480	800 × 600	800 × 600	1 : 1	√	√
exactfit	568 × 320	568 × 320	800 × 600	800 × 600	×	√	×
showall	568 × 320	426.4 × 320	533 × 400	800 × 600	√	√	×
noborder	568 × 320	568 × 426.4	800 × 600	800 × 600	√	√	√
full	568 × 320	568 × 320	710 × 400	800 × 600	1 : 1	×	√
fixedwidth	568 × 320	568 × 320	800 × 451	800 × 600	√	√	√
fixedheight	568 × 320	568 × 320	1065 × 600	800 × 600	√	√	√
fixedauto	568 × 320	568 × 320	1065 × 600	800 × 600	√	√	√

4.3　自动横屏与横屏游戏

场景横竖屏模式 GameConfig.screenMode，有以下 3 个参数可以选择。

- none：不更改屏幕（默认值）。
- horizontal：自动横屏。
- vertical：自动竖屏。

为了比较这 3 个参数显示状态的差异，将以下 3 个参数统一设置：场景适配模式为 showall；垂直对齐模式为 top；水平对齐模式为 left。

（1）none：不更改屏幕（默认值）。无论屏幕如何旋转，游戏的水平方向都不会随屏幕的旋转而改变，显示效果如图 4.12 所示。

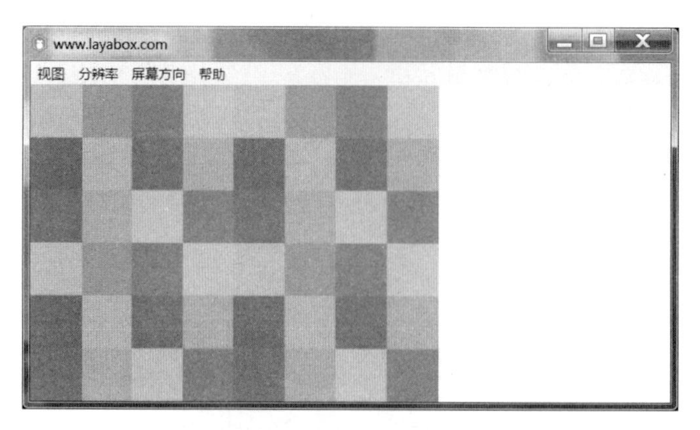

图 4.12　场景横竖屏 none

（2）horizontal：自动横屏。当 screenMode 属性的值为 horizontal 时，无论屏幕如何旋转，游戏的水平方向都与屏幕的短边垂直，显示效果如图 4.13 所示。

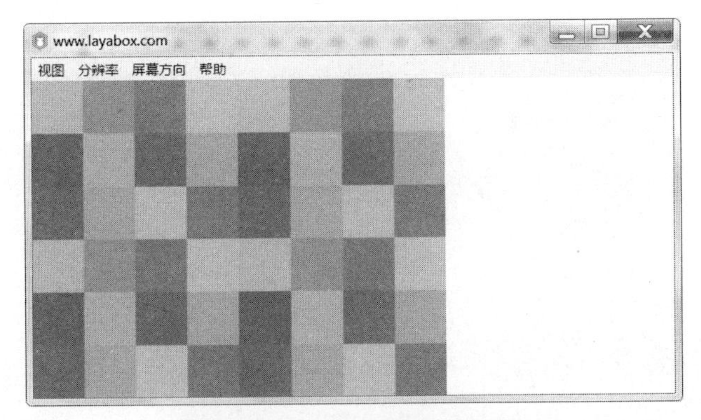

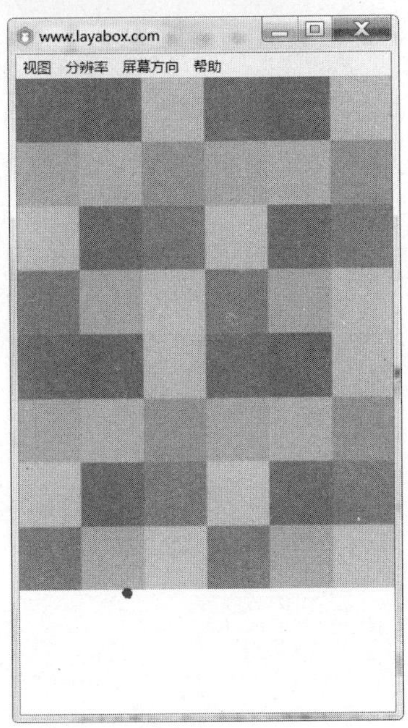

图 4.13　场景横竖屏 horizontal

（3）vertical：自动竖屏。当 screenMode 属性的值为 vertical 时，无论屏幕如何旋转，游戏的水平方向都与屏幕的长边垂直，显示效果如图 4.14 所示。

横竖屏参数在实际项目中应根据需求设置。通常横竖屏的设置对应于项目的宽高比。为了避免项目在移动设备上受屏幕旋转的干扰，横版游戏应设为自动横屏，竖版游戏应设为自动竖屏。

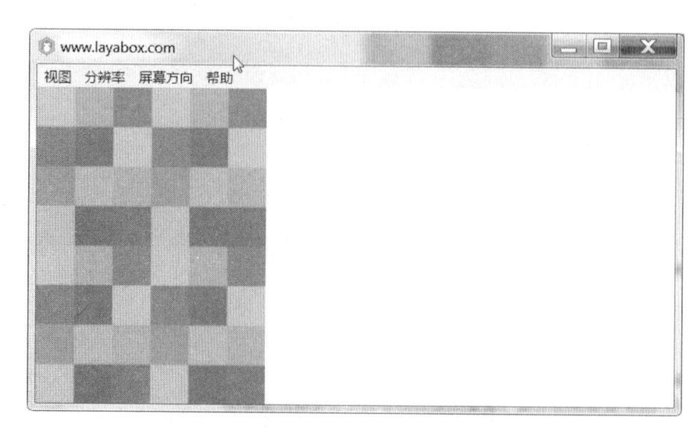

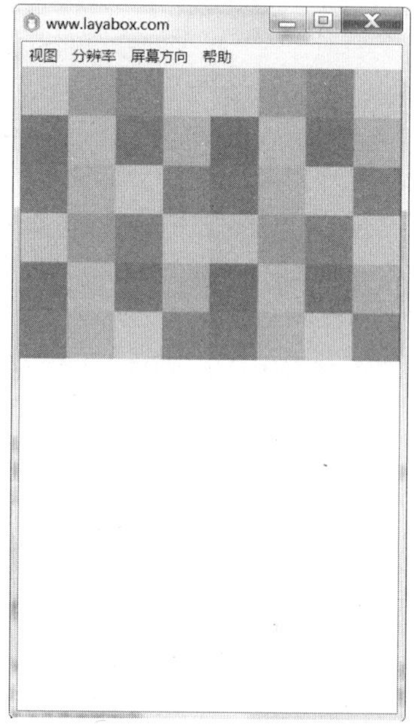

图 4.14　场景横竖屏 vertical

4.4　对齐模式

由于场景的宽高比可能与屏幕的宽高比不一致，因此，在特定的场景适配模式下，场景不一定能填充整个屏幕。垂直对齐模式和水平对齐模式参数的作用，就是调整场景和屏幕的位置关系，具体可用参数如下。

- 垂直对齐模式：GameConfig.alignV。top 为顶对齐；middle 为居中对齐；bottom 为底对齐。
- 水平对齐模式：GameConfig.alignH。left 为左对齐；center 为居中对齐；right 为右对齐。

通常，canvas 应该居中显示，从而减少黑边。横屏游戏应设置水平对齐模式为 center，竖屏游戏应设置垂直对齐模式为 middle。

对于本章的示例，由于是一个横版的项目，所以，如果场景适配模式为 showall，那么其他 3 个参数建议采用如下配置，显示效果如图 4.15 所示。

- 场景横竖屏：horizontal。
- 垂直对齐模式：middle。
- 水平对齐模式：center。

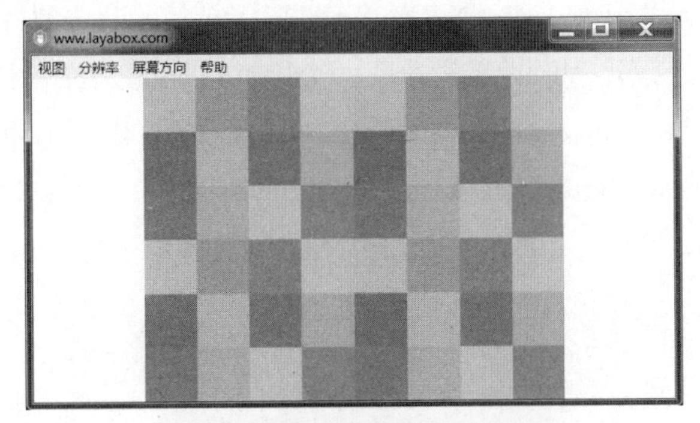

图 4.15　屏幕适配综合效果

4.5 屏幕物理分辨率适配

游戏设计尺寸是一个重要的参数，美术素材的文件体积，以及游戏运行时的 GPU 消耗、内存消耗，都与游戏设计尺寸有关。较小的游戏设计尺寸可以获取更高的运行性能；较大的游戏设计尺寸可以获取更好的画面质量。

当屏幕物理尺寸比游戏设计尺寸大很多时，拉伸会导致画面模糊，显示内容出现锯齿、马赛克等问题。自 LayaAir IDE 2.0.2 Bate 版本起，LayaAir 引擎提供了通过代码设置屏幕物理分辨率的适配方式。将 Laya.stage.useRetinalCanvas 设置为 true，可以强制将 canvas 的尺寸设置为屏幕对应区域的物理分辨率，从而改善设计尺寸较小的游戏在高清屏幕上的显示效果。

图 4.16 展示的是 Laya.stage.useRetinalCanvas 的设置效果对比。采用相同的场景元素和参数设置，仅修改 Laya.stage.useRetinalCanvas 属性，当 Laya.stage.useRetinalCanvas = false 时，显示效果如图 4.16 左侧所示。也就是说，当设计尺寸较小时，图像存在明显的锯齿和马赛克问题。

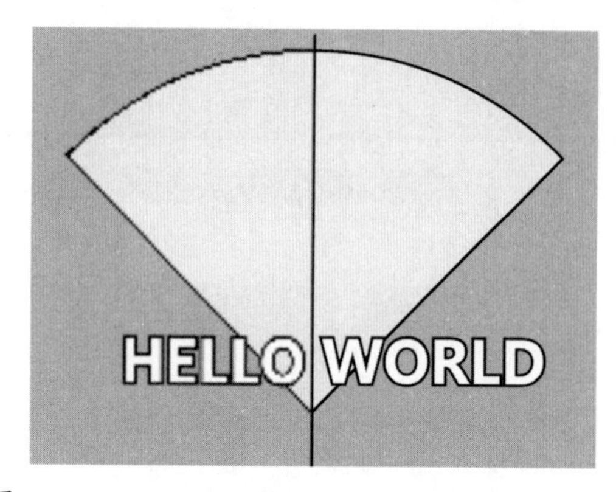

图 4.16　Laya.stage.useRetinalCanvas 的设置效果对比

Laya.stage.useRetinalCanvas 属性在提升画面质量的同时，会增加 GPU 的渲染压力，在默认情况下应设置为 false。设置开启该功能的方法，是在项目的 src/Main.js 中修改它的构造方法 constructor()，在 constructor()方法体中添加下列代码。

```
Laya.stage.useRetinalCanvas = true;
```

4.6　小结

如我们在本章中了解的，屏幕适配设置是一套比较复杂的、折中的解决方案。为了避免屏幕上出现过多的黑边，在设计游戏的最初阶段就应该考虑屏幕适配问题，尽可能将舞台设计尺寸设置成与目标设备分辨率一致的比例。尽量使舞台设计尺寸的宽高比在不同的设备上保持一致，是屏幕适配的一个重要目标。

第 5 章　高级位图操作

在游戏开发过程中，会使用大量的位图作为美术素材。位图的最小组成单位是像素。位图是通过像素阵列来实现其显示效果的，每个像素都有自己的颜色信息。在对位图图像进行编辑操作时，可操作对象是一个个像素。我们可以改变图像的色值、饱和度、透明度，从而改变图像的显示效果。对位图进行像素操作，可以减少占用相似的美术资源、增强美术素材的动态表现。常用的位图操作包括滤镜和遮罩。

本章主要涉及的知识点如下。

- 颜色滤镜。
- 发光滤镜。
- 模糊滤镜。
- 使用组合滤镜的方法。
- 遮罩。
- 脚本的参数设置。

5.1　滤镜

LayaAir 引擎提供了颜色滤镜、发光（或阴影）滤镜、模糊滤镜 3 种效果。其中，颜色滤镜支持 canvas 与 WebGL 模式，发光滤镜和模糊滤镜由于对性能的消耗较大，仅支持 WebGL 模式。

在使用发光滤镜和模糊滤镜时，需要加载 laya.filter.js，并确保 laya.webgl.js 被加载。相关设置如图 5.1 所示，在编辑模式下按【F9】快捷键打开项目设置面板，切换到类库设置页面，并勾选 laya.filter.js、laya.webgl.js，最后单击【确定】按钮。

在本节中，我们将尝试给如图 5.2 所示的位图素材添加多种滤镜效果，完成后的效果如图 5.3 所示。

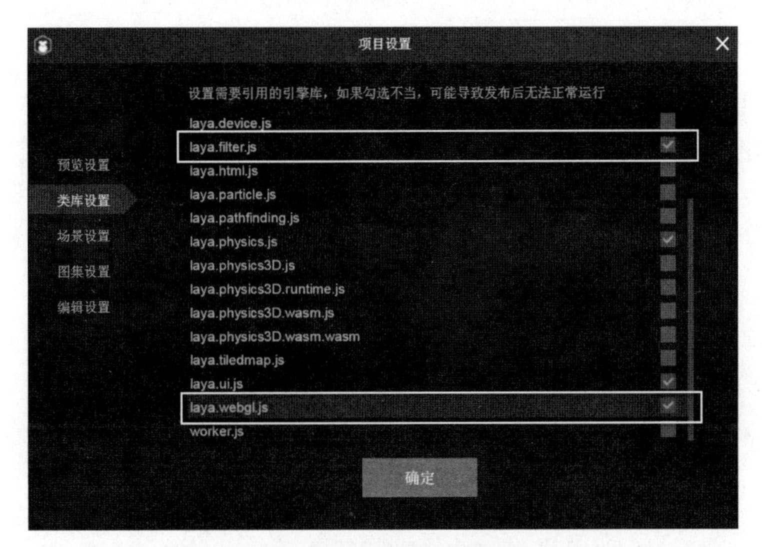

图 5.1　滤镜类库设置

图 5.2　位图素材

图 5.3　滤镜效果

在使用滤镜之前，我们需要完成一些准备工作。

新建一个 LayaAir 空项目。

- 项目名称：filter。
- 项目路径：D:\layabox2x\laya2project\chapter5。
- 编程语言：JavaScript。

在项目设置中，完成下列修改。

- 预览设置：场景适配模式为 showall，设计宽度为 1280 像素，设计高度为 720 像素。
- 类库设置：确认勾选了 laya.filter.js、laya.webgl.js。

将位图素材 car.png 添加到路径 D:\layabox2x\laya2project\chapter5\filter\laya\assets\img 下。

新建脚本\src\script\MainScript.js，在其中添加下列基础代码。

```
export default class MainScript extends Laya.Script {
    constructor() { super(); }
    onEnable() {
        Laya.stage.bgColor = '#99b4d1';
        var car1 = this.owner.getChildByName('car1');
        var car2 = this.owner.getChildByName('car2');
        var car3 = this.owner.getChildByName('car3');
        var car4 = this.owner.getChildByName('car4');
        var car5 = this.owner.getChildByName('car5');
        var car6 = this.owner.getChildByName('car6');
        var car7 = this.owner.getChildByName('car7');
        var car8 = this.owner.getChildByName('car8');
        var car9 = this.owner.getChildByName('car9');
        var car10 = this.owner.getChildByName('car10');
        var car11 = this.owner.getChildByName('car11');
        var car12 = this.owner.getChildByName('car12');
     }
}
```

新建场景 mainScenes.scene，在场景中添加 12 个 carx.png，滤镜设置如表 5.1 所示。

表 5.1　滤镜设置

name	x	y	用途说明	滤镜种类
car1	50	50	亮度降低 100	ColorFilter
car2	350	50	亮度增加 100	ColorFilter
car3	650	50	反色显示	ColorFilter

续表

name	x	y	用途说明	滤镜种类
car4	950	50	填充红色	ColorFilter
car5	50	250	填充绿色	ColorFilter
car6	350	250	填充蓝色	ColorFilter
car7	650	250	添加阴影	GlowFilter
car8	950	250	添加边缘发光效果	GlowFilter
car9	50	450	添加模糊效果	BlurFilter
car10	350	450	增加亮度、反色显示、填充颜色	多个 ColorFilter 组合使用
car11	650	450	填充颜色、添加阴影、边缘发光	ColorFilter、GlowFilter
car12	950	450	用于对比的原始素材	

在场景 mainScenes.scene 中添加脚本 MainScript.js。设置完成后的 mainScenes.scene 场景，如图 5.4 所示。

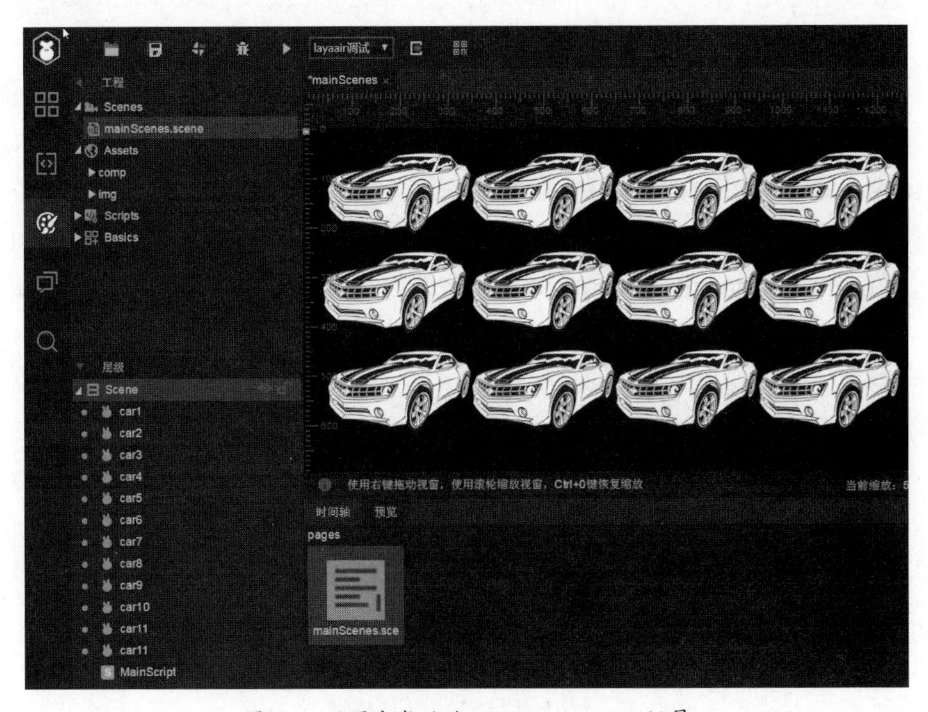

图 5.4　设置完成后的 mainScenes.scene 场景

filters 是 laya.display.Sprite 的一个数组类型的属性，可以为 Sprite 实例添加滤镜效果。例如，定义 3 个滤镜 colorFilter、blurFilter、glowFilter，以及 1 个 Sprite 实例 car，可以使用下面的代码将这 3 滤镜添加到 car 上。

```
car.filters = [colorFilter, blurFilter, glowFilter];
```

接下来，我们将逐一了解如何创建颜色滤镜、发光（或阴影）滤镜、模糊滤镜。

5.1.1 颜色滤镜

颜色滤镜使用 4×5 的颜色矩阵（Color Matrix）转换输入图像上的每个像素的 RGB 色值和 Alpha 值，生成具有一组新的 RGB 色值和 Alpha 值的结果。RGB 色彩模式是工业界的一种颜色标准，通过红（R）、绿（G）、蓝（B）3 个颜色通道的色值及它们的叠加来获得不同的颜色，RGB 即代表红、绿、蓝 3 个通道的色值。通常用一个 6 位的十六进制数来表示一个 RGB 色值，最高的两位数值表示红色，中间的两位数值表示绿色，最后的两位数值表示蓝色。例如，#FFFFFF 表示白色，#000000 表示黑色，#ffff00 表示黄色。

颜色滤镜的定义步骤是，定义一个 20 位的数组 ColorMatrix，以 ColorMatrix 作为参数，创建一个颜色滤镜对象 Laya.ColorFilter(ColorMatrix)。

ColorMatrix 的结构，如图 5.5 所示，offset 表示颜色偏移量，A 是控制透明度的 Alpha 值。红、绿、蓝与透明通道的值由以下计算方法决定。其中，a[i]是 ColorMatrix 中的元素，srcR、srcG、srcB、srcA 分别是原始素材的红、绿、蓝和透明通道的值。

- 红色通道值：redResult = a[0] × srcR + a[1] × srcG + a[2] × srcB + a[3] × srcA + a[4]。
- 绿色通道值：greenResult = a[5] × srcR + a[6] × srcG + a[7] × srcB + a[8] × srcA + a[9]。
- 蓝色通道值：blueResult = a[10] × srcR + a[11] × srcG + a[12] × srcB + a[13] × srcA + a[14]。
- 透明通道值：alphaResult = a[15] × srcR + a[16] × srcG + a[17] × srcB + a[18] × srcA + a[19]。

	R	G	B	A	offset
R	1	0	0	0	0
G	0	1	0	0	0
B	0	0	1	0	0
A	0	0	0	1	0

图 5.5 ColorMatrix 的结构

矩阵中的数字 1 对应的是 RGB 色值中的最大值 FF，即十进制数 255。由此可见，如图 5.5 所示的 ColorMatrix 表示的颜色是白色。

颜色滤镜可以实现下列功能。

- 调节亮度。

调节亮度的代码如下。代码中同时设置了各颜色通道的偏移量，通过设置偏移量即可调节亮度。亮度的范围是(−255,255)。调节亮度的方法 getBrightFilter()的定义如下。

```
/**获取亮度滤镜 */
function getBrightFilter(offset) {
    var colorMatrix =
        [
            1, 0, 0, 0, offset,
            0, 1, 0, 0, offset,
            0, 0, 1, 0, offset,
            0, 0, 0, 1, 0,
        ];
    //创建颜色滤镜
    var colorFilter = new Laya.ColorFilter(colorMatrix);
    return colorFilter;
}
```

将 getBrightFilter()方法添加到 MainScript.js 中，就可以在 onEnable()方法中修改 car1 和 car2 的亮度了，代码如下。

```
//修改亮度
car1.filters = [getBrightFilter(-100)];
car2.filters = [getBrightFilter(100)];
```

- 颜色反向。

颜色反向就是把 0 变成 255，把 255 变成 0，把 1 变成 254，把 254 变成 1，等等。因此，只要把 RGB 通道的原通道乘数设为−1，然后把色彩偏移量设为 255 即可。

颜色反向方法 getInverseFilter()的定义如下。

```
/**获取反色滤镜 */
function getInverseFilter() {
    var colorMatrix =
        [
            -1, 0, 0, 0, 255,
            0, -1, 0, 0, 255,
            0, 0, -1, 0, 255,
            0, 0, 0, 1, 0,
        ];
    //创建颜色滤镜
    var colorFilter = new Laya.ColorFilter(colorMatrix);
```

```
    return colorFilter;
}
```

将 getInverseFilter ()方法添加到 MainScript.js 中，就可以在 onEnable()方法中反色显示 car3 了，代码如下。

```
//反色显示
car3.filters = [getInverseFilter()];
```

- 图像去色（产生黑白效果）。

只要把 RGB 三通道的色彩信息设置成相同的值，即 R=G=B，图像就会变成灰色。并且，为了保证图像亮度不变，在同一个通道中 R+G+B=1，如 0.3086+0.6094+0.0820=1。在作用于人眼的光中，彩色光明显强于无色光。同样是 RGB 颜色，人眼的感觉是绿色最亮，红色次之，蓝色最暗，它们的比例约为 3∶6∶1，即 0.3086∶0.6094∶0.0820。因此，去色显示的 ColorMatrix 数据如下。

```
var colorMatrix =
    [
        0.3086, 0.6094, 0.0820, 0, 0,
        0.3086, 0.6094, 0.0820, 0, 0,
        0.3086, 0.6094, 0.0820, 0, 0,
        0, 0, 0, 1, 0
    ];
```

注意：因为在此使用的素材 car.png 本身的颜色是黑白的，所以无法看到滤镜去色效果。

- 调整色彩饱和度。

调整色彩饱和度的矩阵，代码如下。

```
var colorMatrix =
    [
        0.3086 * (1 - N) + N, 0.6094 * (1 - N), 0.0820 * (1 - N), 0, 0,
        0.3086 * (1 - N), 0.6094 * (1 - N) + N, 0.0820 * (1 - N), 0, 0,
        0.3086 * (1 - N), 0.6094 * (1 - N), 0.0820 * (1 - N) + N, 0, 0,
        0, 0, 0, 1, 0
    ];
```

当色彩饱和度降至阈值时，就想当于给图像去色。在以上代码中，N 为原有通道信息保留量，可以理解为百分数，等于 0 时为完全去色，小于 1 时为降低色度，大于 1 时为增加色度，等于 2 时为色度翻倍，因此，N 的取值范围通常是(0,2)。

RGB 的原有通道信息保留量应该相同，否则会产生偏色现象。N 是原通道色彩保留量，剩余的就是 1-N，按 0.3086：0.6094：0.0820 的比例瓜分剩余量。调整色彩饱和度是美术人员的工作，我们在此仅了解其原理。

- 调整对比度。

调整对比度的颜色矩阵，代码如下，N 的取值范围为(0,10)。调整对比度是美术人员的工作，我们在此仅了解其原理。

```
var colorMatrix =
    [
        N, 0, 0, 0, 128 * (1 - N),
        0, N, 0, 0, 128 * (1 - N),
        0, 0, N, 0, 128 * (1 - N),
        0, 0, 0, 1, 0
    ];
```

- 调整阈值。

这里的阈值，就是一个作为基准的、用于对图像进行非黑即白处理（注意：没有灰色）的色值。调整阈值是美术人员的工作，我们在此仅了解其原理。

调整阈值的颜色矩阵，代码如下，N 的取值范围为(0,255)。

```
var colorMatrix =
    [
        0.3086 * 256, 0.6094 * 256, 0.0820 * 256, 0, -256 * N,
        0.3086 * 256, 0.6094 * 256, 0.0820 * 256, 0, -256 * N,
        0.3086 * 256, 0.6094 * 256, 0.0820 * 256, 0, -256 * N,
        0, 0, 0, 1, 0
    ];
```

- 色彩旋转。

色彩旋转就是在某个通道上显示另一个通道的色彩信息。例如，在 R 通道上显示 G 通道的信息，在 G 通道上显示 B 通道的信息，在 B 通道上显示 R 通道的信息。也可以只拿出一部份信息让别的通道显示。至于参数的瓜分，可以不平分，但始终要坚持的原则是每个通道中的 RGB 信息量之和等于 1，不然就会发生偏色现象。色彩旋转设置，可以参考下面两个参数。

```
var colorMatrix =
    [
        0, 1, 0, 0, 0,
        0, 0, 1, 0, 0,
```

```
        1, 0, 0, 0, 0,
        0, 0, 0, 1, 0,
    ];

var colorMatrix2 =
    [
        0, 0, 1, 0, 0,
        1, 0, 0, 0, 0,
        0, 1, 0, 0, 0,
        0, 0, 0, 1, 0,
    ];
```

注意： 因为在此使用的素材 car.png 本身的颜色是黑白的，所以无法看到色彩旋转的效果。

- 填充指定颜色。

如果在颜色矩阵中指定 RGB 色值，就可以进行色彩填充。但是，为了保证显示效果稳定，建议使用黑白素材进行操作。根据 RGB 色值与 colorMatrix 的对应关系，可以创建专门用于填充指定颜色的 getColorFilter()方法，输入指定的 RGB 色值后，将产生对应的滤镜，代码如下。

```
/**获取颜色填充 */
function getColorFilter(rgbCode) {
    var r, g, b = 1;
    var rgbString = rgbCode;
    try {
        r = parseInt(rgbString.substr(1, 2), 16) / 255;
        g = parseInt(rgbString.substr(3, 2), 16) / 255;
        b = parseInt(rgbString.substr(5, 2), 16) / 255;
    } catch (e) { r, g, b = 1; };

    var colorMatrix =
        [
            r, 0, 0, 0, 0, //R
            0, g, 0, 0, 0, //G
            0, 0, b, 0, 0, //B
            0, 0, 0, 1, 0, //A
        ];
    //创建颜色滤镜
    var colorFilter = new Laya.ColorFilter(colorMatrix);
    return colorFilter;
}
```

将 getColorFilter()方法添加到 MainScript.js 中，就可以在 onEnable()方法中指定填充颜色了，代码如下。

```
//填充颜色
car4.filters = [getColorFilter("#DE6552")];//红色
car5.filters = [getColorFilter("#5d8843")];//绿色
car6.filters = [getColorFilter("#99b4d1")];//蓝色
```

5.1.2 发光（或阴影）滤镜

laya.filters.GlowFilter 的作用比较简单，用于在位图的边缘添加自定义颜色的发光效果（在使用较深的自定义颜色时，可以作为阴影）。GlowFilter()方法有以下 4 个参数。

- color:String：滤镜的颜色。
- blur:Number (default = 4)：边缘模糊的大小。
- offX:Number (default = 6)：x 轴方向的偏移。
- offY:Number (default = 6)：y 轴方向的偏移。

我们可以在 MainScript.js 的 onEnable()方法中添加下面的代码，为 car7 添加阴影效果，为 car8 添加边缘发光效果。

```
//设置阴影滤镜
var shadeFilter = new Laya.GlowFilter("#000000", 8, 8, 8);
car7.filters = [shadeFilter];
//创建发光滤镜
var glowFilter = new Laya.GlowFilter("#ffff00", 10, 0, 0);
car8.filters = [glowFilter];
```

注意：GlowFilter()方法只能在 WebGL 模式下使用。

5.1.3 模糊滤镜

laya.filters.BlurFilter 用于在位图上叠加模糊效果，它只有一个参数，具体如下。

- strength:Number (default = 4)：模糊滤镜的强度值。

在 MainScript.js 的 onEnable()方法中添加下面的代码，可以给 car9 添加模糊效果。

```
//创建模糊滤镜
var blurFilter = new Laya.BlurFilter(5);
car9.filters = [blurFilter];
```

注意：BlurFilter()方法只能在 WebGL 模式下使用。

5.1.4 滤镜组合

因为加载滤镜的 filters 是 laya.display.Sprite 的一个数组类型的属性，所以，各种滤镜是可以组合使用的，只要将它们依次添加到 filters 所对应的数组中即可。我们可以用下面的代码实现复合滤镜效果。

```
//提高亮度、反色、填充颜色
car10.filters = [getBrightFilter(100),getInverseFilter(),getColorFilter("#DE6552")];
//填充颜色、叠加发光和阴影
car11.filters = [getColorFilter("#efabcd"), shadeFilter, glowFilter];
```

至此，我们已经添加了全部的滤镜效果（如图 5.3 所示）。完整的 MainScript.js 代码如下。

```
//MainScript.js
export default class MainScript extends Laya.Script {
    constructor() { super(); }
    onEnable() {
        Laya.stage.bgColor = '#99b4d1';
        var car1 = this.owner.getChildByName('car1');
        var car2 = this.owner.getChildByName('car2');
        var car3 = this.owner.getChildByName('car3');
        var car4 = this.owner.getChildByName('car4');
        var car5 = this.owner.getChildByName('car5');
        var car6 = this.owner.getChildByName('car6');
        var car7 = this.owner.getChildByName('car7');
        var car8 = this.owner.getChildByName('car8');
        var car9 = this.owner.getChildByName('car9');
        var car10 = this.owner.getChildByName('car10');
        var car11 = this.owner.getChildByName('car11');
        var car12 = this.owner.getChildByName('car12');
        //修改亮度
        car1.filters = [getBrightFilter(-100)];
        car2.filters = [getBrightFilter(100)];
        //反色显示
        car3.filters = [getInverseFilter()];
        //填充颜色
        car4.filters = [getColorFilter("#DE6552")];    //红色
        car5.filters = [getColorFilter("#5d8843")];    //绿色
        car6.filters = [getColorFilter("#99b4d1")];    //蓝色
        //设置阴影滤镜
        var shadeFilter = new Laya.GlowFilter("#000000", 8, 8, 8);
        car7.filters = [shadeFilter];
        //创建发光滤镜
```

```
        var glowFilter = new Laya.GlowFilter("#ffff00", 10, 0, 0);
        car8.filters = [glowFilter];
        //创建模糊滤镜
        var blurFilter = new Laya.BlurFilter(5);
        car9.filters = [blurFilter];
        //提高亮度、反色、填充颜色
        car10.filters = [getBrightFilter(100), getInverseFilter(), getColorFilter("#DE6552")];
        //填充颜色、叠加发光和阴影
        car11.filters = [getColorFilter("#efabcd"), shadeFilter, glowFilter];
    }
}

/**获取亮度滤镜 */
function getBrightFilter(offset) {
    var colorMatrix =
        [
            1, 0, 0, 0, offset,
            0, 1, 0, 0, offset,
            0, 0, 1, 0, offset,
            0, 0, 0, 1, offset,
        ];
    //创建颜色滤镜
    var colorFilter = new Laya.ColorFilter(colorMatrix);
    return colorFilter;
}

/**获取反色滤镜 */
function getInverseFilter() {
    var colorMatrix =
        [
            -1, 0, 0, 0, 255,
            0, -1, 0, 0, 255,
            0, 0, -1, 0, 255,
            0, 0, 0, 1, 0,
        ];
    //创建颜色滤镜
    var colorFilter = new Laya.ColorFilter(colorMatrix);
    return colorFilter;
}

/**获取颜色填充 */
function getColorFilter(rgbCode) {
    var r, g, b = 1;
    var rgbString = rgbCode;
```

```
    try {
        r = parseInt(rgbString.substr(1, 2), 16) / 255;
        g = parseInt(rgbString.substr(3, 2), 16) / 255;
        b = parseInt(rgbString.substr(5, 2), 16) / 255;
    } catch (e) { r, g, b = 1; };

    var colorMatrix =
        [
            r, 0, 0, 0, 0, //R
            0, g, 0, 0, 0, //G
            0, 0, b, 0, 0, //B
            0, 0, 0, 1, 0, //A
        ];
    //创建颜色滤镜
    var colorFilter = new Laya.ColorFilter(colorMatrix);
    return colorFilter;
}
```

5.2 遮罩

遮罩的功能是：在指定区域内，与遮罩关联的位图仅显示这个区域中的内容。

在开始尝试前，我们完成下列准备工作。

（1）新建一个 LayaAir 空项目。

- 项目名称：delayButton。
- 项目路径：D:\layabox2x\laya2project\chapter5。
- 编程语言：JavaScript。

（2）在项目设置中，完成下列修改。

- 预览设置：场景适配模式为 showall，设计宽度为 1280 像素，设计高度为 720 像素。

（3）将素材 fire.png 和 fire1.png 添加到路径 D:\layabox2x\laya2project\chapter5\filter\laya\assets\img 下。

5.2.1 简单的遮罩

遮罩可以在编辑模式下完成可视化编辑，具体操作步骤如下。

（1）新建一个场景 simple.scene。

（2）在资源管理器面板中选择 comp 路径，将 comp/image.png 拖拽到场景中，添加一个

Image，设置属性 x 为 0、y 为 0，如图 5.6 所示。

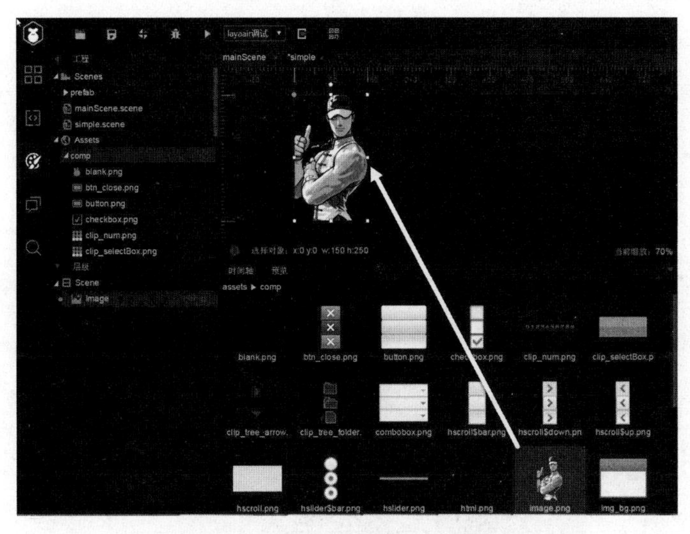

图 5.6　在场景中添加 Image

（3）在层级面板中选中 Image，在 Image 中创建一个 Sprite 节点，如图 5.7 所示。

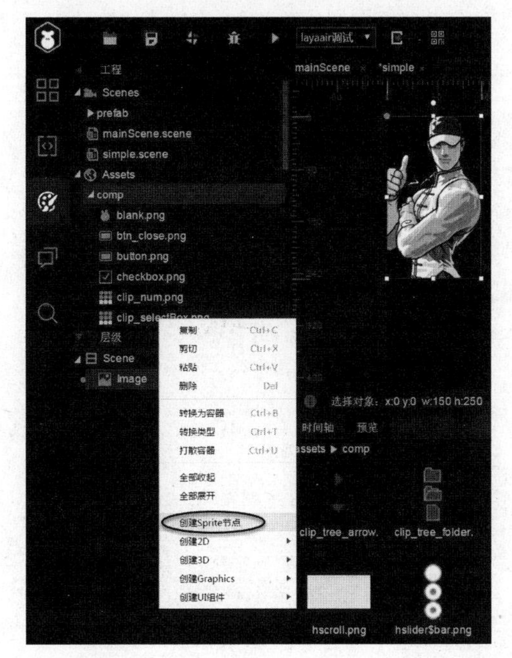

图 5.7　在 Image 中创建 Sprite 节点

（4）在层级面板中选中 Sprite，在 Sprite 中新建一个 Circle，如图 5.8 所示。设置 Circle 的属性 radius 为 80、x 为 80、y 为 87。

图 5.8 在 Sprite 中新建一个 Circle

（5）在层级面板中选中 Sprite，设置 Sprite 的渲染类型 renderType 为 mask，然后取消选中 Sprite，场景中的 Image 将发生如图 5.9 所示的变化，即仅显示 Circle 范围内的图像。

图 5.9 将 Sprite 设置为遮罩

5.2.2　一个 CD 按钮示例

遮罩也可以用脚本来创建和控制。在游戏开发中，经常使用遮罩实现 CD 按钮的冷却效果，如图 5.10 所示。创建冷却效果的原理是动态改变遮罩的形状。

我们新建一个 mainScene.scene 场景，创建自己的 CD 按钮。

图 5.10　CD 按钮

在 mainScene.scene 场景中：首先，新建一个 Sprite，在属性面板中修改 name 为 CDButton；然后，将 img/fire.png 和 img/fire1.png 都拖入场景，并修改属性。完成后的场景，如图 5.11 所示。要想确保在场景中 img/fire1.png 被 img/fire.png 遮挡，可在属性面板中调整它们的 zorder 属性来调整层级关系。zorder 的默认值为 0，数值越大，层级越靠前，如表 5.2 所示。

表 5.2　属性设置

name	x	y	texture	zorder
background	0	0	img/fire1.png	0
cdSprite	0	0	img/fire.png	1

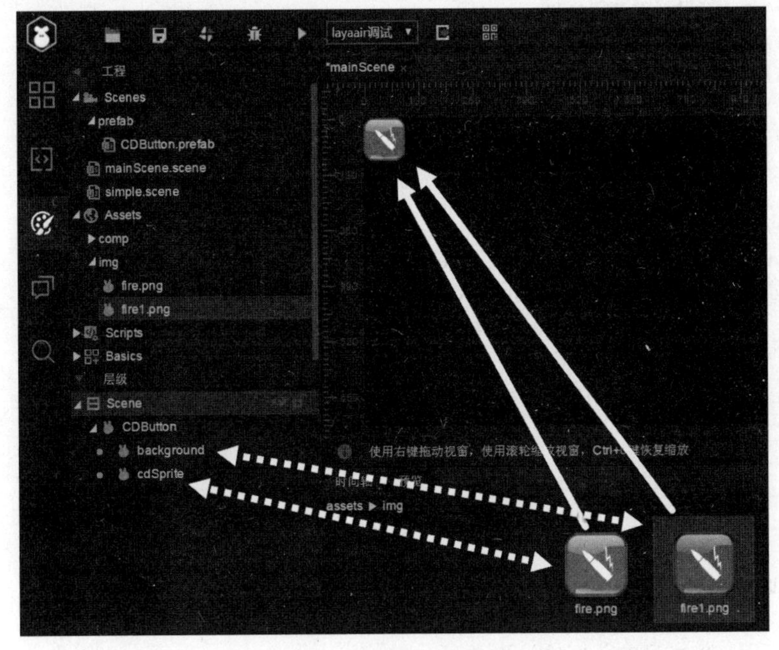

图 5.11　完成后的场景

创建 scripts\CDScript.js 脚本，并将其绑定到 CDButton 上，代码如下。

```
1  // CDScript
2  export default class CDScript extends Laya.Script {
3      constructor() { super(); }
4      onEnable() {
5          /**定时器更新的时间间隔（毫秒） */
6          this.cdUpdateTime = 100;
7          this.endRotation = -90;   //结束角度
8          this.coolDowning = false;
9
10          this.owner.width = 100;
11          this.owner.height = 100;
12
13          //CD 冷却时间
14          var CDprop = 1000;
15          this.setCD(CDprop);
16
17          var cdSprite = this.owner.getChildByName("cdSprite");
18          //创建遮罩对象
19          this.cMask = new Laya.Sprite();
20          //画一个圆形的遮罩区域
21          this.cMask.graphics.drawPie(0, 0, 70, -90, 270, "#ff0000");
22          //圆形的位置坐标
23          this.cMask.pos(50, 50);
24          //实现遮罩效果
25          cdSprite.mask = this.cMask;
26
27          //添加鼠标响应事件
28          this.owner.on(Laya.Event.MOUSE_DOWN, this, function (e) {
29              e.stopPropagation();   //阻止冒泡
30              if (this.coolDowning == false) {
31                  this.coolDowning = true;
32                  this.coolDown();
33              }
34          });
35      }
36  }
37
38  /**设置 CD 时间 */
39  CDScript.prototype.setCD = function (fireCD) {
40      this.CDTime = fireCD;//1000;
41      /**每次定时器更新的角度增量 */
42      this.cdOffset = 360 * this.cdUpdateTime / this.CDTime;
```

```
43 }
44
45 /**冷却 */
46 CDScript.prototype.coolDown = function () {
47     Laya.timer.loop(this.cdUpdateTime, this, this.update);
48 }
49
50 CDScript.prototype.update = function () {
51     this.endRotation += this.cdOffset;
52     this.cMask.graphics.clear(true);
53     this.cMask.graphics.drawPie(0, 0, 70, -90, this.endRotation, "#ff0000");
54     if (this.endRotation >= 270) {
55         this.endRotation = -90;
56         this.coolDowning = false;
57         Laya.timer.clear(this, this.update);
58     }
59 }
```

在 CDScript.js 脚本中，我们使用 graphics.drawPie()方法绘制了一个扇形，在接收鼠标响应事件后不断刷新扇形的角度。drawPie()方法有 8 个参数，具体如下。在用于遮罩时，最后两个参数可以不设置。当 startAngle = –90°、endAngle = 270° 时，drawPie()方法绘制的是一个完整的圆形。

- x:Number：开始绘制时的 *x* 轴位置。
- y:Number：开始绘制时的 *y* 轴位置。
- radius:Number：扇形的半径。
- startAngle:Number：开始角度。
- endAngle:Number：结束角度。
- fillColor:*：填充颜色，或者填充绘图的渐变对象。
- lineColor:* (default = null)：（可选）边框颜色，或者填充绘图的渐变对象。
- lineWidth:Number (default = 1)：（可选）边框宽度。

为了便于在代码中调整 CD 按钮的冷却时间，第 39 行代码创建了一个 setCD 方法体，在此方法体中根据传入的参数 fireCD，确定 CD 按钮的冷却时间 this.CDTime，以及定时器更新的角度增量 this.cdOffset。第 8 行代码定义了一个判断冷却是否完成的标识 this.coolDowning。当 this.coolDowning 为 true 时，表示冷却正在进行，将阻止对鼠标点击事件的响应。

需要注意的是：在编辑模式下，我们创建的 Sprite 类型的 CDButton 没有设置 width 和 height 属性，所以，CDButton 没有足够的面积来监听和触发鼠标点击事件。因此，我们在第 10 行和第

11 行对这两个参数进行了设置，具体如下。

```
10 this.owner.width = 100;
11 this.owner.height = 100;
```

在 5.2.1 节中，创建遮罩的工作是在编辑模式下完成的。这部分功能也可以用下面的代码来实现。作为遮罩的 this.cMask，不需要使用 addChild()方法显式添加到 cdSprite 节点上，而是使用 cdSprite.mask = this.cMask 来实现与遮罩的关联。

```
17 var cdSprite = this.owner.getChildByName("cdSprite");
18 //创建遮罩对象
19 this.cMask = new Laya.Sprite();
20 //画一个圆形的遮罩区域
21 this.cMask.graphics.drawPie(0, 0, 70, -90, 270, "#ff0000");
22 //圆形的位置坐标
23 this.cMask.pos(50, 50);
24 //实现遮罩效果
25 cdSprite.mask = this.cMask;
```

在第 52 行代码中，我们使用 graphics.clear(true)方法清除了已经绘制的扇形，因为只有这样，绘制的角度才会不断改变。Graphics 操作耗能较高，因此，我们在上面的代码中使用 Laya.timer.loop()而非 Laya.timer. frameLoop()进行刷新。

```
50 CDScript.prototype.update = function () {
51     this.endRotation += this.cdOffset;
52     this.cMask.graphics.clear(true);
53     this.cMask.graphics.drawPie(0, 0, 70, -90, this.endRotation, "#ff0000");
```

上面的脚本可以顺利地响应点击事件，并产生延时表现。然而，这个 CD 按钮的冷却时间是固定的。在编辑模式下，如果能设置冷却时间，那么按钮的使用会更灵活。可以对上面的脚本进行如下修改。

```
1 // CDScript
2 export default class CDScript extends Laya.Script {
3     /** @prop {name:CDprop,tips:"冷却时间",type:number,default:1000}*/
4     constructor() { super(); }
5     onEnable() {
6         /**定时器更新的时间间隔（毫秒） */
7         this.cdUpdateTime = 100;
8         this.endRotation = -90;        //结束角度
9         this.coolDowning = false;
```

```
10
11          this.owner.width = 100;
12          this.owner.height = 100;
13
14          if (!this.CDprop) this.CDprop = 1000;
15          var CDprop = this.CDprop;//1000;
16          this.setCD(CDprop);
17
```

“/** @prop {name:CDprop,tips:"冷却时间",type:number,default:1000}*/” 是在编辑模式下属性面板向脚本传递参数的命令。它以代码块注释的形式包裹，@prop 引导了一个 JSON 对象，该对象具有下列属性。

- name：脚本显示在属性面板上的参数名称。
- tips：鼠标移动到参数名称上时显示的悬浮提示。
- type：脚本关联的参数类型，可以是数字（type:number）、字符串（type:String），也可以是预制体（type:Prefab）。
- default：参数的默认值。

添加上述命令后，就可以在脚本中使用“this.+name”的形式引用属性面板中设置的参数了。在此处，该参数是“this.CDprop”。需要注意的是：default 属性仅用于属性面板中的显示；如果在属性面板中未输入参数，就会得到空值。因此，需要对传入的参数进行判断和处理。

完成 CDScript 脚本的修改后，在编辑模式下的层级面板中选中 CDScript 脚本，在属性面板中将会发现 CDScript 脚本中已经存在 CDprop 参数了。如图 5.12 所示，是光标移动到参数名称上的效果。由于属性面板不是实时刷新的，所以，如果修改脚本后未显示参数的更改，就要在层级面板中先单击其他元素，再切换回 CDScript 脚本，手动刷新属性面板。

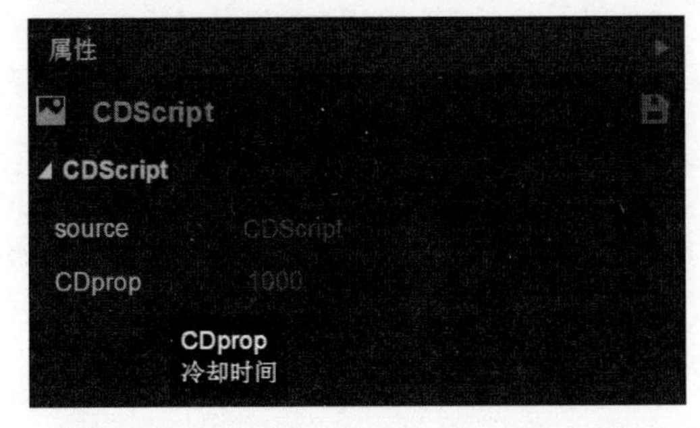

图 5.12　完成参数设置后的 CDScript 脚本

我们可以把这个 CD 按钮保存为预制体，然后复用。

5.3 小结

在本章中，我们了解了滤镜和遮罩的使用方法。位图资源的数量和图像尺寸，直接影响着游戏的视觉体验，以及游戏的总体文件大小和美术加载时间。合理运用滤镜和遮罩，可以减少游戏的总体文件大小，并能生成美术人员不容易处理的效果。

第6章　UI可视化编辑

“UI”是“User Interface”（用户界面）的简称，泛指用户的操作界面。自从计算机系统有了图形界面，UI与用户之间的交互日益频繁，亦因此形成了一系列约定俗成的标准化UI组件。LayaBox引擎为我们提供了常用的UI组件，例如标签、按钮、单选按钮、复选按钮、列表、对话框等。在本章中，我们将深入了解这些组件的使用方法。

本章主要涉及的知识点如下。

- 在编辑模式下添加常用的基本组件。
- 在场景中关联运行时代码组件。
- 在运行时代码中动态修改组件的属性。
- 列表组件的使用。
- 对话框的使用。

6.1　常用的UI组件

在开始编辑UI组件前，应完成下列准备工作。

（1）新建一个LayaAir空项目。

- 项目名称：UIDisplay。
- 项目路径：D:\layabox2x\laya2project\chapter6。
- 编程语言：JavaScript。

（2）在项目设置中，完成下列属性的修改。

- 场景适配模式为showall，设计宽度为720像素，设计高度为1280像素。

（3）将位图素材文件夹添加到路径D:\layabox2x\laya2project\chapter6\UIDisplay\laya\assets下。

（4）新建脚本目录D:\layabox2x\laya2project\chapter6\UIDisplay\src\script。

（5）设置舞台背景颜色。在 src\Main.js 的 onConfigLoaded()方法中设置舞台背景，代码如下。

```
onConfigLoaded() {
    //加载 IDE 指定的场景
    GameConfig.startScene && Laya.Scene.open(GameConfig.startScene);
    //设置舞台背景颜色
    Laya.stage.bgColor = "#aabbcc";
}
```

在场景中添加 UI 组件的方法是统一的。在编辑模式下打开场景，在层级面板中单击选中需要添加的 UI 节点（例如顶层的 Scene），然后单击右键，在弹出的快捷菜单中选择【创建 UI 组件】选项，在二级菜单中选择需要添加的 UI 组件，完成添加。操作过程如图 6.1 所示。

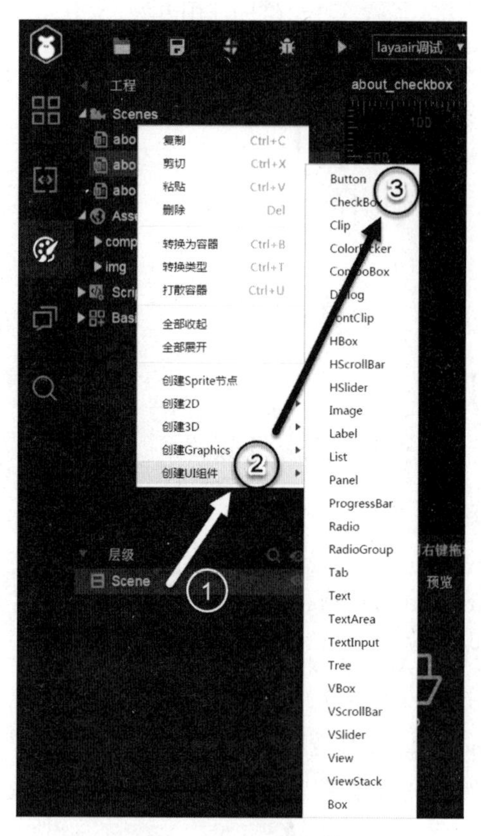

图 6.1　添加 UI 组件

6.1.1　基础组件命名规则

在创建项目后，工程文件会自动生成默认的 UI 组件所需的美术素材，这些素材存放在项目的 laya\assets\comp 路径下。在编辑模式下，可以在资源管理器中查看这些素材。在资源管理器中选中 comp 路径，预览结果如图 6.2 所示。可以将这些规范命名的美术素材从预览面板中拖入需要编辑的场景，也可以在场景中添加指定的 UI 组件。

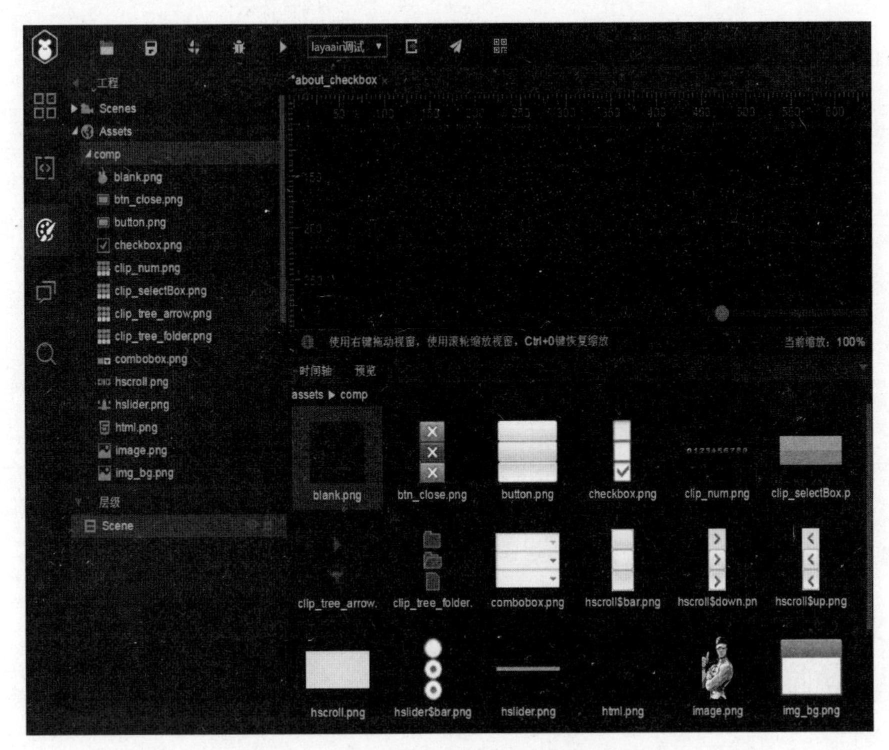

图 6.2　查看与 UI 组件关联的美术素材

注意：必须有打开的场景，才可以预览素材。本书编写时使用的是旧版本的 UI 组件素材，可以在本书的资源文件中找到这些素材。

在 LayaAir IDE 中，UI 组件对应的美术资源通常是 png 格式的位图。编辑器会根据资源前缀识别对应的组件。例如，名为 btn_xxx 的组件会被识别为按钮，名为 tab_xxx 的组件会被识别为 Tab 组件。常用 UI 组件的命名规则，如表 6.1 所示。不符合这些命名规则的美术资源，如果被拖拽到场景中，将被默认识别为 Sprite 对象。

表 6.1 常用 UI 组件的命名规则

组件名称	组件类型	美术素材文件名
Label	文本框	label_xxx
TextInput	输入框	input_xxx 或 textinput_xxx
TextArea	文本域（带滚动条）	area_xxx 或 textarea_xxx
Button	按钮	btn_xxx 或 button_xxx
CheckBox	复选框	check_xxx 或 checkbox_xxx
Radio	单选按钮	radio 或 radio_xxx
Tab	标签组	tab_xxx
RadioGroup	单选按钮组	radiogroup_xxx
Vslider	垂直滑动条	vslider_xxx
Hslider	水平滑动条	hslider_xxx
Clip	位图切片	clip_xxx
ProgressBar	进度条	progress_xxx 或 progressbar_xxx
ComboBox	下拉框	combo_xxx 或 combobox_xxx
VScrollBar	垂直滚动条	vscroll_xxx 或 vscrollbar_xxx
HScrollBar	水平滚动条	hscroll_xxx 或 hscrollbar_xxx
Image	图形组件	image_xxx

注意：ScrollBar、ProgressBar、Hslider、Vslider 是需要多张位图素材配合使用的特殊组件，其命名规则在遵循上述规则的基础上，用“$”进行组件内元素的区分，后面会具体说明。

6.1.2 文本组件

在 LayaBox 中，共有 4 种文本组件，分别是 Label、Text、TextArea、TextInput，它们共有的属性，如表 6.2 所示。

表 6.2 文本组件共有的属性

属性名称	含义
x	x 坐标
y	y 坐标
witdh	宽度
height	高度

续表

属性名称	含义
text	文本内容
color	文本颜色（默认为#ffffff，即黑色）
bold	是否为粗体（默认为 false）
font	字体
fontSize	字体大小（默认为 12px）
align	水平对齐方式
valign	垂直对齐方式
overflow	文本超出文本域后的行为
skin	控件背景皮肤
sizeGrid	九宫格设置
bgColor	背景颜色（默认为无色透明）
borderColor	边框颜色（默认为无色透明）
stroke	描边宽度（默认为 0）
strokeColor	描边颜色（默认为#000000）
underline	下画线（默认为不显示）
underlineColor	下画线颜色

Text 的完整类名是 laya.display.Text，Label 的完整类名是 laya.ui.Label。Laya 的实质是一个包含 Text 的 Sprite。Label 与 Text 在使用上的区别是：Label 的 text 属性可以在属性面板中接收“\n”操作符，实现换行显示（在代码中也可使用“\n”操作符）。

下面我们开始使用这 4 种文本组件。

新建场景 about_text.scene，参考背景颜色为#aabbcc。创建 4 个组件，属性设置如表 6.3 所示。

表 6.3　新建 UI 组件的属性

UI 组件	var	fontSize	x	y	width	height
Label	Label_1	30	20	20	Auto	Auto
Text	Text_1	30	20	200	Auto	Auto
TextInput	TextInput_1	30	300	20	300	40
TextArea	TextArea_1	30	300	75	350	200

设置 TextArea_1 的下列 3 个属性。

- vScrollBarSkin（垂直滚动条皮肤）：comp/vscroll.png。
- skin（背景图片）：comp/textarea.png。
- sizeGrid（背景九宫格设置）：10,10,10,10。

创建场景运行时文件 script/About_text.js，具体如下。

```
/** script/About_text.js */
export default class About_text extends Laya.Scene {
    constructor() { super(); }
    onEnable() {
        var string = "\n 鹅、鹅、鹅\n 曲项向天歌\n 白毛浮绿水\n 红掌拨清波";
        var string2 = "\n 鹅\n 鹅\n 鹅\n 曲项\n 向天歌\n 白毛\n 浮绿水\n 红掌\n 拨清波";
        this.Label_1.text += string;
        this.Text_1.text += string;
        this.TextInput_1.text += string;
        this.TextArea_1.text += string2;
        this.TextArea_1.editable = false;
    }
}
```

将运行时文件 script/About_text.js 绑定到 Scene 的 runtime 属性。运行项目，结果如图 6.3 所示。

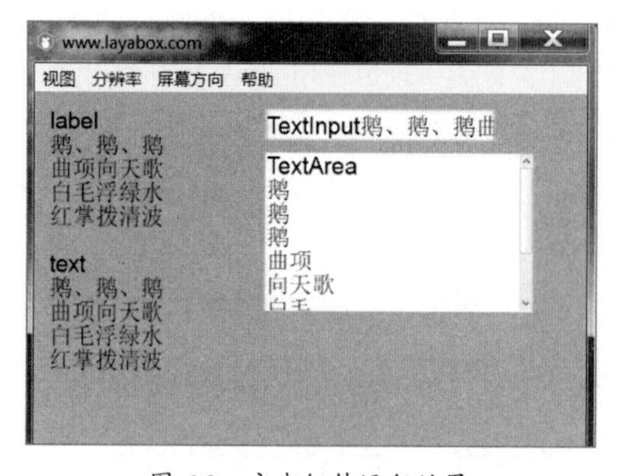

图 6.3　文本组件运行结果

下面这行代码可以避免 TextArea 中的文字被编辑。在属性面板中，将 editable 设置为 false（高亮显示），有相同的结果。

```
this.TextArea_1.editable = false;
```

注意

- 如果在编辑模式下的属性面板中设置组件的 var 属性为“var_part1”，就可以在运行时代码中使用 this.var_part1 的形式直接引用。
- 属性面板中的属性，都可以在代码中直接使用属性名称来操作。
- 文本组件是基础的 UI 组件，按钮、单选框、复选框等 UI 组件都包含文本组件。在使用时，请参考本节的文本组件属性说明，后面不再介绍。

6.1.3　Image 组件

laya.ui.Image 是用于显示图像的 UI 组件，支持异步加载。它继承自 Laya.display.Sprite 并扩展了 sizeGrid 属性，可以根据实际需要对图像进行九宫格缩放，实现一些特殊的显示效果。

我们实际体验一下九宫格缩放的使用效果。

新建场景 about_image.scene，参考背景颜色为#aabbcc。将两个 comp/image.png 从预览窗口拖入场景，并如表 6.4 所示设置它们的属性，完成后的场景如图 6.4 所示。

表 6.4　设置两个 Image 组件的属性

skin	x	y	width	height
comp/image.png	10	200	300	500
comp/image.png	390	200	300	500

图 6.4　两个 Image 组件

如图 6.5 所示，在场景中，选中右侧的图像，单击属性面板中的【grid】按钮，打开如图 6.6 所示的九宫格设置面板，设置上、右、下、左 4 个参数。

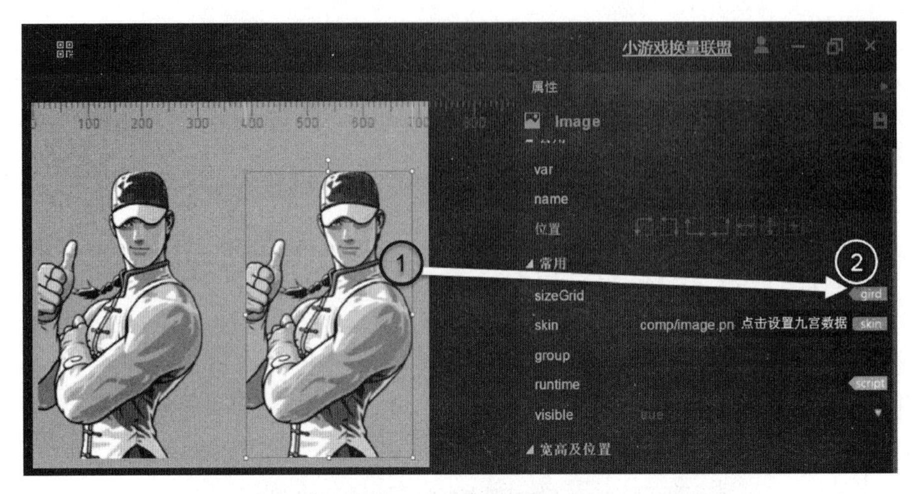

图 6.5　设置 sizeGrid

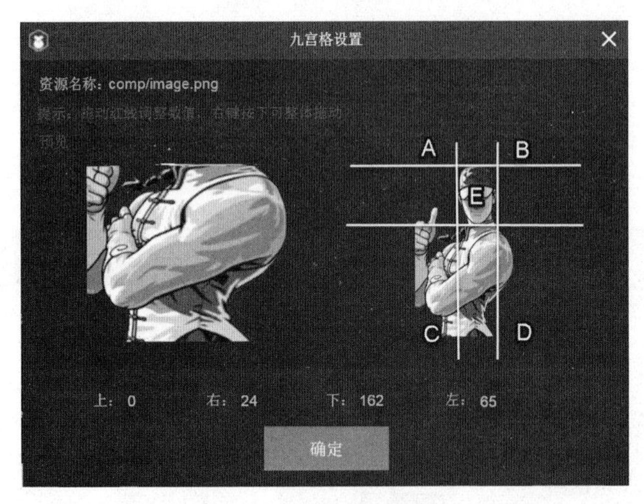

图 6.6　九宫格设置面板

运行项目，所得结果如图 6.7 所示，右侧的图像头部被等比例拉伸，其余部分发生了变形。如图 6.6 所示，设置九宫格缩放属性后，图像被分割成 9 个区域，A、B、C、D 区域将保持原始的宽和高，中央的 E 区域将根据拉伸后的比例缩放。合理地使用九宫格缩放，可以有效减少美术素材的使用，在 6.1.5 节我们将详细介绍。

图 6.7　设置九宫格缩放后的运行效果

注意：Image 的 sizeGrid 属性的数据格式共有 5 个参数，依次为上边距、右边距、下边距、左边距、是否重复填充。第 5 个参数的默认值为 0，即不重复填充。

将 sizeGrid 设置为“0,24,162,65,1”后的平铺效果，如图 6.8 所示。

图 6.8　九宫格缩放重复填充效果

6.1.4　Clip 组件

Clip（位图切片）组件可以按照指定的参数将图像从左向右、从上到下分割成关键帧，然后显示指定帧或依次循环播放这些关键帧并产生动画效果。Clip 有两组用于切割图像的参数，第一组参数是 clipWidth、clipHeight，第二组参数是 clipX、clipY。如果同时定义了这两组参数，那么第二组参数将会失效。Clip 组件的主要参数，如表 6.5 所示。

表 6.5　Clip 组件的主要参数

参数	说明
clipWidth	横向切割图像资源时，每个切片的宽度
clipHeight	纵向切割图像资源时，每个切片的高度
clipX	横向切割图像资源时，等宽切割的份数
clipY	纵向切割图像资源时，等高切割的份数
index	当前显示的动画帧索引
skin	选项卡按钮图像资源
autoPlay	布尔值，表示是否自动播放当前切片动画
interval	切片动画的播放时间间隔

我们实际体验一下 Clip 组件的使用效果。

新建场景 about_clip.scene，参考背景颜色为#aabbcc。在场景中添加一个 Clip 组件，设置 x 为 0、y 为 0。因为默认的皮肤是 comp/clip_num.png，尚未设置切片属性，所以，我们看见的是一排用位图表示的数字，如图 6.9 所示。

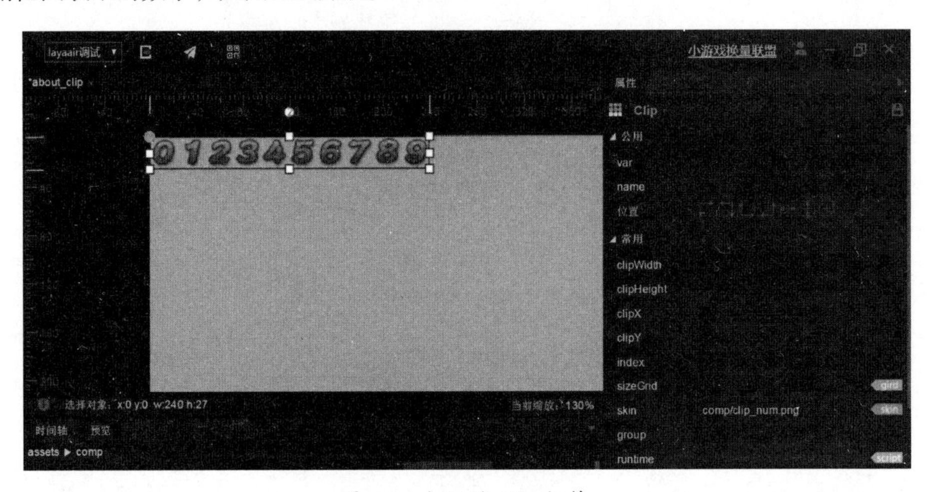

图 6.9　初始的 Clip 组件

由于我们需要使用的是单个数字，且原始图像 comp/clip_num.png 是横向排列的，因此，可以将 clipX 设置为 10，将原始图像分成 10 个等份。index 是当前显示的切片的索引，它是从 0 开始计数的，因此，当 index 设置为 5 时，显示的恰好是数字 5。可以通过设置 Clip 的 width 和 height 属性来控制切片的大小，将这两个参数都设置为 100 后，数字看起来比原始图像大了一些。完成设置后的 Clip 组件，如图 6.10 所示。我们还可以将 autoPlay 设置为 true，同时将 interval 设置为 500 毫秒，启动项目就会发现，Clip 组件每隔 500 毫秒显示下一帧图像。当 autoPlay 设置为 true 时，在编辑模式下，场景中的 Clip 组件将显示第 0 帧图像。

图 6.10　设置正确参数后的 Clip 组件

Clip 组件用 play()、stop()两个方法来控制序列帧的播放，用 isPlaying 属性来判断当前动画的播放状态：如果动画正在播放，则 isPlaying 属性的值为 true，否则为 false。使用 Clip 组件，必须在组织原始图像时将每一帧按相同的尺寸依次排列。

如果希望在代码中控制 Clip 组件当前帧的显示，那么，可以将 Clip 组件的 var 属性设置为 Clip_1，取消 autoPlay 属性和 interval 属性的设置，然后创建运行时代码文件 script/About_clip.js，并将它绑定在 Scene 的 runtime 属性上，代码如下。

```
/** script/About_clip.js */
export default class About_clip extends Laya.Scene {
    constructor() { super(); }
```

```
    onEnable() {
        this.Clip_1.index = 8;
    }
}
```

6.1.5 FontClip 组件

在游戏开发中，经常会使用定制的艺术字字体。如果需要动态显示这些艺术字，就可以使用 Clip 组件。然而，一个 Clip 组件每次只能显示一个字符，排版并不方便。此时，可以考虑使用效率更高的 FontClip（位图文字切片）组件来实现这样的功能。

我们实际体验一下 FontClip 的使用效果。

新建场景 about_fontClip.scene，参考背景颜色为#aabbcc。在场景中添加一个 FontClip 组件，设置 x 为 0、y 为 0。因为场景默认的皮肤是 comp/clip_num.png，尚未设置切片属性，所以，我们看见的是一排用位图表示的数字 0 ~ 9。

FontClip 组件有一个 value 属性，将其设置为需要显示的字符串，FontClip 组件即可显示对应的文本。如图 6.11 所示，将 value 属性设置为“13800138000”，在场景中将立刻显示对应的切片并排列整齐。这个功能需要设置 sheet 属性来辅助实现。sheet 属性值是一个字符串，它的字符串长度对应于分割后图像的数量，而字符串中的每一个字符也需要与切片匹配。如果 sheet 属性设置不正确，就可能导致切片不正确，影响显示效果。

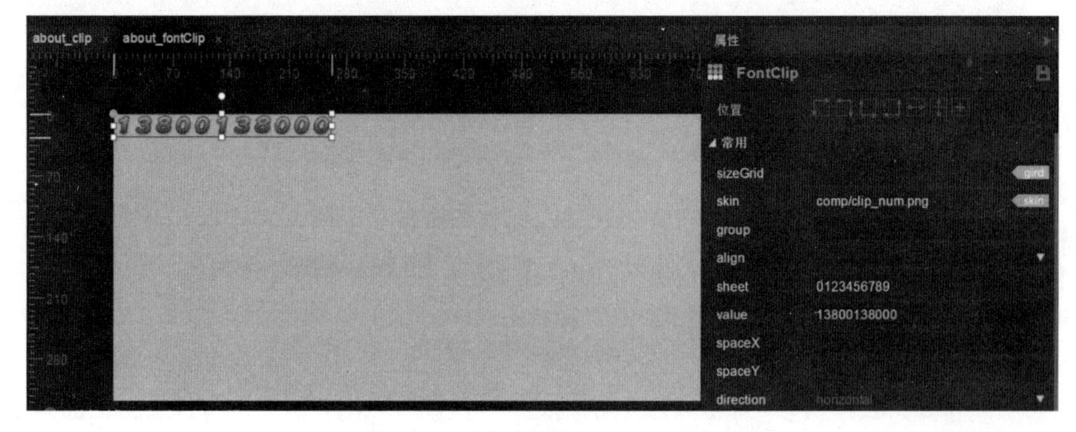

图 6.11　完成设置的 FontClip 组件

注意：FontClip 组件无法通过设置 width、height 属性来改变切片的大小。因此，在实际项目中，需要定制原始素材。

6.1.6　按钮组件

按钮（Button）是最常用的 UI 组件，用于响应鼠标点击事件。

新建场景 about_button.scene，参考背景颜色为#aabbcc。按钮的主要属性，如表 6.6 所示。

表 6.6　按钮的主要属性

属性	说明
label	按钮的文本标签
sizeGride	按钮的九宫格设置
skin	按钮的皮肤
stateNum	按钮皮肤状态的数量
x	x 坐标
y	y 坐标
width	按钮的宽度
height	按钮的高度
labelColors	标签的颜色
labelFont	标签字体的样式
labelSize	标签字体的大小
labelStroke	标签描边的宽度
labelStrokeCol	标签描边的颜色

在资源管理器面板中选中 img 路径，然后在预览窗口中将 img/button_little.png 拖入场景，创建我们的第一个按钮组件，属性设置如下。

- var：btn_1。
- x：40。
- y：40。
- width：200。
- height：300。
- labelColors：#ffffff,#ffff00,#ff0000。
- labelSize：50。

然后，创建一个运行时脚本 script/About_button.js，并将它绑定到 Scene 的 runtime 属性上，代码如下。调试项目，单击按钮，在调试控制台将看到预先设置的调试信息“Hi,I'm btn_1!”，如图 6.12 所示。在下面的代码中，this.btn_1 使用 on()方法监听 Laya.Event.CLICK 事件，在按钮的点击事件被触发时输出调试信息。

```
/** script/About_button.js */
export default class About_button extends Laya.Scene {
    constructor() { super(); }
    onEnable() {
        this.btn_1.on(Laya.Event.CLICK, this, function () {
            console.log("Hi,I'm btn_1!");
        });
    }
}
```

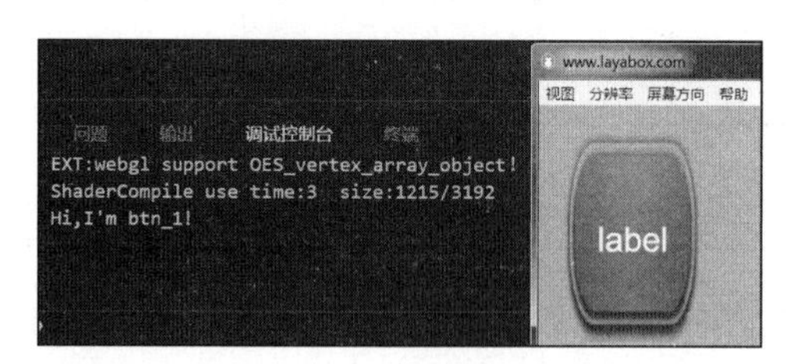

图 6.12　点击按钮输出调试信息

由于按钮响应事件默认有 3 种状态，分别是待机状态、鼠标移动状态、鼠标按下状态，因此，labelColors 属性需要设置 3 个 RGB 值来表示不同状态下标签的颜色，例如“#ffffff,#ffff00,#ff0000”，RGB 值之间需要用逗号分隔。如果仅设置一个 RGB 值，LayaBox 引擎会在鼠标处于移动状态时将标签的颜色设为绿色，在鼠标处于按下状态时将标签的颜色设为红色。

按钮组件具有和 Image 组件相同的 sizeGride 属性，可以在九宫格设置面板中动态调整 4 条直线的位置，从而调整对应的尺寸。如图 6.13 所示，正确设置 sizeGride 属性后，按钮不会再因 width、height 属性的改变而发生扭曲或变形。

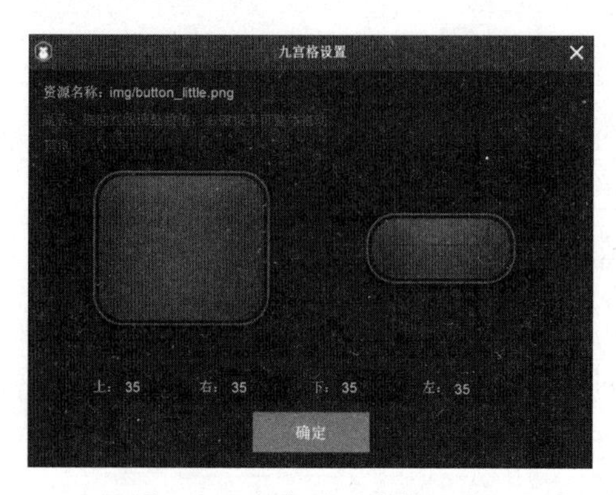

图 6.13　按钮的九宫格设置

在场景中复制多个 btn_1，然后修改它们的尺寸，场景可能如图 6.14 所示，虽然按钮的尺寸不同，但有相同的样式。

图 6.14 九宫格设置后的按钮

6.1.7 单选按钮与单选按钮组

单选按钮通常用于提供多个选项互斥的选项组，让用户进行选择。在 LayaBox 中，单选按钮与单选按钮组是不同的 UI 组件。单选按钮被单击后，可以从未选中状态切换至选中状态，或者从选中切换至未选中状态且单选按钮自身的状态不可单独逆转，因此，在实际项目中很少单独使用一个单选按钮。在大多数情况下，会使用单选按钮组来实现互斥的选择功能。

我们实际体验一下单选按钮和单选按钮组的使用。

新建场景 about_radio.scene，参考背景颜色为#aabbcc。在场景中创建单选按钮，属性设置如表 6.7 所示。

表 6.7 设置单选按钮的属性

属性	说明	参数
var	代码中的引用名称	Radio_1
label	单选按钮的标签	单选按钮
skin	单选按钮的皮肤	img/radio.png
x	x 坐标	10
y	y 坐标	10
labelPadding	标签边距（上、右、下、左）	20
labelSize	标签文字的大小	30
selected	是否选中	（此次不设置）

在场景中创建单选按钮组，如表 6.8 所示，设置单选按钮组的属性。完成设置后的场景，如图 6.15 所示，场景左侧是一个单独的单选按钮，右侧是一个纵向排列的包括 4 个选项的单选按钮组。

表 6.8　设置单选按钮组的属性

属性	说明	参数
var	代码中的引用名称	RadioGroup_1
skin	单选按钮组的皮肤	img/radio.png
labels	标签合集	Apple,Bee,Cat,Dog
Space	单选按钮的间距	50
direction	单选按钮的排列方向	vertical
selectedIndex	选择索引，默认值为-1	（此次不设置）
x	x 坐标	400
y	y 坐标	10
labelPadding	标签边距（上、右、下、左）	20
labelSize	标签文字的大小	30

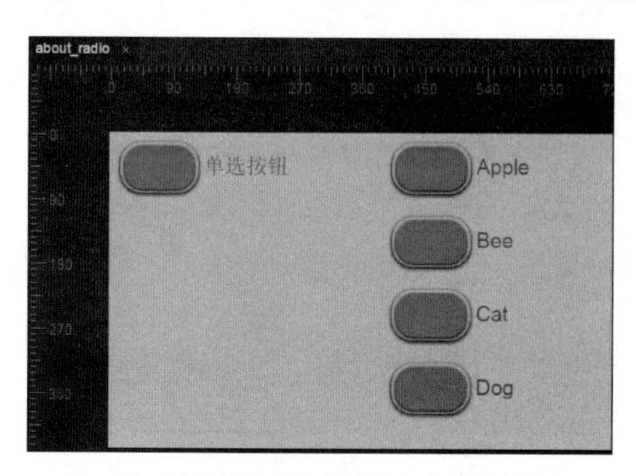

图 6.15　设置属性后的单选按钮与单选按钮组

创建运行时脚本 script/About_ radio.js，并将其绑定在 Scene 的 runtime 属性上，代码如下。

```
/** script/About_radio.js */
export default class About_radio extends Laya.Scene {
    constructor() { super(); }
    onEnable() {
        this.Radio_1.on(Laya.Event.CHANGE,this,function(){
            console.log("单选按钮选中状态是：",
                this.Radio_1.selected );
```

```
        });

        this.RadioGroup_1.on(Laya.Event.CHANGE,this,function(){
            console.log("单选按钮组选中索引是：",
                this.RadioGroup_1.selectedIndex );
        });
    }
}
```

调试项目，单击单选按钮和单选按钮组的各个选项，得到的调试结果如图 6.16 所示。

图 6.16 单选按钮与单选按钮组的调试结果

注意：sizeGrid 属性对单选按钮和单选按钮组无效。

6.1.8 复选框组件

复选框（CheckBox）组件通常用于提供多个选项组，让用户进行选择。

我们实际体验一下复选框的使用效果。

新建场景 about_radio.scene，参考背景颜色为#aabbcc。在场景中创建 4 个复选框，并按表 6.9 设置属性。设置完成后的场景，如图 6.17 所示。

表 6.9 复选框属性设置

var	label	skin	x	y	labelPadding	labelSize
CheckBox_1	CheckBox_1	img/checkbox.png	40	40	20	30
CheckBox_2	CheckBox_2	img/checkbox.png	40	140	20	30
CheckBox_3	CheckBox_3	img/checkbox.png	40	240	20	30
CheckBox_4	CheckBox_4	img/checkbox.png	40	340	20	30

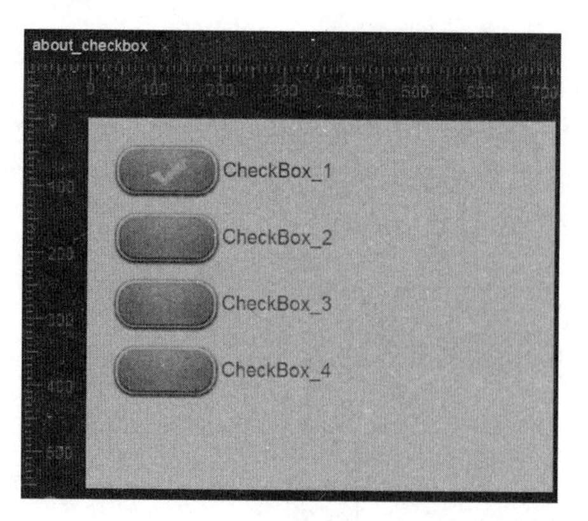

图 6.17　设置属性后的复选框

创建运行时脚本 script/About_checkBox.js，并将其绑定在 Scene 的 runtime 属性上，代码如下。

```
/** script/About_checkBox.js */
export default class About_checkBox extends Laya.Scene {
    constructor() { super(); }
    onEnable() {
        this.CheckBox_1.on(Laya.Event.CHANGE,this,function(){
            console.log("CheckBox_1 选中状态是：",
                        this.CheckBox_1.selected );
        });
        this.CheckBox_2.on(Laya.Event.CHANGE,this,function(){
            console.log("CheckBox_2 选中状态是：",
                        this.CheckBox_2.selected );
        });
        this.CheckBox_3.on(Laya.Event.CHANGE,this,function(){
            console.log("CheckBox_3 选中状态是：",
                        this.CheckBox_3.selected );
        });
        this.CheckBox_4.on(Laya.Event.CHANGE,this,function(){
            console.log("CheckBox_4 选中状态是：",
                        this.CheckBox_4.selected );
        });
    }
}
```

调试项目。在单击各个复选框时，调试控制台会相应地输出各个复选框的选中状态，如图 6.18 所示。

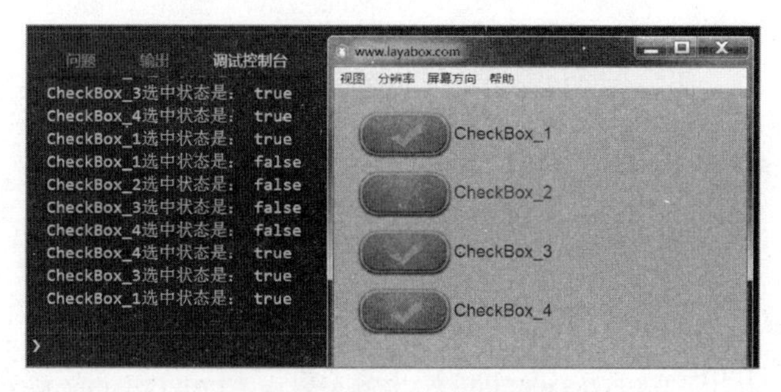

图 6.18　复选框的调试结果

LayaAir 引擎中的复选框组件，没有提供数据关联。在实际使用过程中，我们可以根据需要，将复选框包装成预制体，完成数据关联和复用准备工作。

注意：sizeGrid 属性对复选框无效。

6.1.9　进度条组件

进度条（ProgressBar）是游戏开发中常用的 UI 组件，经常用于图形化显示生命值、经验值等。LayaAir 引擎中的进度条组件使用 0 到 1 的浮点数来表示当前进度。

我们实际体验一下进度条的使用。

新建场景 about_progressBar.scene，参考背景颜色为#aabbcc。在场景中创建进度条，属性设置如表 6.10 所示。

表 6.10　设置进度条的属性

属性	说明	参数
var	代码中的引用名称	ProgressBar_1
sizeGrid	皮肤的九宫格设置	2,2,2,2
skin	进度条的皮肤	comp/progress.png
x	x 坐标	40
y	y 坐标	40
width	宽度	500
height	高度	50
value	进度	0.2

创建运行时脚本 script/About_progressBar.js，并将其绑定在 Scene 的 runtime 属性上，代码如下。

```
/** script/About_progressBar.js */
export default class About_progressBar extends Laya.Scene {
```

```
    constructor() { super(); }
    onEnable() {
        //设置进度条 ProgressBar_1 的进度为 0.75
        this.ProgressBar_1.value = 0.75;
    }
}
```

调试项目。调试结果如图 6.19 所示。在 LayaAir 中，进度条需要由同一路径下的两张素材配合实现视觉效果，其中：progress$bar.png 用于显示进度，progress.png 作为背景，它们需要有相同的宽和高。进度条的进度，默认是水平方向从左向右增加的，如果需要逆向显示进度或者竖直放置进度条，可以设置进度条组件的 rotation 属性（旋转的角度）。

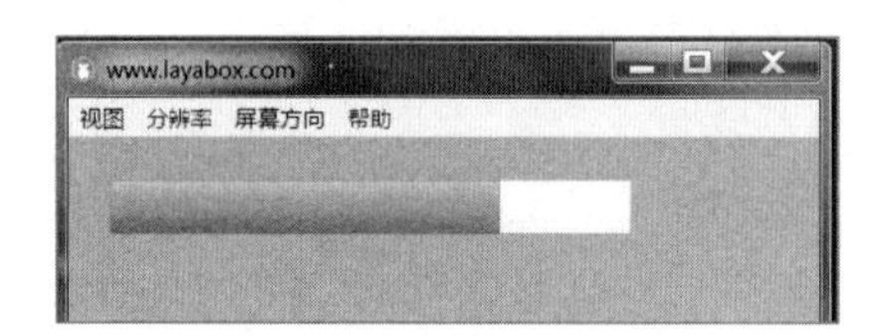

图 6.19 进度条调试结果

6.1.10 滑动条组件

滑动条允许用户通过移动滑块或者指定滑块的位置来设置数值，也可以通过代码来改变数值，将设置的数值通过滑块的位置显示在界面上。LayaAir 中有两种滑动条组件，分别是水平滑动滑块的 HSlider 组件和纵向滑动滑块的 VSlider 组件，它们的功能基本相同。

滑动条的美术素材有 3 个，分别是滑块、背景图、进度条（可选）。HSlider 对应的文件是 hslider$bar.png（滑块）、hslider.png（背景图）、hslider$progress.png（进度条），VSlider 对应的文件是 vslider$bar.png（滑块）、vslider.png（背景图）、vslider$progress.png（进度条）。

我们实际体验一下进度条的使用。

新建场景 about_slider.scene，参考背景颜色为#aabbcc。创建 HSlider 和 VSlider，属性设置如表 6.11 所示。

表 6.11 滑动条属性设置

组件类型	var	max	min	value	skin	x	y	width	height
Hslider	HSlider_1	100	0	30	img/hslider.png	80	90	300	Auto
Vslider	VSlider_1	90	60	80	img/vslider.png	525	92	Auto	256

创建运行时脚本 script/ About_slider.js，并将其绑定在 Scene 的 runtime 属性上，代码如下。

```
/** script/ About_slider.js */
export default class About_slider extends Laya.Scene {
    constructor() { super(); }
    onEnable() {
        this.HSlider_1.value = 50;    //设置水平进度条的初始值
        this.VSlider_1.value = 75;    //设置垂直进度条的初始值
        //监听水平进度条的数值改变
        this.HSlider_1.on(Laya.Event.CHANGE, this, function () {
            console.log("HSlider_1 的值是：", this.HSlider_1.value);
        });
        //监听垂直进度条的数值改变
        this.VSlider_1.on(Laya.Event.CHANGE, this, function () {
            console.log("VSlider_1 的值是：", this.VSlider_1.value);
        });
    }
}
```

调试项目。打开调试界面，会发现水平滑动条 HSlider_1 的滑块和垂直滑动条 VSlider_1 的滑块都在中间位置，这是由它们的 max、mix、value 属性决定的。max 属性的默认值是 100，min 属性的默认值是 0，当 max 属性的值不小于 min 属性的值时滑动条才能正常工作。如果不希望在拖动滑块时显示 value 属性的值，可以将 showLabel 属性设置为 false。在调试界面中拖动滑块，会触发它们各自的 Laya.Event.CHANGE 事件，在调试控制台会输出 value 属性的值。调试结果，如图 6.20 所示。

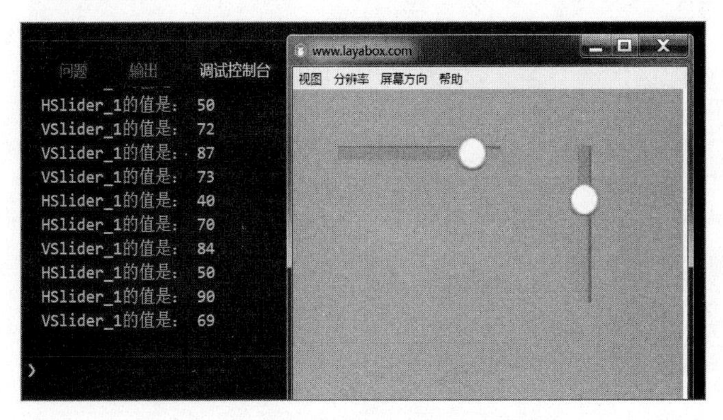

图 6.20　滑动条调试结果

注意： sizeGrid 属性对滑动条无效。

6.2 列表

列表是一种常用的 UI 组件，可以使用列表将一组数据展现成相同的界面元素，以便用户比较和使用这些数据并进行相关的交互操作。列表的功能比较复杂，我们将通过如图 6.21 所示的示例来熟悉列表的使用方法。在这个示例中，我们将创建一个 2 行 3 列的列表。可以左右滑动列表，查看超出列表范围的元素。每个单元格包含头像、昵称、点赞数量和点赞按钮，点赞结果将立即更新。

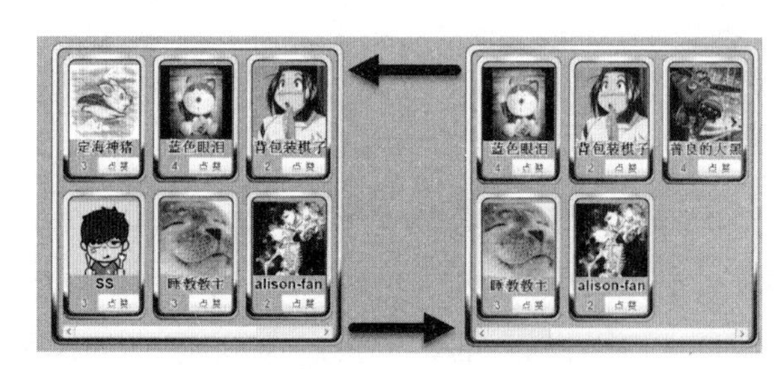

图 6.21 列表示例

在编辑模式下创建一个列表，首先需要创建一个 List 组件作为列表的框架，然后在 List 组件下创建一个 Box 组件作为渲染列表单元格的容器，步骤如下。

新建场景 about_list.scene，参考背景颜色为#aabbcc。新建 List 组件，属性设置如表 6.11 所示，完成设置后的场景如图 6.22 所示。此时，我们将得到一个空的 List 组件，接下去需要指定列表单元格的渲染格式。

表 6.11 设置列表的属性

属性	说明	参数
var	代码中的引用名称	list
spaceX	单元格的水平间距	10
spaceY	单元格的垂直间距	10
hScrollBarSkin	水平滚动条	comp/hscroll.png
elasticEnabled	单元格拖动回弹效果	true
x	x 坐标	40
y	y 坐标	40
width	宽度	380
height	高度	385
selectEnable	是否可以选中	true

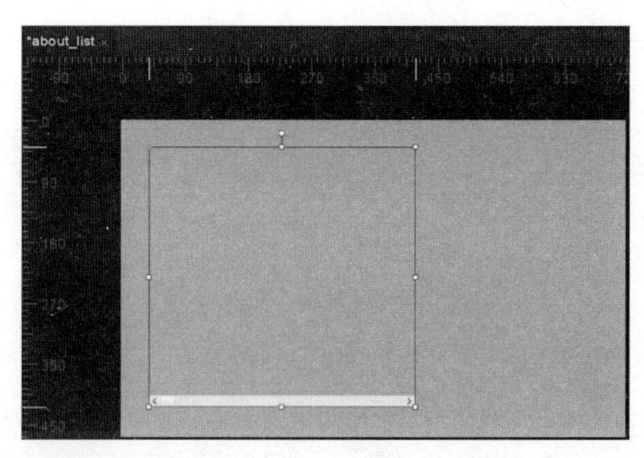

图 6.22　设置属性后的 List 组件

在层级面板中选中 List 组件，创建一个 Box 组件作为列表的单元格。指定 laya.ui.Box 的 renderType 属性为 render，可用于 List 组件的渲染。具体设置，如表 6.12 所示。

表 6.12　设置 Box 的属性

属性	说明	参数
name	组件名称	item
width	宽度	380
height	高度	385
renderType	渲染类型	render

Box 组件的 item 是一个容器，必须为其添加 UI 组件才会有显示效果。在层级面板中选中 item，然后创建两个 Image、一个 Button 和两个 Label 组件，最后参照表 6.13 设置它们的参数。设置完成的 item，如图 6.23 所示。

表 6.13　item 各子节点的属性

组件类型	Image	Image
name	bk	headImage
sizeGrid	20,20,20,20	
skin	img/panelBK.png	img/headImage/head2.jpg
x	0	10
y	0	15
width	120	100
height	175	100

续表

组件类型	Label	Label
name	nickName	praise
text	TM	0
color	#000000	#e74d12
bold	true	true
fontSize	20	16
align	center	center
x	10	10
y	115	144
width	100	40
Stoke	2	2
StokeColor	#ffffff	#ffffff
组件类型	Button	—
name	btn_praise	—
label	点赞	—
skin	comp/button.png	—
x	50	—
y	140	—
width	60	—
labelStoke	2	—
labelStokeColor	#ffffff	—

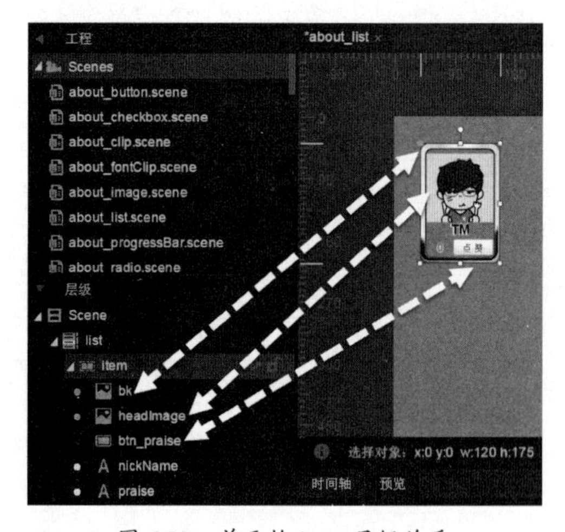

图 6.23　单元格 item 层级关系

在层级面板中选中 Scene，将看见列表已经被之前设置好的单元格填充。给列表添加一个装饰性的边框，在层级面板中选中“Scene”项目，然后创建一个 Image 组件，参照表 6.14 设置它的属性，完成后的场景如图 6.24 所示。

表 6.14 设置边框的属性

属性	说明	参数
sizeGrid	九宫格设置	20,20,20,20
skin	皮肤	img/panelBK.png
x	x 坐标	25
y	y 坐标	25
width	宽度	410
height	高度	410

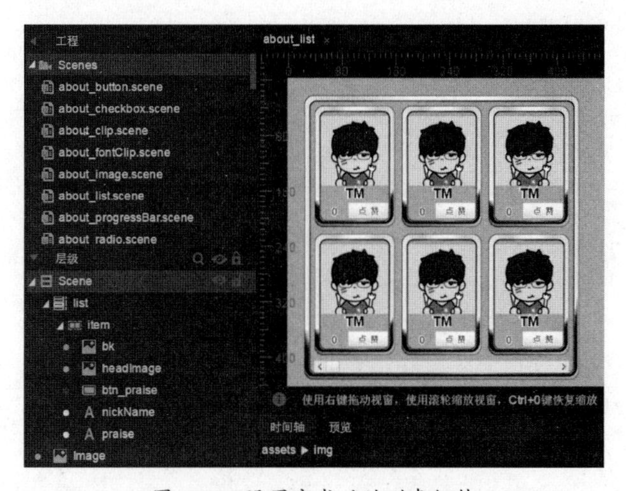

图 6.24 设置完成后的列表组件

如果此时运行项目，就可以看到列表中的单元格是完全相同的，这是因为我们尚未给列表绑定数据。

创建运行时脚本 script/About_list.js，并将它绑定在 Scene 的 runtime 属性上，代码如下。

```
1  /** script/About_list.js */
2  export default class About_list extends Laya.Scene {
3     constructor() { super(); }
4     onEnable() {
5        this.dataArray = [
6           {
```

```
7                  nickName: '定海神猪',
8                  headImage: 'img/headImage/head1.jpg', praise: 1
9              },
10              {
11                  nickName: 'SS',
12                  headImage: 'img/headImage/head2.jpg', praise: 1
13              },
14              {
15                  nickName: '蓝色眼泪',
16                  headImage: 'img/headImage/head3.jpg', praise: 1
17              },
18              {
19                  nickName: '睡教教主',
20                  headImage: 'img/headImage/head4.jpg', praise: 1
21              },
22              {
23                  nickName: '背包装棋子',
24                  headImage: 'img/headImage/head5.jpg', praise: 1
25              },
26              {
27                  nickName: 'alison-fan',
28                  headImage: 'img/headImage/head6.jpg', praise: 1
29              },
30              {
31                  nickName: '善良的大黑',
32                  headImage: 'img/headImage/head7.jpg', praise: 1
33              },
34          ];
35
36          this.list.array = this.dataArray;
37      }
38  }
```

列表组件关联的数据源是数组类型的数据。因此，在 onEnable()方法体内首先定义了一个数组 this.dataArray，数组中的每个元素都包含 3 个数据，分别对应于列表单元格中的昵称、图片路径和点赞数量，示例如下。

```
this.list.array = this.dataArray;
```

以上第 36 行代码完成了列表和数据的关联，并且在列表中会自动显示对应的数据。

注意

- 数组中的各项变量名必须和单元格内对应组件的 name 完全一致，否则就需要自定义单元格渲染处理器。
- 单元格渲染处理器中不要包含事件监听代码，因为列表的任何操作都会触发单元格渲染处理器，最终导致占用过多的资源。

单元格渲染处理器的设置，可以参考以下代码。单元格渲染处理器是一个可以自定义内容的方法，它有两个参数：第一个参数用于获取列表的单元格结构，即在编辑模式下定义的 item；第二个参数用于获取需要渲染的单元格索引（和列表的数据源对应）。onRender()方法是渲染过程的具体实现，可以把每一个需要渲染的单元格都当作层级面板中的一个节点，因此，可以用 getChildByName()方法得到映射关系。得到映射关系后，就可以操作单元格中的元素了，包括赋值、绑定图片等。

```
/**
 * renderHandler : Handler
 * 单元格渲染处理器（默认返回参数 cell:Box、index:int）
 * @param cell
 * @param index
 */
About_list.prototype.onRender = function (cell, index) {
    //获取当前渲染条目的数据
    var data = this.list.array[index];
    var headImage = cell.getChildByName("headImage");
    headImage.skin = data.headImage;
    var nickName = cell.getChildByName("nickName");
    nickName.text = data.nickName;
    var praise = cell.getChildByName("praise");
    praise.text = data.praise;
}
```

下面，给列表中的按钮添加监听事件。

列表中包含按钮、复选框等可交互组件。创建运行时脚本 script/Item.js，并将它绑定在 List 组件的单元格 item 上作为 runtime 属性，代码如下。

```
/**Item */
export default class Item extends Laya.Box {
    constructor() { super(); }
    onEnable() {
        var btn_praise = this.getChildByName("btn_praise");
```

```
        var praise = this.getChildByName("praise");
        btn_praise.on(Laya.Event.CLICK, this, function (e) {
            e.stopPropagation();     //阻止冒泡
            this.dataSource.praise++;
            praise.text = this.dataSource.praise;
        })
    }
}
```

dataSource 是 Box 组件的属性，用于存放各个单元格中对应的数据。在本例中，它对应的是 List 组件的 array 属性中的某一数组元素。由于列表的数据绑定操作是使用数组的浅层复制完成的，所以，改变 dataSource 的数据就是改变 About_list.js 中 this.list.array 和 this.dataArray 的数据。

列表是一个复杂的组件，在通过网络通信获取数据时，通常采用分批显示的方法。给 List 组件设置 vScrollBarSkin 属性后，可以上下滑动列表，查看超出列表边框的数据。同理，给 List 组件设置 hScrollBarSkin 属性，可以左右滑动列表。如果 List 组件没有设置 vScrollBarSkin 属性或 vScrollBarSkin 属性，那么 List 组件将把所有加载的数据全部显示在界面上。

另一种创建列表的方法是：先创建列表元素，再将它升级为容器。例如，将已有列表中的 item 复制到场景中，保持复制的 item 为选中状态，按【Ctrl+B】组合键，在弹出的“转换为容器对话框”中，设置容器类型为“List”，然后单击【确定】按钮。这时，场景中会增加一个以复制的 item 为基础创建的列表。要想取消操作，可以在场景中选中列表，按【Ctrl+U】组合键取消容器转换。

6.3　对话框

图 6.25　对话框示例

对话框是一种特殊的视窗，用于在用户界面中向用户显示信息，或者在需要时获取用户的输入响应。自 LayaAir 2.0 版本开始，对话框与场景一样，都被保存成后缀为.scene 的 JSON 文件。要想使用对话框，需要两个场景，一个用于调用对话框，另一个作为对话框显示。

我们通过创建如图 6.25 所示的对话框，熟悉一下对话框的使用，步骤如下。

创建用于显示对话框的场景 as_dialog.scene，设置 width

为 320 像素、height 为 240 像素。在场景 as_dialog.scene 中创建一个 Image 组件（作为背景）、一个关闭按钮和一个 Label 组件，具体属性设置如表 6.15 所示。完成设置后的场景，如图 6.26 所示。

表 6.15　对话框中各元素的属性

组件	Image	组件	Button	组件	Label
sizeGrid	25,5,5,5	var	btn_close	text	我的第一个对话框
skin	comp/img_bg.png	skin	comp/btn_close.png	color	#000000
x	0	x	284	bold	true
y	0	y	-10	fontSize	24
width	320	width	50	align	center
height	240	height	50	x	62
—	—	—	—	y	108

图 6.26　as_dialog 场景

在 src\script 路径下创建 FirstDialog.js 脚本，用于动态创建对话框，代码如下。

```
/**FirstDialog */
export default class FirstDialog extends Laya.Dialog {
    constructor() {
        super();
        //对话框的尺寸
        this.width = 320;
        this.height = 240;
        //不在屏幕中央显示对话框
        this.isPopupCenter = false;
        //拖动区域
        this.dragArea = "0,0," + this.width + "," + this.height;
        //加载场景
        this.loadScene("as_dialog");
    }
    onEnable() {
```

```
        this.btn_close.on(Laya.Event.CLICK, this, function () {
            this.close();
        });
    }
}
```

FirstDialog 继承自 Laya.Dialog，因此，它的实例可以作为对话框使用。如果要在屏幕中央显示对话框，那么对话框的宽和高必须定义正确，否则，对准屏幕中央的将是对话框的左上角。如果设置了拖动区域，那么对话框可以被拖动。字符串类型的参数 dragArea 用于指定对话框的拖动区域，默认为“0,0,0,0”，它的格式为构成一个矩形所需的“x,y,width,heith”，用逗号连接为字符串，例如“0,0,100,200”。

this.loadScene("as_dialog")加载了如图 6.26 所示的场景，场景中的组件可以直接使用，从而关闭按钮 this.btn_close 的点击事件并在其中添加关闭对话框的方法 this.close()。

现在，需要一个打开对话框的契机。新建场景 call_dialog.scene，参考背景颜色为#aabbcc。在该场景中添加一个按钮，用于打开对话框，属性设置如表 6.16 所示。

表 6.16　按钮 btn_dialog 的属性

var	label	skin	x	y	width	height
btn_dialog	Show Dialog	comp/button.png	50	50	200	50

创建运行时脚本 script/CallDialogControl.js，并将它绑定在 Scene 的 runtime 属性上，代码如下。

```
/**CallDialogControl */
import FirstDialog from "./FirstDialog";
export default class CallDialogControl extends Laya.Scene {
    constructor() { super(); }
    onEnable() {
        this.btn_dialog.on(Laya.Event.CLICK, this, function (e) {
            e.stopPropagation();  //阻止冒泡
            var dialog = new FirstDialog();
            dialog.x = 50;
            dialog.y = 150;
            dialog.popup();
            // dialog.show();      //在非模式对话框下打开对话框
        })
    }
}
```

在 btn_dialog 的监听点击事件的方法中，对每次点击，都会执行下面这行代码。

```
var dialog = new FirstDialog();
```

执行代码后，对话框的实例就会被创建，然后，就可以像对待普通组件一样设置它的属性了。最后，可以使用 popup()方法将对话框显示在屏幕上。popup()方法自带遮罩，单击对话框以外的区域即可关闭对话框。这种对话框强制要求用户回应，否则，用户在与该对话框完成交互（因此称为模式对话框）前不能继续进行操作。

非模式对话框是一种非强制回应的对话框，用户可以不理会这种对话框或不向其提供任何信息而继续进行当前的工作，所以，窗口均可打开并处于活动状态或获得焦点状态。如果希望采用非模式方式打开对话框，则可以使用 show()方法。

6.4 综合实例：拉霸机

在本章的最后，我们将综合使用已经掌握的知识创建一个如图 6.27 所示的拉霸机。

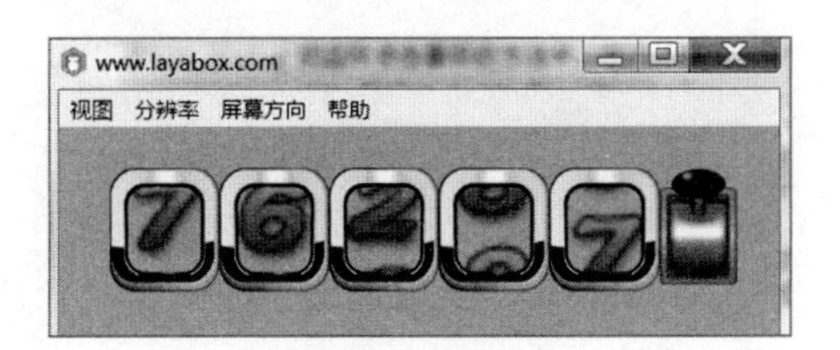

图 6.27 拉霸机

示例的详细需求如下。

- 拉霸机由五个飞轮和一个启动按钮组成。
- 每个飞轮都包含 0 ~ 9 十个数字。
- 单击启动按钮后，飞轮从左至右依次开始旋转，启动间隔时间为 200 毫秒。
- 在飞轮启动前，会随机生成停止时显示的数字。
- 飞轮启动后，逐渐加速到最大速度，然后保持 2 秒，随后减速到最小速度。
- 在最小速度下，飞轮运行到指定数字后停止。
- 拉霸机可以反复启动。

6.4.1 设计和功能划分

拉霸机的五个飞轮可以用相同的预制体来实现，启动按钮使用按钮组件即可。

飞轮预制体在结构上可以进行如下划分。

- 多个不断调整位置的 Clip 组件用于显示数字。
- 一个用来隐藏多余 Clip 组件的遮罩，包括一个 Sprite 和一个 Graphics。
- Clip 组件和遮罩需要一个共同的父级容器，可以是 Sprite 类型。
- 一个 Image 类型的边框。
- 一个顶层的包含边框和 Clip 组件的 Sprite 父级容器。
- 飞轮预制体包含一个控制飞轮旋转的脚本。

飞轮预制体和按钮组件可以在同一个 Sprite 中，以便整体调整它们的位置。这个 Sprite 包含一个脚本来操作整体的动作。

6.4.2 具体实现

准备工作如下。

（1）新建一个 LayaAir 空项目。

- 项目名称：Tiger。
- 项目路径：D:\layabox2x\laya2project\chapter6。
- 编程语言：JavaScript。

（2）在项目设置中，修改场景适配模式为 showall，设计宽度为 720 像素，设计高度为 1280 像素。

（3）将位图素材文件夹添加到路径 D:\layabox2x\laya2project\chapter6\Tiger\laya\assets\下。

（4）新建脚本目录 D:\layabox2x\laya2project\chapter6\Tiger\src\script\。

（5）创建场景 Main.scene。

下面，在 Main.scene 场景中实现一个飞轮组件。完整的飞轮层级关系，如图 6.28 所示。

在 Main.scene 场景中新建一个 Sprite，设置属性 name 为 unite、width 为 100、height 为 100。在层级面板中：选中 unite，新建一个 Sprite，将其 name 属性设置为 sprite；选中 sprite，新建一个 Sprite，将其 name 属性设置为 cover。

在层级面板中，选中 sprite，新建 10 个 Clip 组件，属性设置如表 6.17 所示。

表 6.17　Clip 组件属性设置

Name	clipX	index	skin	x	y	width	height
clip0	10	0	comp/clip_num.png	0	0	90	100
clip1	10	1	comp/clip_num.png	0	100	90	100
clip2	10	2	comp/clip_num.png	0	200	90	100
clip3	10	3	comp/clip_num.png	0	300	90	100
clip4	10	4	comp/clip_num.png	0	400	90	100
clip5	10	5	comp/clip_num.png	0	500	90	100
clip6	10	6	comp/clip_num.png	0	600	90	100
clip7	10	7	comp/clip_num.png	0	700	90	100
clip8	10	8	comp/clip_num.png	0	800	90	100
clip9	10	9	comp/clip_num.png	0	900	90	100

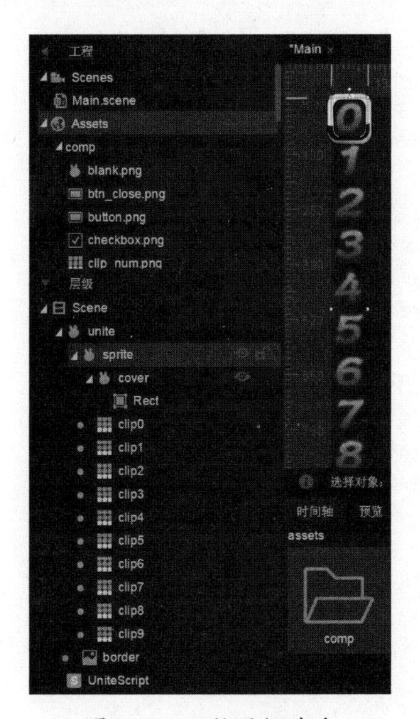

图 6.28　飞轮层级关系

在层级面板中，选中 cover，右键单击 cover，在弹出的快捷菜单中选择【创建 Graphics】→【Rect】选项，然后选中 Rect，设置其 width 属性的值为 90、height 属性的值为 100。

在层级面板中，选中 cover，设置属性 renderType 为 mask，完成遮罩的设置。然后，取消选择 cover，将会发现，Clip 组件除 clip1 外都被隐藏了。

在层级面板中，选中 unite，新建一个 Image 组件，设置下列属性。

- name：border。
- sizeGride：35,35,35,35。
- skin：img/border.png。
- x：–10。
- y：–10。
- width：110。
- height：120。

接下来，实现飞轮的脚本并绑定。创建脚本 script/UniteScript.js，然后在层级面板中选中 unite，将其添加为 unite 的脚本。script/UniteScript.js 的代码如下。

```
/**UniteScript */
export default class UniteScript extends Laya.Script {
    constructor() { super(); }
    onEnable() {
        var sprite = this.owner.getChildByName('sprite');
        //获取 Clip 的映射
        this.clip0 = sprite.getChildByName('clip0');
        this.clip1 = sprite.getChildByName('clip1');
        this.clip2 = sprite.getChildByName('clip2');
        this.clip3 = sprite.getChildByName('clip3');
        this.clip4 = sprite.getChildByName('clip4');
        this.clip5 = sprite.getChildByName('clip5');
        this.clip6 = sprite.getChildByName('clip6');
        this.clip7 = sprite.getChildByName('clip7');
        this.clip8 = sprite.getChildByName('clip8');
        this.clip9 = sprite.getChildByName('clip9');
        //测试飞轮的运行代码
        this.owner.on(Laya.Event.CLICK, this, function () {
            this.run(8);
        });
    }
}

/**运行飞轮并在指定位置停止 */
UniteScript.prototype.run = function (select) {
    this.select = select;
    this.minSpeed = 0.2;
    this.maxSpeed = 0.5;
    this.speed = 0;
```

```
    this.acceleration = 0.0002;      //每毫秒移动0.2像素
    this.addSpeed = true;
    this.delay = 2000;
    this.mayStop = false;

    Laya.timer.frameLoop(1, this, this.onFrameLoop);
}

UniteScript.prototype.onFrameLoop = function () {
    if (this.addSpeed == true) {
        if (this.speed <= this.maxSpeed)
            this.speed += Laya.timer.delta * this.acceleration;
        else {
            this.speed = this.maxSpeed;
            this.addSpeed = false;
        }
    }
    else {
        if (this.delay > 0) {
            this.delay -= Laya.timer.delta;
        }
        else {
            if (this.speed > this.minSpeed) {
                this.speed -= Laya.timer.delta * this.acceleration;
            }
            else {
                this.mayStop = true;
            }
        }
    }

    this.clip0.y -= this.speed * Laya.timer.delta;

    if (this.clip0.y < -900) this.clip0.y = 100;

    if (this.clip0.y < -700) {
        this.clip9.y = this.clip0.y + 900;
    }
    else {
        this.clip9.y = this.clip0.y - 100;
    }

    this.clip1.y = this.clip0.y + 100;
    this.clip2.y = this.clip0.y + 200;
```

```
    this.clip3.y = this.clip0.y + 300;
    this.clip4.y = this.clip0.y + 400;
    this.clip5.y = this.clip0.y + 500;
    this.clip6.y = this.clip0.y + 600;
    this.clip7.y = this.clip0.y + 700;
    this.clip8.y = this.clip0.y + 800;

    //根据设置判断飞轮的停止位置
    if (this.mayStop === true) {
        switch (this.select) {
            case 0: if (Math.abs(this.clip0.y) < 2) {
                this.speed = 0;
            } break;
            case 1: if (Math.abs(this.clip1.y) < 2) {
                this.speed = 0;
            } break;
            case 2: if (Math.abs(this.clip2.y) < 2) {
                this.speed = 0;
            } break;
            case 3: if (Math.abs(this.clip3.y) < 2) {
                this.speed = 0;
            } break;
            case 4: if (Math.abs(this.clip4.y) < 2) {
                this.speed = 0;
            } break;
            case 5: if (Math.abs(this.clip5.y) < 2) {
                this.speed = 0;
            } break;
            case 6: if (Math.abs(this.clip6.y) < 2) {
                this.speed = 0;
            } break;
            case 7: if (Math.abs(this.clip7.y) < 2) {
                this.speed = 0;
            } break;
            case 8: if (Math.abs(this.clip8.y) < 2) {
                this.speed = 0;
            } break;
            case 9: if (Math.abs(this.clip9.y) < 2) {
                this.speed = 0;
            } break;
        }
    }
}
```

由于在 onEnable()方法中，组件存在多层嵌套，所以，要多次使用 getChildByName()方法来关联 Clip 组件，代码如下。

```
var sprite = this.owner.getChildByName('sprite');
//获取 Clip 的映射
this.clip0 = sprite.getChildByName('clip0');
```

run()方法定义了一组用于控制飞轮运动的核心参数，飞轮从静止状态开始运行，先加速到 maxSpeed，然后保持匀速，最后减速到 minSpeed，在到达指定位置时停止。这个过程是使用 Laya.timer.frameLoop()方法基于帧的循环实现的。需要注意的是：不要直接用内联的方法将帧循环代码写在 frameLoop()方法内部，这样做会导致多次运行时未能覆盖前面的循环，造成循环紊乱（明显感觉到飞轮的运行速度越来越快）。

```
/**运行飞轮并在指定位置停止 */
UniteScript.prototype.run = function (select) {
    this.select = select;
    this.minSpeed = 0.2;
    this.maxSpeed = 0.5;
    this.speed = 0;
    this.acceleration = 0.0002;     //每毫秒移动 0.2 像素
    this.addSpeed = true;
    this.delay = 2000;
    this.mayStop = false;

    Laya.timer.frameLoop(1, this, this.onFrameLoop);
}
```

onFrameLoop()方法体中的代码是飞轮运转的核心逻辑。其中，如下所示的代码片段实现了速度变化的逻辑控制。this.speed 是飞轮的运动速度。在整体上，飞轮的运行状态分为加速状态和非加速状态，这两种状态都是由状态标识 addSpeed 控制的。在加速状态下，“this.speed += Laya.timer.delta * this.acceleration”最终达到最大速度 maxSpeed，其中，delta 是两帧之间的时间间隔，acceleration 是预先设定的加速度。到达最大速度后，addSpeed 被设置为 false，从而实现状态切换，飞轮进入非加速状态，反复执行“this.delay -= Laya.timer.delta”可实现倒计时效果。大约 2 秒后，this.delay 不大于 0，飞轮进入减速状态（减速的代码逻辑与加速相同）。最终，飞轮的速度达到 minSpeed，停止标识 mayStop 被设置为 true，飞轮移动到指定位置，进入停止阶段。

```
if (this.addSpeed == true) {
```

```
    if (this.speed <= this.maxSpeed)
        this.speed += Laya.timer.delta * this.acceleration;
    else {
        this.speed = this.maxSpeed;
        this.addSpeed = false;
    }
}
else {
    if (this.delay > 0) {
        this.delay -= Laya.timer.delta;
    }
    else {
        if (this.speed > this.minSpeed) {
            this.speed -= Laya.timer.delta * this.acceleration;
        }
        else {
            this.mayStop = true;
        }
    }
}
```

this.select 传入的参数是数字 0 ~ 9，分别对应于 10 个 Clip 组件。例如，当 this.select 的值为 0 时，就会依据下面的代码判断 clip0 的位置。由于 this.speed 和 Laya.timer.delta 都是浮点数，clip0 的位置也是不精确的，因此，如果 clip0 的 y 坐标在区间[-2,2]内，就认为飞轮可以停止运行了，此时设置 this.speed = 0，飞轮将得不再运动。

```
//根据设置判断飞轮的停止位置
if (this.mayStop === true) {
    switch (this.select) {
        case 0: if (Math.abs(this.clip0.y) < 2) {
            this.speed = 0;
        } break;
...
```

同样，由于 this.speed 和 Laya.timer.delta 都是浮点数，如果每个 Clip 的瞬间位置都是直接用速度 × 时间来计算的，那么必然会产生累计误差，导致运行一段时间后 Clip 组件不再紧密连接，因此，正确的处理方式是：以 clip0 为基准，在每一帧修改位置时，其他飞轮的位置改变都以 clip0 作为参照。飞轮的显示窗口在 x 为 0、y 为 0 处，其宽为 100、高为 100，即之前设置的遮罩参数。clip0 自下向上穿过显示窗口，到达最高处后，将移动到显示窗口的下边缘外侧，即 y 为 100，这样，clip0 的循环滚动就完成了。当 clip0 到达最高处时，clip9 应该正好处于显示窗口的下边沿（y 为 100），所有 Clip 组件的高都是 100，因此，clip0 在最高处的 y 坐标是-900。clip1 ~ clip8 在位置改变时，只要根据 clip0 设置它们之间的固定间距即可。clip9 则比较特殊，需要反复切换在队列头部或尾部的位置，其两种状态如图 6.29 所示。为了避免将切换过程显示在窗口中，应将 clip0 的 y 坐标为-700 作为切换的临界点。相关代码如下。

```
this.clip0.y -= this.speed * Laya.timer.delta;

if (this.clip0.y < -900) this.clip0.y = 100;

if (this.clip0.y < -700) {
    this.clip9.y = this.clip0.y + 900;
}
else {
    this.clip9.y = this.clip0.y - 100;
}

this.clip1.y = this.clip0.y + 100;
this.clip2.y = this.clip0.y + 200;
...
```

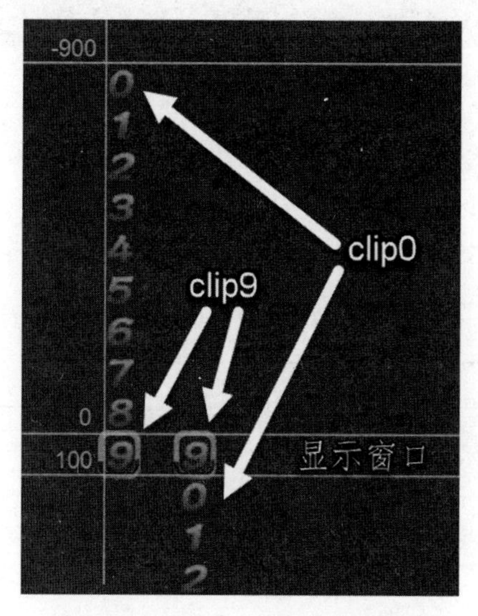

图 6.29　clip0 和 clip9 的位置切换

为了验证飞轮组件的运行情况，我们给飞轮增加一个点击事件的监听。由于 Sprite 在默认情况下的宽和高都是 0，所以，在之前的设置中，需要设置 unite 的属性 width 为 100、height

为 100，这样，飞轮组件才有足够的面积来接收点击事件。这时，运行项目，单击飞轮组件后，飞轮会按之前的设想运动，并在停止时显示 clip8，代码如下。至此，飞轮组件的设置就全部完成了。

```
//测试飞轮运行代码
this.owner.on(Laya.Event.CLICK, this, function () {
    this.run(8);
});
```

创建飞轮预制体。在层级面板中选中 unite，在属性面板的顶部右上角单击保存按钮，将弹出保存预设对话框。保持默认设置，单击【确定】按钮，预制体 unite.prefab 创建完成，如图 6.30 所示。

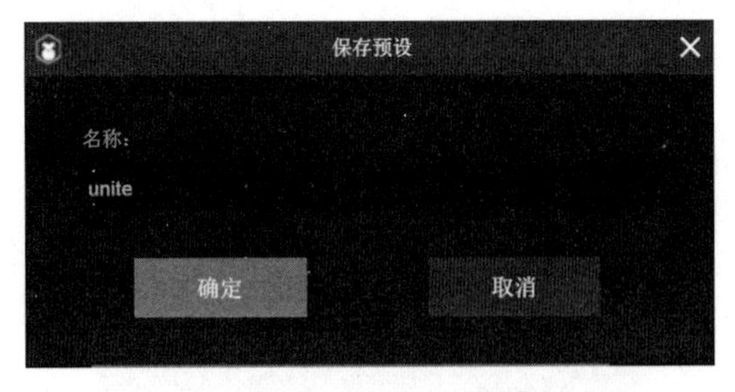

图 6.30　保存预制体

下面，在 Main.scene 场景中实现拉霸机的组件设置。首先，清空 Main.scene 场景。然后，在 Main.scene 场景中新建一个 Sprite，设置 name 属性为 table、x 属性为 50、y 属性为 50。在层级面板中，选中 table，插入 5 个 unite.prefab，属性设置如表 6.18 所示。

表 6.18　设置 unite.prefab

预制体	name	x	y
unite.prefab	unite1	10	0
unite.prefab	unite2	120	0
unite.prefab	unite3	230	0
unite.prefab	unite4	340	0
unite.prefab	unite5	450	0

在层级面板中，选中 table，新建一个按钮，属性设置如下。

- name：btn_run。
- label：“”。

- skin：img/button_drag.png。
- x：540。
- y：–10。

至此，我们就完成了拉霸机的组件设置，场景布局如图 6.31 所示。

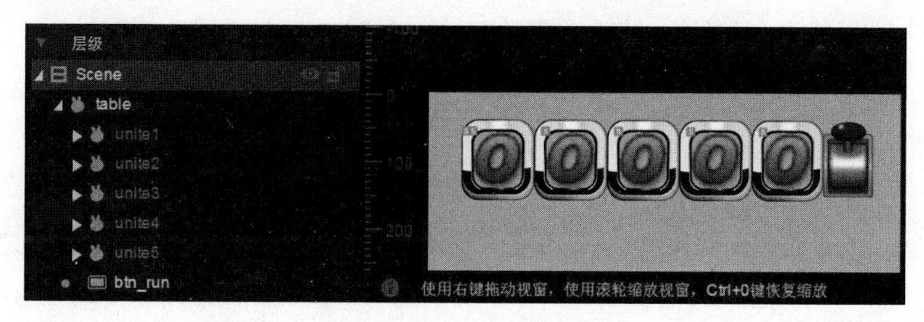

图 6.31　拉霸机场景布局

最后，创建拉霸机的脚本并绑定。创建脚本 script/TigerScript.js，然后在层级面板中选中 table，将其添加为 table 的脚本。

script/TigerScript.js 的代码如下。

```
/**TigerScript */
import UniteScript from "./UniteScript";

export default class TigerScript extends Laya.Script {
    constructor() { super(); }
    onEnable() {
        var btn_run = this.owner.getChildByName('btn_run');
        var unite1 = this.owner.getChildByName('unite1');
        var unite2 = this.owner.getChildByName('unite2');
        var unite3 = this.owner.getChildByName('unite3');
        var unite4 = this.owner.getChildByName('unite4');
        var unite5 = this.owner.getChildByName('unite5');

        var uniteScript1 = unite1.getComponent(UniteScript);
        var uniteScript2 = unite2.getComponent(UniteScript);
        var uniteScript3 = unite3.getComponent(UniteScript);
        var uniteScript4 = unite4.getComponent(UniteScript);
        var uniteScript5 = unite5.getComponent(UniteScript);

        btn_run.on(Laya.Event.CLICK,this,function(){
            var value1 = Math.floor(Math.random()*10);
            var value2 = Math.floor(Math.random()*10);
            var value3 = Math.floor(Math.random()*10);
```

```
            var value4 = Math.floor(Math.random()*10);
            var value5 = Math.floor(Math.random()*10);

            uniteScript1.run(value1);
            Laya.timer.once(200,this,function(){uniteScript2.run(value2);});
            Laya.timer.once(400,this,function(){uniteScript3.run(value3);});
            Laya.timer.once(600,this,function(){uniteScript4.run(value4);});
            Laya.timer.once(800,this,function(){uniteScript5.run(value5);});
        })
    }
}
```

在 onEnable()方法中，使用 this.owner.getChildByName()方法获取各组件之间的映射关系，然后，通过 getComponent()方法获取各组件上绑定的脚本，就可以在以上代码中调用这些脚本了。每次执行 Math.floor(Math.random()*10)方法时，会产生 0 ~ 10 的随机数。各飞轮之间的延时启动是用 Laya.timer.once()方法控制的。

6.5 小结

在本章中，我们了解了 LayaAir 引擎提供的主要 UI 组件，并通过一个综合实例学习了 UI 组件的使用方法。UI 组件是游戏界面的重要组成部分，在实际使用时应遵循如下原则。

- 设计清晰、界面简洁，以便用户使用和了解产品并减少误操作。
- 减少用户的记忆负担。
- 保持界面的一致。

第 7 章　动画基础

动画是利用人眼的视觉残留原理来呈现动态效果的一种表现形式。物体在快速运动时，当人眼看到的影像消失后，人眼仍能继续保留其影像 0.1 ~ 0.4 秒，这种现象被称为视觉暂留。早期的电影，每秒播放的图像数量在 24 张（24 帧）左右，即图像变换的间隔约为 0.4 秒。现代显示设备，屏幕的刷新频率大都可以达到 60 帧/秒，因此已经具备了较好的动画表现基础。在游戏开发中，动画是不可或缺的元素，本章将详细介绍两种基本的动画形式——序列帧动画和缓动动画。

本章主要涉及的知识点如下。

- 序列帧。
- 关键帧。
- 序列帧可视化编辑。
- Animation 组件。
- 缓动动画。

7.1　序列帧动画

序列帧动画的原理和电影播放相同，依靠在指定的屏幕区域内按一定的刷新频率交替显示图像来呈现动态效果。在游戏开发中，角色的动作可以使用一组按照一定顺序排列好的图像素材、以一定的时间间隔替换来表现，这样的一组图像称为序列帧。序列帧中的每一张图像都可以称为关键帧。随着序列帧动画技术的发展，关键帧还可以包含图像的位置变化、角度旋转、缩放、扭曲变形等功能。

游戏中的角色可以有多个动作，因此，会有多组序列帧与之对应。常见的基本动作有行走、站立、攻击、死亡等，横版游戏的跳跃动作可以用行走代替。对于 2D 游戏，角色的动作种类越多，需要的序列帧就越多，而这将影响整个游戏的文件体积和网络加载时间。显然，合理规划 2D 游戏中角色的数量、角色的动作数量，是很重要的一项工作。

让我们新建一个项目，开始了解序列帧动画。

（1）新建一个 LayaAir 空项目。

- 项目名称：Animation。
- 项目路径：D:\layabox2x\laya2project\chapter7。
- 编程语言：JavaScript。

（2）在项目设置中，完成下列修改。

- 场景适配模式为 showall，设计宽度为 720 像素，设计高度为 1280 像素。

（3）将包含序列帧素材的文件夹 x13，添加到路径 D:\layabox2x\laya2project\chapter7\Animation\laya\assets\下。

（4）新建脚本目录 D:\layabox2x\laya2project\chapter7\Animation\src\script\。

（5）设置舞台背景颜色。在 src\Main.js 的 onConfigLoaded()方法中设置舞台背景，代码如下。

```
onConfigLoaded() {
    //加载 IDE 指定的场景
    GameConfig.startScene && Laya.Scene.open(GameConfig.startScene);
    //设置舞台背景颜色
    Laya.stage.bgColor = "#aabbcc";
}
```

7.1.1 序列帧概述

在 LayaAir 中，序列帧动画不支持序列帧的中心点定位。序列帧的定位原点都是图像的左上角，因此，LayaAir 图集动画的每一组美术素材，都需要调整成统一的宽和高。如图 7.1 所示，这些素材是本章将要使用的图集的原始素材，它们的尺寸都是 128 像素 × 128 像素，现在它们的存储位置应该是 D:\layabox2x\laya2project\chapter7\Animation\laya\assets\x13\。

虽然为每一组指定动作的序列帧命名一组由字母和数字组成的名字并不是必需的，但这样做可以方便我们管理和维护素材。这套角色的图集资源共有 4 个动作，按照英文首字母的顺序列举如下。

- die：死亡动作（6 帧）。
- shot：射击动作（2 帧）。
- stand：站立动作（4 帧）。

- walk：行走动作（4 帧）。

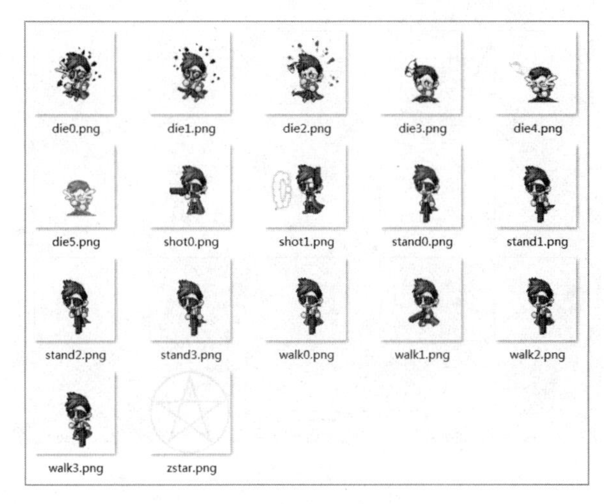

图 7.1　原始的序列帧素材

7.1.2　序列帧的可视化编辑

LayaAir IDE 提供了序列帧的可视化编辑功能。使用可视化的动画编辑器，可以直观地创建和编辑序列帧动画。使用准备好的原始序列帧素材创建一个序列帧动画，具体步骤如下。

如图 7.2 所示，在编辑模式下，在资源管理器面板中选中 Scene，单击右键，在弹出的快捷菜单中选择【新建】→【动画】选项，将弹出新建面板。

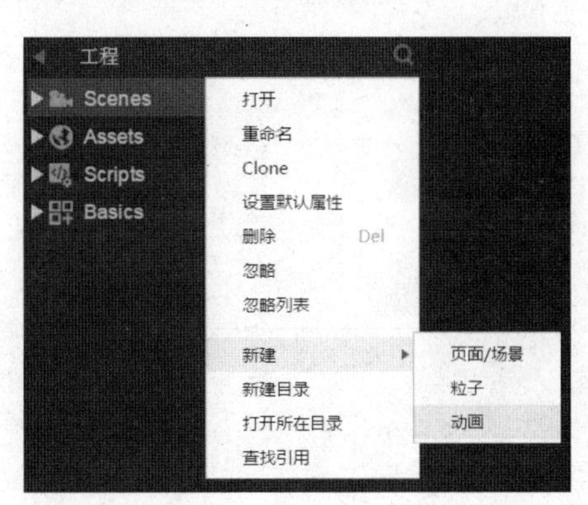

图 7.2　创建动画

在新建面板中选择【动画】标签，如图 7.3 所示，将动画类型设置为 GraphicAnimation，将动画名称设置为 actorAnimation，单击【确定】按钮完成操作。随后，IDE 将自动打开新建的动画。

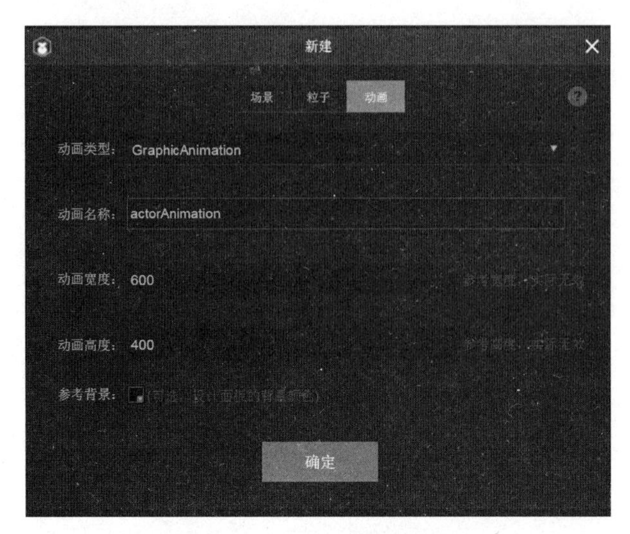

图 7.3　新建动画面板

在如图 7.4 所示的动画编辑界面中，上方是动画显示区域，下方是用于编辑的时间轴，界面上的“动效”就是动画模板。一个动画可以包含若干个动画模板。对动画模板，可以进行添加、复制、删除操作。

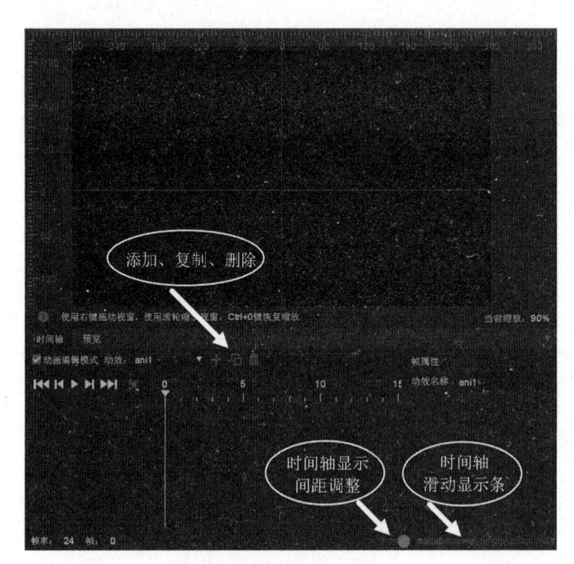

图 7.4　动画编辑面板

接下来，创建行走动作模板。如图 7.5 所示，将行走动作需要使用的 4 幅图像全部选中，拖拽到时间轴上，编辑器会自动在层级面板中添加 GraphicNode 节点和关键帧，在场景编辑面板中将显示选中的帧所对应的图像。

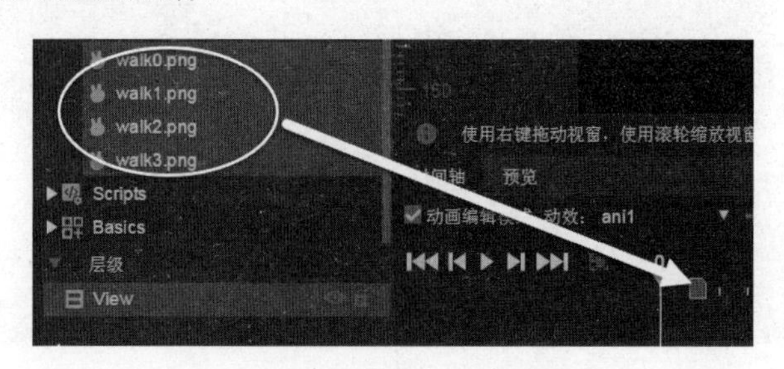

图 7.5　创建行走动作模板

如图 7.6 所示，将帧率修改为 5，将动效名称设置为 walk。完成这些设置后，单击播放按钮或按回车键，场景编辑器中将播放行走动画。为了重复观察，可单击选中播放控制按钮组右边的循环控制按钮。

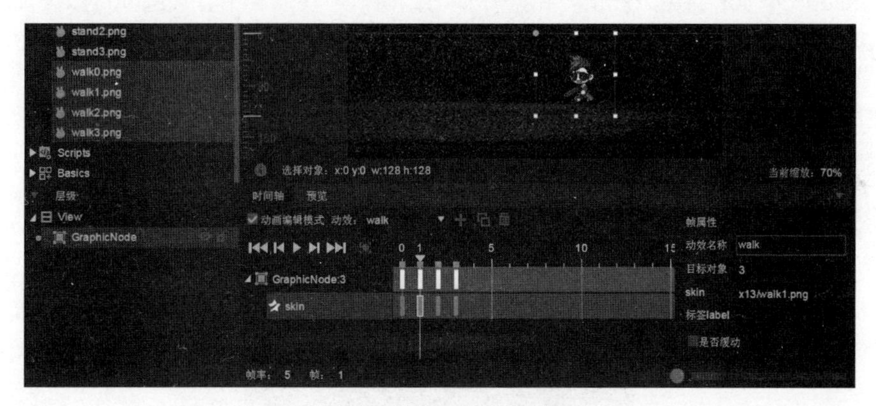

图 7.6　编辑行走动作模板

参照上面的步骤，依次创建站立、射击、死亡动画模板，动效名称依次设置为 stand、shot、die。在将序列帧拖入时间轴之前，应把当前帧恢复到第 0 帧的位置。移动当前帧的方法是：将光标移至当前帧的三角箭头处并按住左键，然后左右拖动；或者，在时间轴上单击需要设置为当前帧的位置。所有动效的帧率都设置为 5，即每 200 毫秒刷新一次。

在关键帧上还可以添加标签，用于播放动画时的事件控制。打开射击动画模板 shot，在 skin 属性上选中第 1 帧，设置标签 label 为 SHOTOVER。完成设置后的射击动作模板，如图 7.7 所示。

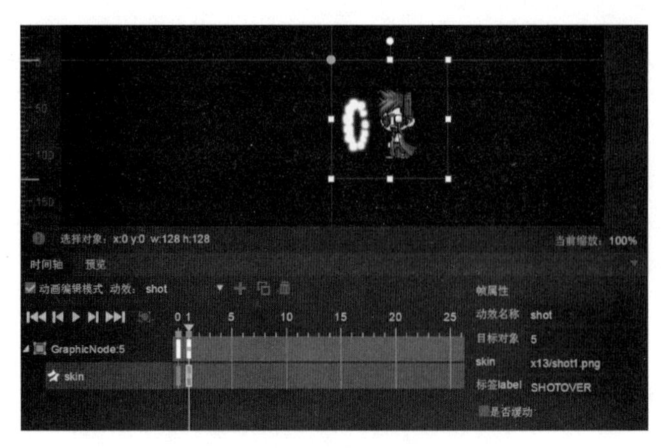

图 7.7　编辑射击动作模板并添加标签

7.1.3　自定义关键帧

在动画编辑器中，不仅可以使用已有的关键帧图像创建关键帧，还可以通过对图像进行位移、缩放和变形处理来创建关键帧。在同一个动作模板（动效）中，关键帧可以叠加组合。下面我们将在行走动作模板中给角色脚下添加一个不停旋转的光环，如图 7.8 所示。

图 7.8　带光环的行走动作模板

复制动效 walk，IDE 自动将其命名为 walk_0。

确保当前帧是第 0 帧，将 zstar.png 拖入场景，展开新添加的 GraphicNode 节点，参照表 7.1 预先设置的第 0 帧的属性进行设置，然后切换到第 3 帧，将 ration 属性设置为 270°，实现光环的旋转，如图 7.9 所示。光环的旋转角度是 0°→ 90°→180°→270°→360°（0°），在循环播放时，第 3 帧播放完会自动切换到第 0 帧，因此，这样的 ration 属性设置可以实现光环的转动。之所以将 pivotX 和 pivotY 设置为 100，是因为 zstar.png 的宽和高的值都是 200，而我们希望它绕中心点旋转。设置完成后，在动画编辑器中将显示新的轴心点。

表 7.1　关键帧属性设置

属性	第 0 帧	第 1 帧	第 2 帧	第 3 帧
x	−100			
y	100			
scaleX	1			
scaleY	1			
pivotX	100			
pivotY	100			
skewX	0			
skewY	0			
ration	0			270

时间轴上的任意帧，当有属性设置时，就会显示在时间轴上并成为关键帧。如果两个帧的同一属性都设置了参数，在时间轴上就会用细横线连接这两个帧。

同一动效可以有多个 GraphicNode 节点，每个 GraphicNode 节点可以有多个属性。为了方便观察和修改，单击时间轴的任意位置，即可用滚轮滚动时间轴列表。

用右键单击时间轴，会弹出快捷菜单。用右键单击空白处，将弹出包含插入帧、移除帧和转换为关键帧这三个选项的快捷菜单。用右键单击关键帧，将弹出包含删除帧和删除 Tween 这两个选项的快捷菜单。用右键单击 GraphicNode 节点上的关键帧，将弹出包含批量删除帧选项的快捷菜单。设置光环的旋转，如图 7.9 所示。

图 7.9　设置光环的旋转

目前，光环是与角色在一个平面内的，所以，需要使光环变形，以实现光环在角色脚下的效果。为了实现这样的效果，需要将光环图像的宽高比设为 2∶1，这是用 sacleX 和 scaleY 属性来设置的。由于图像会不断旋转，所以，还需要设置 skewX 和 skewY 以调整光环的形状。最终的设置可以参照表 7.2 进行，未改变的各项不需要重复设置。完成设置后的光环，如图 7.10 所示。

表 7.2　时间轴属性设置

属性	第 0 帧	第 1 帧	第 2 帧	第 3 帧
x	−100			
y	100			
scaleX	1	0.5	1	0.5
scaleY	0.5	1	0.5	1
pivotX	100			
pivotY	100			
skewX	45	0	45	0
skewY	0	−45	0	−45
ration	0			270

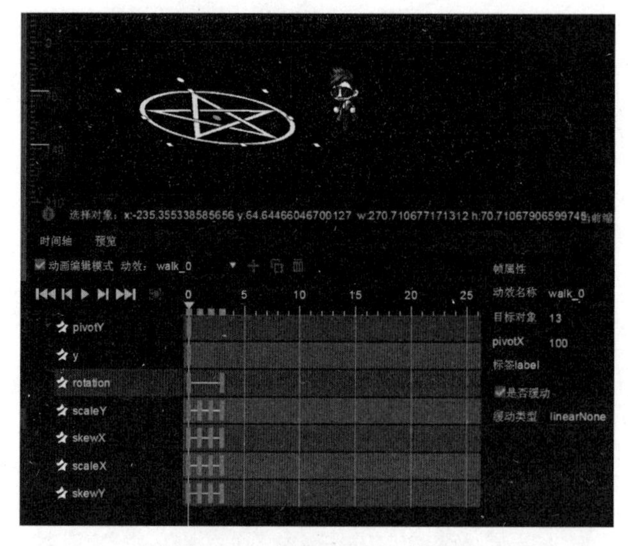

图 7.10　光环的旋转和变形

修改第 0 帧的属性，设 x 的值为 70、y 的值为 105，让光环和角色重合。此时，因为帧的添加顺序，光环位于角色的上层。为了调整层级关系，首先要取消勾选动画编辑器左上角的【动画编辑模式】选项。然后，如图 7.11 所示，在层级面板中将光标移动到包含光环的 GraphicNode 节点上并按住左键，向上拖动到 View 下方后松开左键。完成拖动操作后，勾选动画编辑器左上角的【动画编辑模式】选项，打开动画编辑器，此时显示的角色和光环，如图 7.7 所示。

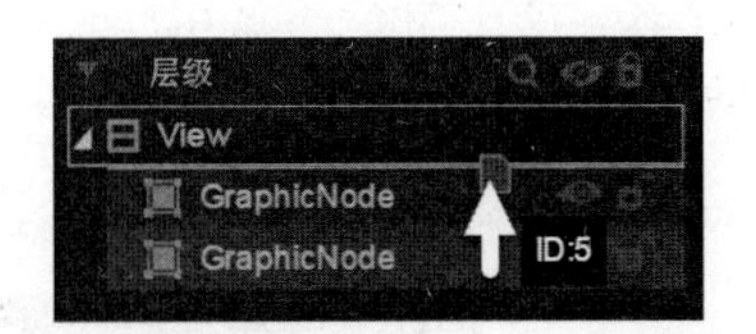

图 7.11　调整 GraphicNode 节点的层级关系

注意：如果在某个动效（动作模板）中添加了多个 GraphicNode 节点，那么在其他动效中也将存在多个 GraphicNode 节点。在其他动效中，如果不编辑它们，那么它们只是空节点。为了操作安全，在删除某个 GraphicNode 节点之前，应确认在所有动效中该节点均未被使用。

7.1.4　Animation 组件

完成编辑后的序列帧动画将被保存为 JOSN 格式的 ani 文件，可以在 Animation 组件中作为资源使用。Animation 是 Laya Air 用于播放动画的组件，可以进行可视化编辑。在本节中，我们将了解 Animation 组件的可视化编辑操作。

新建场景 testAnimation.scene，其参考背景颜色为#aabbcc。然后，创建 Animation 组件。

在层级面板中创建 Animation 组件的方法，如图 7.12 所示。选中层级面板中的任一节点，单击右键，在弹出的快捷菜单中选择【创建 2D】→【Animation】选项，即可在场景中添加一个 Animation 组件。新建的 Animation 组件在场景编辑器中显示为红色的矩形，原因是我们还没有给它添加 source 属性。

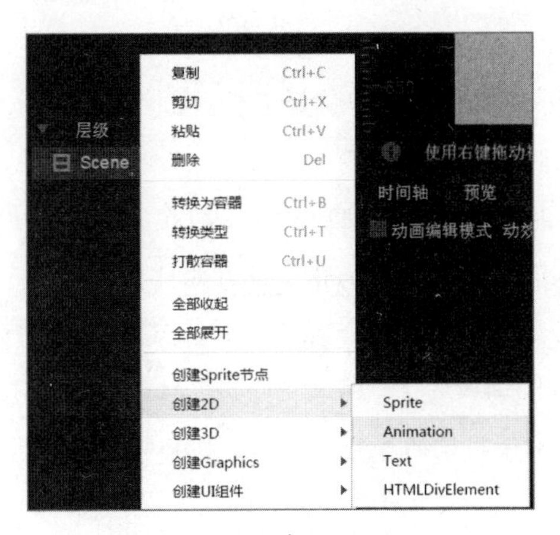

图 7.12　创建 Animation

接下来，设置 Animation 组件的属性。如图 7.13 所示，属性设置完毕，在场景中可以看到与在动画编辑器中相同的动画。选中 Animation 组件，然后按回车键，可以播放或停止播放当前动画。

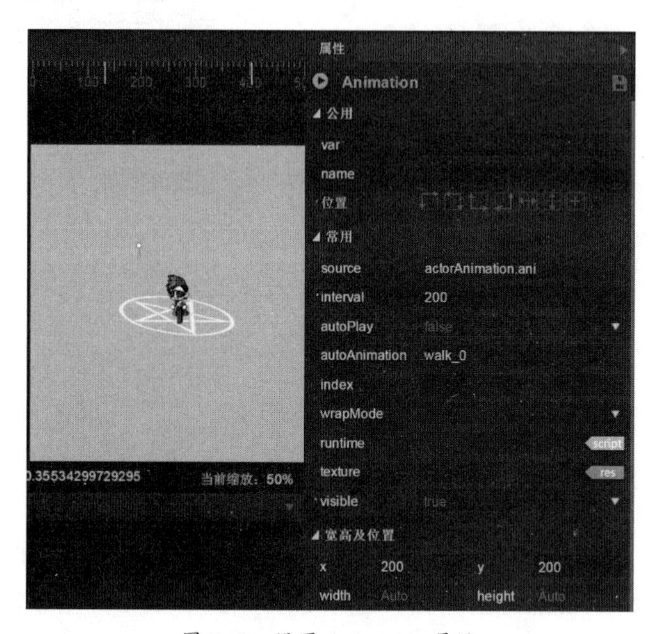

图 7.13　设置 Animation 属性

Animation 组件的主要属性如下。

- source：Animation 组件播放对象的数据来源，可以是创建的动画文件，也可以是多张图像或图集。
- interval：动画播放的时间间隔，单位是毫秒。如果将动画文件作为 source，那么此处可以使用默认设置。
- autoAnimation：当前自动播放的动画模板（动效）的名称。
- index：起始播放帧的索引，可以从指定帧开始播放动画。
- wrapMode：播放方式，0 为正序播放，1 为逆序播放，2 为循环播放。

如果将 wrapMode 参数的值设为 2，那么光环将循环摆动。

注意：Animation 组件中使用过的序列帧素材，IDE 将自动打包成图集。

7.1.5　角色动作的控制

在本节中，我们将完成一个能够用键盘操作的角色，如图 7.14 所示，它包含下列功能。

- 角色有 4 种动作：站立、行走、射击、死亡。
- 按住【A】键，角色转向左侧、向左行走。
- 松开【A】键，角色站立。
- 按住【D】键，角色转向右侧、向右行走。
- 松开【D】键，角色站立。
- 按住空格键，角色射击，最短射击间隔为 500 毫秒。
- 如果射击前角色处于行走状态，那么射击完成后将继续行走，否则将站立。

图 7.14　可操纵动作的角色

功能分析如下。

- 需要在场景中监听键盘操作。
- 角色动画需要使用 Animation 组件来播放。
- 角色转向需要水平翻转，可以通过设置 Animation 组件的 scaleX 属性实现。scaleX 设置为 1 时，组件正常显示；scaleX 设置为-1 时，组件水平翻转。
- 要想实现水平翻转，需要修改翻转轴线，使之与动画表现重合，可以通过设置 Animation 组件的 pivotX 属性实现。
- 当移动角色时，定位的中心点应该在角色的脚下，因此，需要在 Animation 组件外部添加一个 Laya.Sprite。
- Animation 组件的坐标需要适当调整，使角色动画看起来是站立在 Laya.Sprite 原点位置的。

- 为了调试方便，在 Laya.Sprite 的原点添加两条和坐标轴重合的辅助线。
- 可以将 Laya.Sprite 作为顶层节点，转换成预制体使用。
- 预制体需要一个脚本，接收场景中发来的动作指令并控制动画播放。

功能实现如下。

新建场景 main.scene，参考背景颜色为#aabbcc。在场景中创建一个 Sprite，设置其 name 属性为 actor。然后，单击属性面板顶部的保存按钮，把它转换成预制体 actor.prefab。因为场景中的预制体仅仅是资源管理器中预制体模板的实例，所以，应删除场景中的 actor 并保存场景。

在资源管理器中打开 actor.prefab 进行编辑，层级设置如图 7.8 所示。首先，在层级面板中选中 actor。然后，单击右键，在弹出的快捷菜单中选择【创建 Griphics】→【Line】选项，设置属性 lineColor 为#ffff00、toX 为 200、toY 为 0、x 为−100（这是标识 x 轴的辅助线）。用相同的方式创建 y 轴的辅助线，设置属性 lineColor 为#ffff00、toX 为 0、toY 为 200、y 为−100。

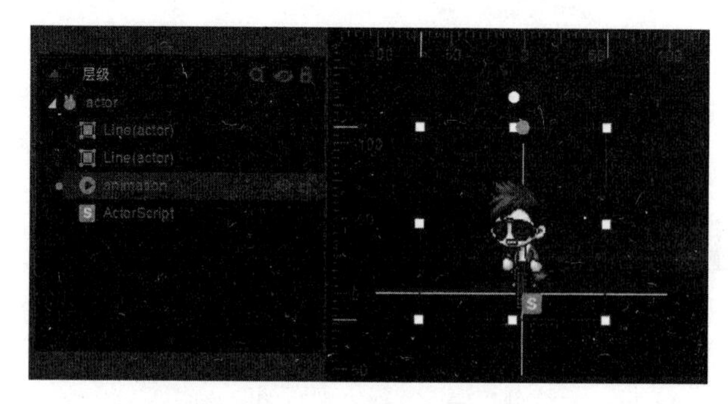

图 7.15　角色预制体层级关系

接下来，在层级面板中选中 actor，添加 Animation 组件，设置以下属性。

- name：animation。
- source：actorAnimation.ani。
- interval：200。
- x：0。
- y：−110（角色站在 x 轴的辅助线上）。
- width：128（和图集小图的宽一致）。
- height：128（和图集小图的高一致）。
- pivotX：70。

pivotX 属性是用来调整水平镜像对称轴的 x 坐标的，在实际操作中，要配合设置 scaleX 为

-1 来调试，找到最佳位置。

创建脚本 script\ActorScript.js 并将它添加到 actor 上。完整的 ActorScript.js 代码如下。

```
1  /**ActorScript */
2  export default class ActorScript extends Laya.Script {
3      constructor() { super(); }
4      onEnable() {
5          this.animation = this.owner.getChildByName("animation");
6
7          this.shotOver = true;
8          this.isMoving = false;
9          this.faceLeft = true;     //默认角色面向右
10          this.speed = 0.08;       //每秒移动 80 像素
11          this.stand();
12
13          Laya.timer.frameLoop(1, this, function () {
14              if (this.isMoving === true && this.shotOver === true) {
15                  var one = 1;
16                  //向左移动，减小 x 坐标的值
17                  if (this.faceLeft === true) one = -1;
18                  this.owner.x += one * this.speed * Laya.timer.delta;
19              }
20          })
21      }
22
23      moveLeft() {
24          if (this.isMoving === true) return;
25          this.faceLeft = true;
26          this.isMoving = true;
27          this.animation.scaleX = 1;
28          this.animation.play(0, true, "walk");
29      }
30
31      moveRight() {
32          if (this.isMoving === true) return;
33          this.faceLeft = false;
34          this.isMoving = true;
35          this.animation.scaleX = -1;
36          this.animation.play(0, true, "walk");
37      }
38
39      walk() {
40          this.animation.play(0, true, "walk");
41      }
```

```
42
43      stand() {
44          this.animation.play(0, true, "stand");
45          this.isMoving = false;
46      }
47
48      shot() {
49          if (this.shotOver === false) return;
50          this.shotOver = false;
51          this.animation.play(0, false, "shot");
52          Laya.timer.once(500, this, function () {
53            this.shotOver = true; });
54
55          //添加帧标签监听事件
56          this.animation.once(Laya.Event.LABEL, this, function (e) {
57              console.log('Label', e);
58              console.log('this.animation.index ', this.animation.index);
59              console.log('子弹已经发射');
60          });
61          //增加事件监听，此监听事件响应一次即自动移除监听
62          this.animation.once(Laya.Event.COMPLETE, this, function () {
63              console.log('this.animation.index ', this.animation.index);
64              if (this.isMoving === true)
65                 this.animation.play(0, true, "walk");
66              else this.animation.play(0, true, "stand");
67          });
68      }
69
70      die() {
71          this.animation.play(0, false, "die");
72          this.animation.once(Laya.Event.COMPLETE, this, function () {
73              console.log('ok, good bye!');
74          });
75      }
76  }
```

在 onEnable()方法中，定义了判定射击动作是否完成的标识 shotOver、判定角色是否正在移动的标识 isMoving，以及判定角色面向方向的标识 faceLeft。角色的水平移动，是由 Laya.timer.frameLoop 控制的，只有在射击动作完成并处于移动状态时，角色才会水平移动。每帧角色的移动距离是速度与时间的乘积，即“this.speed * Laya.timer.delta”。最终的位移，需要通过判断角色面向的方向 faceLeft 来决定。

以上就是角色水平移动时的处理逻辑。可见，判定角色是否正在移动的标识 isMoving 是控

制移动的关键，faceLeft 用于控制移动方向，将这两个变量和键盘操作关联起来，就可以实现角色的位移，代码如下。

```
7 this.shotOver = true;
8 this.isMoving = false;
9 this.faceLeft = true;    //默认角色面向右
10 this.speed = 0.08;      //每秒移动 80 像素
11 this.stand();
12
13 Laya.timer.frameLoop(1, this, function () {
14     if (this.isMoving === true && this.shotOver === true) {
15         var one = 1;
16         //向左移动，减小 x 坐标的值
17         if (this.faceLeft === true) one = -1;
18         this.owner.x += one * this.speed * Laya.timer.delta;
19     }
20 })
21 }
```

角色的站立、行走、射击、死亡 4 种动作，都是在动画编辑器中创建的。Animation 组件对应的 API 是 laya.display.Animation。如果希望在代码中创建动画模板，可以参考下面的代码。

```
    //创建动画模板
    Laya.Animation.createFrames(this.aniUrls("walk", 4), "walk");
    Laya.Animation.createFrames(this.aniUrls("die", 6), "die");
    Laya.Animation.createFrames(this.aniUrls("stand", 4), "stand");
    Laya.Animation.createFrames(this.aniUrls("shot", 2), "shot");

    /**
    * 创建一组动画的 URL 数组（美术资源地址数组）
    * aniName：动作的名称，用于生成 URL
    * length：动画最后一帧的索引值
    */
    aniUrls(aniName, length) {
       var urls = [];
       for (var i = 0; i < length; i++) {
           //动画资源路径要和动画图集打包前的资源名对应
           urls.push("x13/" + aniName + i + ".png");
       }
       return urls;
  }
```

行走和站立是两个循环播放的状态，分别用 walk()和 stand()方法封装播放指令，以便后续

的调用操作。this.isMoving = false 用于在播放站立动画时停止 Laya.timer.frameLoop 控制的角色的水平位移。相关代码如下。

```
39 walk() {
40     this.animation.play(0, true, "walk");
41 }
42
43 stand() {
44     this.animation.play(0, true, "stand");
45     this.isMoving = false;
46 }
```

moveLeft()和 moveRight()方法用于直接接收键盘指令：按住【A】键，执行 moveLeft()方法，角色将转向左侧并向左行走；按住【D】键，执行 moveRight()方法，角色将转向右侧并向右行走。当角色处在行走状态时，如果已经开始循环播放行走动画，则不应该打断，所以，应使用“if (this.isMoving === true) return”语句来屏蔽其他操作。相关代码如下。

```
23 moveLeft() {
24     if (this.isMoving === true) return;
25     this.faceLeft = true;
26     this.isMoving = true;
27     this.animation.scaleX = 1;
28     this.animation.play(0, true, "walk");
29 }
30
31 moveRight() {
32     if (this.isMoving === true) return;
33     this.faceLeft = false;
34     this.isMoving = true;
35     this.animation.scaleX = -1;
36     this.animation.play(0, true, "walk");
37 }
```

shot()方法用于控制射击动画的播放，最短射击间隔为 500 毫秒。因此，每次执行 shot()方法时，会使用判断射击是否完成的标识 shotOver。如果 shotOver 为 false，则不会执行后续操作；如果 shotOver 为 true，则将它修改为 false，500 毫秒后再将它设置为 true。这样，射击一次后，可以屏蔽 500 毫秒内发生的其他射击请求。

shot()方法需要连续发射子弹，因此，在播放射击动画时，需要用两个事件分别控制子弹发射和射击动作完成，在这里通过监听 Laya.Event.LABEL 和 Laya.Event.COMPLETE 事件来实现。

要想监听 Laya.Event.LABEL 事件，必须先定义帧标签，代码如下。

```
48  shot() {
49      if (this.shotOver === false) return;
50      this.shotOver = false;
51      this.animation.play(0, false, "shot");
52      Laya.timer.once(500, this, function () {
53      this.shotOver = true; });
54
55      //添加帧标签监听事件
56      this.animation.once(Laya.Event.LABEL, this, function (e) {
57          console.log('Label ', e);
58          console.log('this.animation.index ', this.animation.index);
59          console.log('子弹已经发射');
60      });
61      //增加事件监听，此监听事件响应一次即自动移除监听
62      this.animation.once(Laya.Event.COMPLETE, this, function () {
63          console.log('this.animation.index ', this.animation.index);
64          if (this.isMoving === true)
65     this.animation.play(0, true, "walk");
66          else this.animation.play(0, true, "stand");
67      });
68      }
```

如果未在动画编辑器中给射击动作的第 1 帧添加标签，则可以在监听帧标签事件之前，使用下面的代码添加标签"SHOTOVER"。

```
this.animation.addLabel("SHOTOVER", 1);
```

注意：对于非循环播放的动画，播放事件的监听应该使用 once。

在 main.scene 中添加一个角色预制体，其属性 name 为 mainActor、x 为 200、y 为 200。创建脚本 script\MainScript.js 并将它添加到 main.scene 的 scene 节点上，完整的 MainScript.js 代码如下。

```
/**MainScript */
import ActorScript from "./ActorScript";
export default class MainSceneScript extends Laya.Script {
    constructor() { super(); }
    onEnable() {
        var mainActor = this.owner.getChildByName('mainActor')
        var mainActorScript = mainActor.getComponent(ActorScript);
```

```
        Laya.stage.on(Laya.Event.KEY_DOWN,this,function(e){
            switch(e.keyCode){
                case laya.events.Keyboard.A:{
                    mainActorScript.moveLeft();
                }break;
                case laya.events.Keyboard.D:{
                    mainActorScript.moveRight();
                }break;
                case laya.events.Keyboard.SPACE:{
                    mainActorScript.shot();
                }break;
            }
        });
        Laya.stage.on(Laya.Event.KEY_UP,this,function(e){
            switch(e.keyCode){
                case laya.events.Keyboard.A:{
                    mainActorScript.stand();
                }break;
                case laya.events.Keyboard.D:{
                    mainActorScript.stand();
                }break;
            }
        })
    }
}
```

在 MainScript.js 的 onEnable()方法中，定义对按键按住和松开的事件监听，具体如下。

- 按住【A】键，调用 ActorScript.js 的 moveLeft()方法，角色转向左侧并向左行走。
- 按住【D】键，调用 ActorScript.js 的 moveRight()方法，角色转向右侧并向右行走。
- 按住【Space】键，调用 ActorScript.js 的 shot()方法，角色射击。
- 松开【D】键，调用 ActorScript.js 的 stand()方法，角色站立。
- 松开【A】键，调用 ActorScript.js 的 stand()方法，角色站立。

至此，我们已经实现了场景中的键盘操作与角色动作的关联。在游戏开发中，通常会有多个不同的角色，它们的动作逻辑和对应的动画模板各不相同。为了方便开发和维护这些角色，可以把它们创建成独立的预制体，绑定对应的脚本来管理其自身的功能逻辑。

7.2　缓动动画

在游戏开发中，经常会有一些动态装饰功能，例如淡进淡出的文字、漂浮后消失的分数、按指定轨迹运动的物体、点击后膨胀或缩小的按钮等。这些随时间变化而改变元素的位移、姿态、大小和可见度等的功能，称为缓动（Tween）。如果自己实现缓动功能，往往费时费力且不美观，因此，通常使用引擎或第三方提供的缓动类来实现。

7.2.1　缓动动画概述

LayaAir 引擎中的缓动类是 laya.utils.Tween。缓动类可以根据设置，在指定时间内改变指定对象的各种数值类型的公共属性，例如常用的位置属性、alpha 透明度属性，以及旋转、轴心、大小等属性。常用的缓动方法是 to()，它支持静态方法，因此不需要实例化 Tween 类就可以使用，代码如下。

```
Laya.Tween.to(target, props, duration, ease, complete, delay);
```

Laya.Tween.to()方法的常用输入参数列举如下，其中 target、props、duration 属性是必须设置的。

- target：进行缓动变化的目标对象。
- props：目标对象进行缓动变化的属性。
- duration：执行缓动效果花费的时间，单位是毫秒。
- ease：缓动类型，可以是 laya.utils.Ease 类定义的各种 ease 方法。
- complete：缓动完成后的回调方法。
- delay：缓动动画的延迟启动时间。

7.2.2　Tween 缓动实例

在本节中，我们将通过创建一个示例来体验缓动功能，准备工作如下。

（1）新建一个 LayaAir 空项目。

- 项目名称：TweenExample。
- 项目路径：D:\layabox2x\laya2project\chapter7。
- 编程语言：JavaScript。

（2）在项目设置中，完成下列设置修改。

- 场景适配模式为 showall，设计宽度为 720 像素，设计高度为 1280 像素。

（3）新建场景 main.scene。

（4）新建脚本目录 D:\layabox2x\laya2project\chapter7\TweenExample\src\script\。

（5）创建运行时代码 script\MainScene.js，将其设置为场景 main.scene 的 runtime 属性。

（6）在 script\MainScene.js 中创建下列代码，它实现的功能是用多个 Laya.Text 组件在屏幕上显示“LayBox”。我们稍后将使用这些 Laya.Text 组件展示缓动效果。此时的代码运行效果，如图 7.16 所示，在屏幕中央靠近上方的位置显示“LayBox”每个字符都是一个独立的 Text 组件。

```
// MainScene.js
export default class MainScene extends Laya.Scene {
    constructor() { super(); }
    onEnable() {
        // “LayaBox”字符串的总宽度
        var w = 800;
        //文本创建的起始 x 位置（在此使用右移运算符>>，相当于/2；>>效率更高）
        var offsetX = Laya.stage.width - w >> 1;
        //显示的字符串
        var demoString = "LayaBox";
        var letterText;
        for (var i = 0, len = demoString.length; i < len; ++i) {
            //从"LayaBox"字符串中逐个提取单个字符创建文本
            letterText = this.createLetter(demoString.charAt(i));
            letterText.x = w / len * i + offsetX;
            //文本的初始 y 属性
            letterText.y = 100;
        }
    }

    //创建单个字符文本并加载到舞台
    createLetter(char) {
        var letter = new Laya.Text();
        letter.text = char;
        letter.color = "#ffffff";
        letter.font = "Impact";
        letter.fontSize = 180;
        this.addChild(letter);
        return letter;
    }
}
```

图 7.16 缓动示例

完成准备工作后，依次实现下列功能。

- 用缓动实现 Text 组件的下落。
- 用缓动完成事件，改变下落后的 Text 组件的颜色。
- 设置缓动参数，实现 Text 组件下落过程中的颜色渐变。

使用缓动实现 Text 组件的下落，代码如下。

```
for (var i = 0, len = demoString.length; i < len; ++i) {
   //从“LayaBox”字符串中逐个提取字符，创建文本
   letterText = this.createLetter(demoString.charAt(i));
   letterText.x = w / len * i + offsetX;
   //文本的初始 y 属性
   letterText.y = 100;
   Laya.Tween.to(letterText,{y:300},3000,Laya.Ease. bounceIn,null,i*1000);
}
```

在创建“LayaBox”这几个字符的 for 循环体的最后，添加一行实现缓动的代码，具体如下。

```
Laya.Tween.to(letterText,{y:300},3000,Laya.Ease.elasticInOut,null,i*1000);
```

再次调试项目，如图 7.17 所示，这些字符将从左向右依次下落。在这个 Laya.Tween.to() 方法中，属性设置如下。

- target：letterText，缓动变化的目标对象是所有 Text 组件。
- props：{y:300}，变化的属性集合是一个对象，要用“{}”包裹，此处为变化的 y 坐标。
- duration：3000，即 3 秒执行完目标对象的缓动效果。
- ease：bounceIn，类似于皮球落地多次反弹的运动效果。
- complete：null，暂时没有设置缓动结束之后的操作。
- delay：i*1000，所有 Text 组件都是从左向右依次创建的，所以将从左向右延时启动。

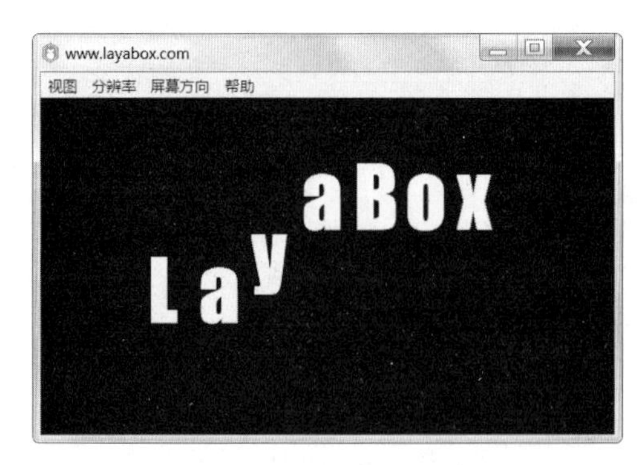

图 7.17 字符缓动下落

以上已经完成了一个基本的缓动效果，接下来可以使用缓动完成后的回调方法来改变下落后的 Text 组件的颜色，如图 7.18 所示。

图 7.18 字符缓动下落后变色

新建一个 changeColor()方法，用于处理对应的 Text 组件的颜色改变，代码如下。

```
/** 缓动完成后的回调方法
 * @param txt Text 组件*/
changeColor(txt) {
    //将文本字体改成蓝绿色
    txt.color = "#00ffff";
}
```

修改 Laya.Tween.to()方法的 complete 参数，代码如下。

```
Laya.Tween.to(letterText, { y: 300 }, 1000, Laya.Ease.bounceIn,
            Laya.Handler.create(this, this.changeColor, [letterText]), i * 100);
```

Laya.Handler 对象推荐使用 Laya.Handler.create()方法从对象池中创建，以减少资源消耗。因为在默认情况下参数 Once 设置为 true，所以，如果创建的 Laya.Handler 对象不再使用，系统就会自动将其回收；如果将该参数设置为 false，就可以手动使用 Laya.Handler.recover()方法将其回收。

Laya.Handler.create()方法的参数如下。

- Caller：执行域（this）。
- Method：回调方法。
- Args：携带的参数。
- Once：是否只执行 1 次，为 true 时系统默认自动回收。

接下来，设置缓动参数，实现 Text 组件下落过程中的颜色渐变。Laya.Tween.to()方法中控制设置属性的 props 参数是一个对象，可以在其中包含缓动目标的属性，也可以在其中包含一些特殊的方法，例如对象的刷新事件句柄（Handle）。我们将使用刷新事件句柄来实现 Text 组件下落过程中的颜色渐变。

新建 updateColor 方法，随机改变 Text 组件的颜色，代码如下。

```
/** 缓动进行时的回调更新方法
 * @param txt  Text 组件*/
updateColor(txt) {
    var c = Math.floor(Math.random() * 3);
    switch (c) {
        case 0: txt.color = "#eee000"; break;
        case 1: txt.color = "#ffffff"; break;
        case 2: txt.color = "#ff0000"; break;
        default: txt.color = "#eee000"; break;
    }
}
```

修改 Laya.Tween.to()方法的 props 参数，使 update 属性关联包含 updateColor()方法的句柄，代码如下。这样修改后，在缓动过程中的每次屏幕刷新，都会调用 updateColor()方法来改变 Text 组件的颜色。最终完成的效果，如图 7.19 所示。

```
Laya.Tween.to(letterText,
    {
        y: 300,
        update: new Laya.Handler(this, this.updateColor, [letterText])
     },
     1000, Laya.Ease.bounceIn,
     Laya.Handler.create(this, this.changeColor, [letterText]), i * 100);
```

图 7.19　字符下落过程中不断变色

以下是 MainScene.js 的最终代码，它用缓动控制 Text 组件的下落，并在下落过程中不断刷新文字颜色产生闪烁效果，下落完成后指定 Text 组件的最终颜色。

```
/** MainScene.js*/
export default class MainScene extends Laya.Scene {
    constructor() { super(); }
    onEnable() {
        //“LayaBox”字符串的总宽度
        var w = 800;
        //文本的初始 x 属性（在此使用右移运算符>>，相当于/2；>>效率更高）
        var offsetX = Laya.stage.width - w >> 1;
        //显示的字符串
        var demoString = "LayaBox";
        var letterText;
        for (var i = 0, len = demoString.length; i < len; ++i) {
            //从“LayaBox”字符串中逐个提取字符，创建文本
            letterText = this.createLetter(demoString.charAt(i));
            letterText.x = w / len * i + offsetX;
            //文本的初始 y 属性
            letterText.y = 100;
            Laya.Tween.to(letterText,
                {
                    y: 300,
                    update: new Laya.Handler(this, this.updateColor, [letterText])
                },
                1000, Laya.Ease.bounceIn,
                Laya.Handler.create(this, this.changeColor, [letterText]), i * 100);
        }
    }

    /** 缓动进行时的回调更新方法
```

```
    * @param txt  Text 组件*/
   updateColor(txt) {
      var c = Math.floor(Math.random() * 3);
      switch (c) {
         case 0: txt.color = "#eee000"; break;
         case 1: txt.color = "#ffffff"; break;
         case 2: txt.color = "#ff0000"; break;
         default: txt.color = "#eee000"; break;
      }
   }

   /** 缓动完成后的回调方法
    * @param txt Text 组件*/
   changeColor(txt) {
      //将文本字体改成蓝绿色
      txt.color = "#00ffff";
   }

   /**创建单个字符文本并加载到场景中*/
   createLetter(char) {
      var letter = new Laya.Text();
      letter.text = char;
      letter.color = "#ffffff";
      letter.font = "Impact";
      letter.fontSize = 180;
      this.addChild(letter);
      return letter;
   }
}
```

7.2.3　Ease 缓动类型

在 7.2.2 节的实例中，我们将 Laya.Tween.to()方法的 ease 参数设置为 Laya.Ease.bounceIn，实现了类似皮球落地多次反弹的运动效果。Laya.Tween.to()方法的 ease 参数可以设置为 null 或缓动速度呈线性变化的 linearIn、linearInOut、linearNone、linearOut 效果等。然而，为了获得更丰富的缓动表现，通常会使用缓动速度呈非线性变化的效果。

laya.utils.Ease 类定义了很多缓动曲线方法，它们提供了多种缓动速度变化方式。缓动动画通常可以分为 3 个阶段，即启动、执行、停滞直至退出。laya.utils.Ease 类提供的缓动速度变化方法，使用统一的命名方式，即“缓动速度变化类型+作用阶段”。作用阶段有 3 种：In 作用在启动阶段；Out 作用在缓动停滞直至退出的阶段；InOut 作用在缓动的启动和退出阶段。如图 7.20

所示，是 30 种常用的非线性缓动曲线，横轴表示时间，纵轴表示缓动速度。

backIn
backOut
backInOut
expoIn
expoOut
expoInOut
bounceIn
bounceOut
bounceInOut
quadIn
quadOut
quadInOut
circIn
circOut
circInOut
quartIn
quartOut
quartInOut
cubicIn
cubicOut
cubicInOut
quintIn
quintOut
quintInOut
elasticIn
elasticOut
elasticInOut
sineIn
sineOut
sineInOut

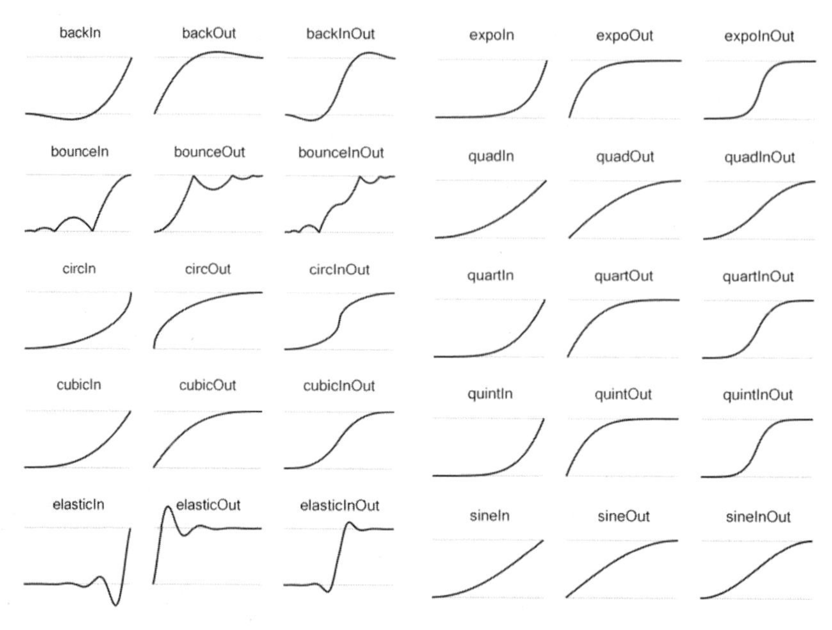

图 7.20　常用缓动曲线

需要说明的是，缓动曲线方法的输入参数都是可以调整的。在 IDE 代码模式下，将光标停在 Laya.Ease.bounceIn 方法上，显示的参数设置提示如图 7.21 所示。各个 laya.utils.Ease 类提供的缓动曲线方法都可以自定义参数，在实际项目中请酌情使用。

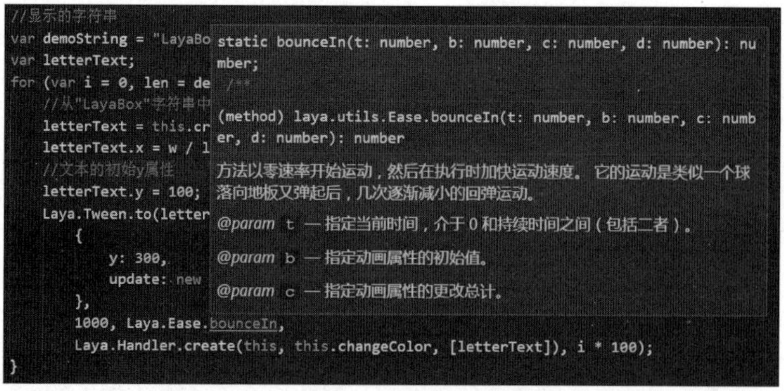

//显示的字符串
var demoString = "LayaBo
var letterText;
for (var i = 0, len = de
//从"LayaBox"字符串中
letterText = this.cr
letterText.x = w / l
//文本的初始y属性
letterText.y = 100;
Laya.Tween.to(letter
{
y: 300,
update: new
},
1000, Laya.Ease.bounceIn,
Laya.Handler.create(this, this.changeColor, [letterText]), i * 100);
}
static bounceIn(t: number, b: number, c: number, d: number): number;
/**
(method) laya.utils.Ease.bounceIn(t: number, b: number, c: number, d: number): number
方法以零速率开始运动，然后在执行时加快运动速度。它的运动是类似一个球落向地板又弹起后，几次逐渐减小的回弹运动。
@param t —指定当前时间，介于 0 和持续时间之间（包括二者）。
@param b —指定动画属性的初始值。
@param c —指定动画属性的更改总计。

图 7.21　Laya.Ease.bounceIn 方法的参数

7.3　小结

在本章中，我们了解了序列帧动画和缓动动画的基本使用方法。序列帧动画和缓动动画是基础的动画表现形式，可以较为方便地实现动画效果。游戏中的 2D 角色，也可以使用骨骼动画来实现更好的动画效果。LayaAir 支持 Spine 骨骼动画、DragonBones 动画，相关使用方法请参考官方网站。

第 8 章　物理引擎

物理引擎是一种仿真程序，可以用来创建虚拟环境。物理引擎中蕴含了来自物理世界的规律。在这个虚拟环境中，除了物体之间的相互作用（比如碰撞），还包括施加到它们身上的力（例如重力）。物理引擎可以在仿真环境中模拟牛顿物理学定律并处理力和力之间的相互作用。在游戏开发中，物理引擎常用于碰撞检测、重力模拟、碰撞反弹模拟等。物理引擎并不是游戏开发中必须使用的。在第 3 章中，我们使用两点之间的距离计算模拟了点与点之间的碰撞检测。在本章中，我们将了解点与多边形的碰撞检测、直线与多边形的碰撞检测，然后通过多个实例了解 Box2D 物理引擎的使用。

本章主要涉及的知识点如下。

- 点与直线的位置关系。
- 点与多边形的碰撞检测。
- 直线与多边形的碰撞检测。
- 在 LayaAir 中使用 Box2D 物理引擎。
- Box2D 物理引擎的关节系统。

8.1　点与多边形的碰撞检测

多边形的碰撞检测可以分解成直线与多边形的位置关系和点与多边形的位置关系，而直线与多边形的位置关系和点与多边形的位置关系最终是通过点与直线的位置关系来判断的。如果在实际项目中，只需要判断点与直线的位置关系或直线与多边形的位置关系，就可以不使用物理引擎。

8.1.1　点与直线的位置关系

点与直线的位置关系，如图 8.1 所示，直线的斜率 $k=(y_2-y_1)/(x_2-x_1)$。

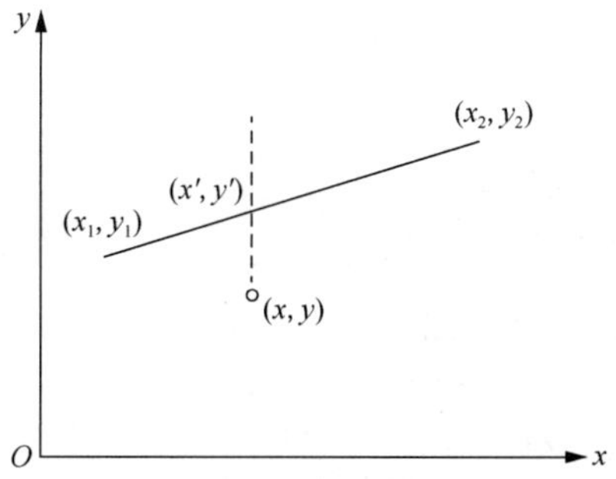

图 8.1　点与直线的位置关系

直线将平面分成了三部分，即直线上方、直线内、直线下方。

- 如果点 (x',y') 在直线上，则应满足 $(y-y_1)/(x-x_1)=k$，化简后得到 $x'=((x_2-x_1)(y'-y_1)/(y_2-y_1)+x_1)$。
- 如果点 (x,y) 在点 (x',y') 的正下方，那么，因为 $y'>y$，所以，$x<((x_2-x_1)(y-y_1)/(y_2-y_1)+x_1)$。

判断点在直线 $(x_1,y_1)(x_2,y_2)$ 下方，且在水平投影范围内的表达式如下。

```
var 1ntersect = ((y1>y)!=(y2>y))&&(x<((x2-x1)*(y-y1)/(y2-y1)+x1));
```

应用上述原理，判断如图 8.2 所示的位置关系。

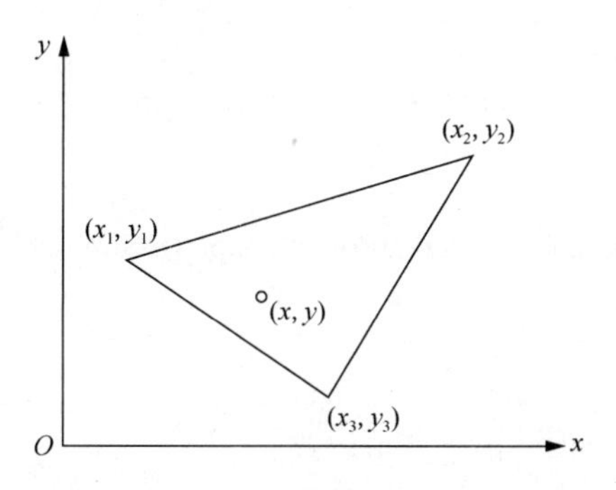

图 8.2　点与多边形的位置关系

首先，假设点 (x,y) 不在三角形内，即 var inside = false。然后，依次判断三角形各边与点的位置关系 intersect：如果点的 x 坐标在这某边的水平投影范围内，且点在这条边的下方，那么 intersect 为 true；如果 intersect 为 true，那么 inside 取反。遍历三角形的三边后，运算结果中有一次 intersect 的值为 true，所以，inside 经过一次取反得到的值为 true，据此判定点在三角形内。

将上述逻辑整理成代码，即得到判断点与多边形的关系的方法 checkIn()，示例如下。当返回值为 true 时，点在多边形内部。

```
/** 判断点是否在多边形内*/
checkIn(point, vertexs) {
    var x = point.x, y = point.y;
    var inside = false;
    for (var i = 0, j = vertexs.length - 1; i < vertexs.length; j = i++) {
        var xi = vertexs[i].x, yi = vertexs[i].y;
        var xj = vertexs[j].x, yj = vertexs[j].y;
        var intersect = ((yi > y) != (yj > y))
            && (x < ((xj - xi) * (y - yi) / (yj - yi) + xi));
        if (intersect) inside = ! inside;
    }
    return inside;
};
```

8.1.2 点与多边形的碰撞检测

让我们实际验证一下 8.1.1 节的 checkIn()方法，准备工作如下。

（1）新建一个 LayaAir 空项目。

- 项目名称：SimpleCollision。
- 项目路径：D:\layabox2x\laya2project\chapter8。
- 编程语言：JavaScript。

（2）在项目参数设置中，修改场景适配模式为 showall，设计宽度为 720 像素，设计高度为 1280 像素。

（3）新建脚本目录 D:\layabox2x\laya2project\chapter8\SimpleCollision\src\script\。

（4）创建场景 main.scene。

验证功能需求，步骤如下。

（1）在场景中监听点击事件，记录点击位置。

（2）记录前 5 个点击位置，根据点击位置创建一个五边形，每增加一条边就自动进行一次绘制。

（3）从第 6 次点击事件开始，对每次点击事件，都调用 checkIn()方法判断点与五边形的位置关系。

具体实现过程如下。

创建 script\CheckPoint.js 脚本，在编辑模式下将它设置为 main.scene 场景的 runtime 属性。CheckPoint.js 脚本的完整代码如下。

```
1  /**CheckPoint */
2  export default class CheckPoint extends Laya.Scene {
3      constructor() { super(); }
4      onEnable() {
5          var vertexs = [];
6          var checkedPoint = null;
7          Laya.stage.on(Laya.Event.CLICK, this, function (e) {
8              var point = new laya.maths.Point(e.stageX, e.stageY);
9              if (vertexs.length < 5) {
10                 if (vertexs.length > 0) {
11                     var lastPoint = vertexs[vertexs.length - 1];
12                     this.graphics.drawLine(lastPoint.x, lastPoint.y, point.x, point.y,
                           "#ffffff", 3);
13                 }
14                 vertexs.push(point);
15                 if (vertexs.length === 5) {
16                     var startPoint = vertexs[0];
17                     this.graphics.drawLine(startPoint.x, startPoint.y,
18                      point.x, point.y, "#ffffff", 3);
19                 }
20             }
21             else {
22                 var checkResut = this.checkIn(point, vertexs);
23                 this.graphics.drawCircle(point.x,point.y,null,3,'#ffffff',3);
24                 if (checkResut === true)
25                     console.log("鼠标最后点击的点 (", point.x, ',', point.y, ') 在多边形
                           内');
26                 else
27                     console.log("鼠标最后点击的点 (", point.x, ',', point.y, ') 不在多边
                           形内');
28             }
29         });
30     }
31
32     /** 判断点是否在多边形内*/
33     checkIn(point, vertexs) {
34         var x = point.x, y = point.y;
35         var inside = false;
36         for (var i = 0, j = vertexs.length - 1; i < vertexs.length; j = i++) {
```

```
37              var xi = vertexs[i].x, yi = vertexs[i].y;
38              var xj = vertexs[j].x, yj = vertexs[j].y;
39              var intersect = ((yi > y) != (yj > y))
40                  && (x < ((xj - xi) * (y - yi) / (yj - yi) + xi));
41              if (intersect) inside = !inside;
42          }
43          return inside;
44      };
45  }
```

在 onEnable()方法体中，我们定义了数组类型的 vertexs 来存储先点击的 5 个点的位置。添加对点击事件的监听处理方法，从第 2 个点开始，每增加一个点就添加一条边，在添加第 5 个点后封闭五边形，代码如下。

```
var point = new laya.maths.Point(e.stageX, e.stageY);
if (vertexs.length < 5) {
    if (vertexs.length > 0) {
        var lastPoint = vertexs[vertexs.length - 1];
        this.graphics.drawLine(lastPoint.x, lastPoint.y, point.x, point.y, "#ffffff", 3);
    }
    vertexs.push(point);
    if (vertexs.length === 5) {
         var startPoint = vertexs[0];
        this.graphics.drawLine(startPoint.x, startPoint.y, point.x, point.y, "#ffffff",
            3);
    }
  }
```

五边形创建完成后，每当点击事件发生，都会执行下面的代码，并画出点击位置，从而判断点击位置是否在五边形内，并输出对应的结果。

```
else {
    var checkResut = this.checkIn(point, vertexs);
    this.graphics.drawCircle(point.x,point.y,null,3,'#ffffff',3);
    if (checkResut === true)
        console.log("鼠标最后点击的点 (", point.x, ',', point.y, ') 在多边形内');
    else
    console.log("鼠标最后点击的点 (", point.x, ',', point.y, ') 不在多边形内');
}
```

项目调试的结果，如图 8.3 所示。五边形创建完成后，每当点击事件发生，都会在调试控制台输出点与五边形的位置判断结果。

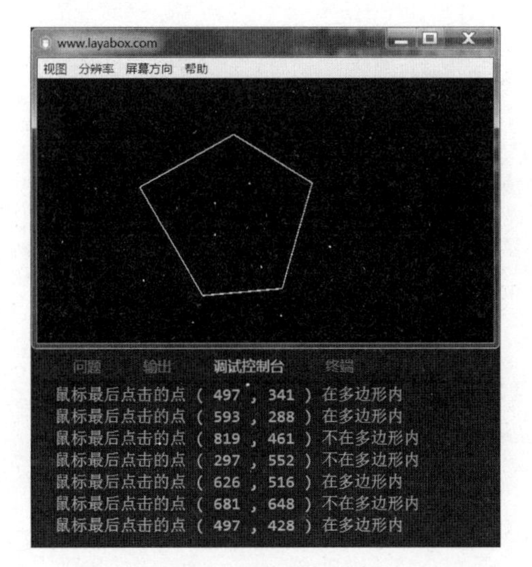

图 8.3　验证点与多边形的位置关系

8.1.3　直线与多边形的碰撞检测

直线与在同一平面内的多边形的位置关系，只可能有两种，即直线穿过多边形、直线不穿过多边形。在游戏开发中，直线与多边形的碰撞检测可用于判断目标是否被瞄准、物体之间是否有阻挡。直线是否穿过多边形的判定原理依旧是直线公式：如果一个多边形的顶点全部位于直线的同一侧，那么直线未穿过多边形；否则，直线穿过多边形。

如以下代码所示，判断直线是否穿过多边形的方法 checkCross()有 3 个输入参数 startPoint、stopPoint 和 vertexs，其中：startPoint 和 stopPoint 定义了一条直线；vertexs 是一个数组，包含多边形的所有顶点。在 checkCross()方法体中，up 和 down 用于统计多边形所有顶点分布在直线两边的数量，如果 up 和 down 都不为 0，则直线穿过多边形。如果多边形的顶点恰巧与直线相切，也认为直线与多边形发生了碰撞。

```
/**检测直线是否穿过一个多边形 */
checkCross(startPoint, stopPoint, vertexs) {
    var x_startPoint = startPoint.x;
    var y_startPoint = startPoint.y;
    var x_stopPoint = stopPoint.x;
    var y_stopPoint = stopPoint.y;

    var up = 0;
    var down = 0;
    var crossed = false;
```

```
    var k = (y_stopPoint - y_startPoint) / (x_stopPoint - x_startPoint);
    for (var i = 0; i < vertexs.length; i++) {
        var xi = vertexs[i].x, yi = vertexs[i].y;
        var y_cut = k * (xi - x_startPoint) + y_startPoint;
        //直线与多边形相切或穿过多边形
        if (y_cut == yi) {
            crossed = true;
            return crossed;
        }
        else {
            if (yi > y_cut) up++;
            else down++;
        }
    }
    if (up > 0 && down > 0) {
        crossed = true;
    }
    return crossed;
}
```

验证功能需求，步骤如下。

（1）在场景中监听点击事件，记录点击位置。

（2）记录前 5 个点击位置，根据点击位置创建一个五边形，每增加一条边就自动进行一次绘制。

（3）从第 6 次点击事件开始，每次点击后都从原点画一条经过点击位置的直线，然后调用 checkCross()方法，判断该直线与五边形的位置关系。如果直线穿过五边形或与五边形的任一顶点相切，则直线的颜色为绿色；否则，直线的颜色为黄色。

具体实现过程如下。

创建 script\CheckRaycast.js 脚本，在编辑模式下，将它设置为 main.scene 场景的 runtime 属性。CheckRaycast.js 脚本的完整代码如下。

```
1  /**CheckRaycast */
2  export default class CheckRaycast extends Laya.Scene {
3      constructor() { super(); }
4      onEnable() {
5          var conut = 0;
6          var vertexs = [];
7          var checkedPoint = null;
8          Laya.stage.on(Laya.Event.CLICK, this, function (e) {
9              var point = new laya.maths.Point(e.stageX, e.stageY);
```

```
10            if (vertexs.length < 5) {
11                if (vertexs.length > 0) {
12                    var lastPoint = vertexs[vertexs.length - 1];
13                    Laya.stage.graphics.drawLine(
14                     lastPoint.x, lastPoint.y, point.x, point.y, "#ffffff", 3);
15                }
16                vertexs.push(point);
17                if (vertexs.length === 5) {
18                    var startPoint = vertexs[0];
19                    Laya.stage.graphics.drawLine(
20                     startPoint.x, startPoint.y, point.x, point.y, "#ffffff", 3);
21                }
22            }
23            else {
24                //定义原点(0,0)
25                var origin = new laya.maths.Point(0, 0);
26                var checkResut = this.checkCross(origin, point, vertexs);
27                //如果直线穿过多边形，则直线的颜色是绿色
28                var color = "#00ff00";
29                //如果直线未穿过多边形，则直线的颜色是黄色
30                if (checkResut === false) color = "#ffff00";
31                this.graphics.clear();
32                var endX = 1500;
33                var endY = point.y * endX / point.x;
34                this.graphics.drawLine(origin.x, origin.y, endX, endY, color, 3);
35            }
36        });
37    }
38
39    /**检测直线是否穿过多边形 */
40    checkCross(startPoint, stopPoint, vertexs) {
41        var x_startPoint = startPoint.x;
42        var y_startPoint = startPoint.y;
43        var x_stopPoint = stopPoint.x;
44        var y_stopPoint = stopPoint.y;
45
46        var up = 0;
47        var down = 0;
48        var crossed = false;
49
50        var k = (y_stopPoint - y_startPoint) / (x_stopPoint - x_startPoint);
51        for (var i = 0; i < vertexs.length; i++) {
52            var xi = vertexs[i].x, yi = vertexs[i].y;
53            var y_cut = k * (xi - x_startPoint) + y_startPoint;
```

```
54            //直线与多边形相切或穿过多边形
55            if (y_cut == yi) {
56                crossed = true;
57                return crossed;
58             }
59             else {
60                if (yi > y_cut) up++;
61                else down++;
62             }
63        }
64        if (up > 0 && down > 0) {
65            crossed = true;
66        }
67        return crossed;
68    }
69 }
```

项目调试的结果，如图 8.4 所示。当直线穿过五边形时，直线的颜色为绿色。

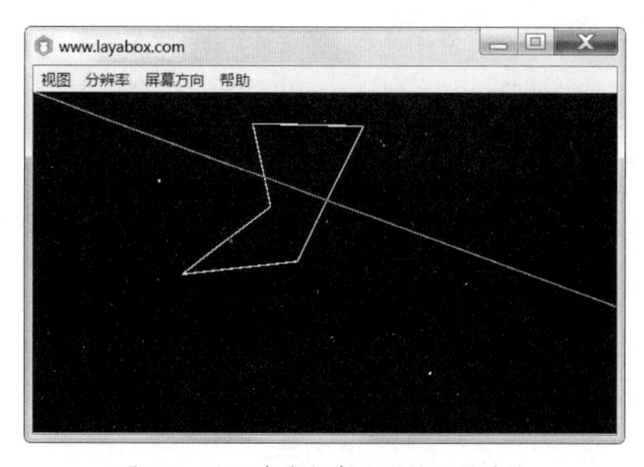

图 8.4 验证直线与多边形的位置关系

8.2 Box2D 物理引擎

Box2D 是一个操作简单、用途广泛的 2D 物理引擎，最初是由 Erin Catto 为了在 2006 年召开的 Game Developers Conference 上做物理学演示而设计的。Box2D 提供了刚体碰撞仿真，以及丰富的关节系统。使用 Box2D 开发的最知名的手机游戏是《愤怒的小鸟》。

LayaAir2 IDE 集成了 Box2D。要想在项目开发中使用 Box2D，必须在项目设置的类库设置中选中 laya.physics.js。Box2D 的碰撞检测功能，在 LayaAir2 IDE 中使用起来非常方便。在本节中，我们将通过扩展第 7 章的 Animation 工程，了解 Box2D 在 LayaAir2 IDE 中使用刚体、碰撞体及进行碰撞检测的基本方法。扩展后的场景，如图 8.5 所示，主要增加的功能如下。

- 按下【W】键，角色向上跳跃。
- 按下【S】键，角色下坠并穿过楼层。
- 按下空格键，角色射击并发射子弹。
- 子弹碰撞角色后消失。
- 被子弹击中的角色播放死亡动画并坠落消失。

图 8.5　动画播放与碰撞检测

功能扩展可以分为下列步骤。

（1）为已存在的角色预制体 actor.prefab 添加碰撞体和刚体。

（2）在场景中添加多个楼层并设置碰撞体和刚体。

（3）修改 actor.prefab 的脚本 script/ActorScript.js，添加跳跃控制。

（4）修改 actor.prefab 的脚本 script/ActorScript.js，添加下坠控制。

（5）创建子弹预制体 bullet.prefab。

（6）关联子弹预制体 bullet.prefab 和 actor.prefab 的脚本 script/ActorScript.js，添加发射子弹的功能。

（7）创建子弹预制体 bullet.prefab 的脚本 script/BulletScript.js，实现子弹的飞行。

（8）修改 script/BulletScript.js，实现子弹碰撞物体后消失的功能。

（9）修改 script/ActorScript.js，实现角色被子弹击中后播放死亡动画并下坠的功能。死亡动画播放结束，角色消失。

（10）修改场景 main.scene 的控制脚本 script/MainScript.js。场景加载后，在场景中添加 10

个角色预制体作为射击目标。

前面我们对第 7 章的 Animation 工程进行了扩展，具体实现如下。

将第 7 章的工程文件夹 D:\layabox2x\laya2project\chapter7\Animation\复制到 D:\layabox2x\laya2project\chapter8\路径下（可以删除不再使用的场景 testAnimation.scene）。在 src\Main.js 的 onConfigLoaded()方法中添加取消设置舞台背景的代码，具体如下。

```
onConfigLoaded() {
    //加载 IDE 指定的场景
    GameConfig.startScene && Laya.Scene.open(GameConfig.startScene);
    //设置舞台背景颜色
    //Laya.stage.bgColor = "#aabbcc";
}
```

然后，在 IDE 中打开项目 D:\layabox2x\laya2project\chapter8\Animation\Animation.laya，为已经存在的角色预制体 actor.prefab 添加碰撞体和刚体。

LayaAir 2.0 IDE 在编辑模式下集成了 Box2D 的组件编辑功能，可以在选定对象的属性面板中添加三类 Box2D 组件：RigidBody（刚体）、Collider（碰撞体）、Joint（关节）。添加碰撞体的方法，如图 8.6 所示，在属性面板的底部单击【添加组件】→【Physics】选项，然后在菜单中单击需要添加的组件即可。如果出现误操作，单击已添加组件名称后面的删除按钮，即可删除组件。

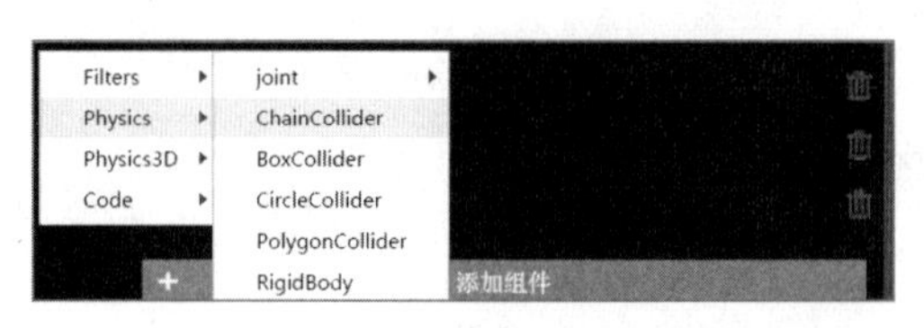

图 8.6 添加碰撞体

RigidBody（刚体）是 Box2D 的核心组件，它定义了对象的基本物理属性。要想给选定的对象添加 Box2D 的功能，就必须添加 RigidBody。Joint（关节）将在 8.3 节进行详细介绍。Collider（碰撞体）的作用是给对象添加用于碰撞检测的几何元素。在添加碰撞体时，会自动添加刚体。碰撞体共有以下 4 种类型。

- ChainCollider：线性碰撞体，定义一组连续的线段，可以用来模拟横版游戏中崎岖的地形。
- BoxCollider：矩形碰撞体，即碰撞体是矩形。矩形碰撞体是常用的碰撞体之一。
- CirclieCollider：圆形碰撞体，即碰撞体是圆形。圆形碰撞体也是常用的碰撞体之一。

- PolygonColider：多边形碰撞体，即碰撞体是多边形，可以在进行较为精确的碰撞检测时包裹物体的轮廓。

在编辑模式下，在资源管理器中打开预制体 actor.prefab，删除在第 7 章中用于标识位置的两条辅助线，然后添加 BoxCollider。碰撞体应该与所播放动画中的角色状态保持一致，包裹在角色的周围。修改 BoxCollider 的以下属性。

- x：–20。
- y：–80。
- width：40。
- height：80。
- label：actor。

修改 BoxCollider 的属性后，actor.prefab 预制体在场景编辑器中，如图 8.7 所示。碰撞体中的 label 是用于在碰撞检测中区分不同的碰撞体的，在此将 actor.prefab 预制体中 BoxCollider 的 label 属性设置为预制体的名称“actor”。

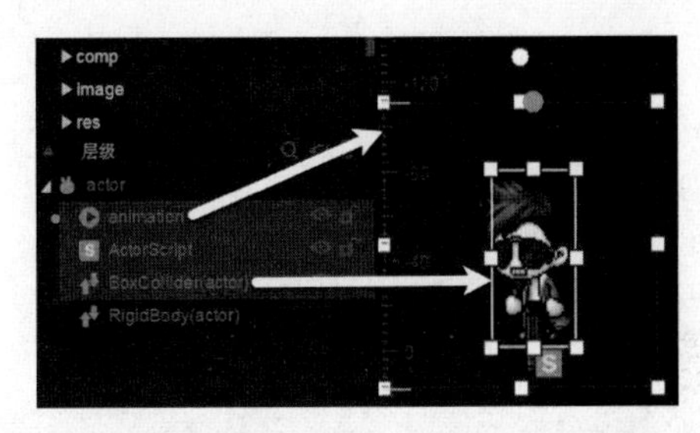

图 8.7 添加 BoxCollider 后的 actor.prefab 预制体

我们还需要修改 actor.prefab 预制体中 RigidBody 的以下 3 个属性。

- allowSleep：设置为 false，表示不允许休眠，以防止在刚体腾空时不进行计算。
- allowRotation：设置为 false，表示不允许旋转，以防止在碰撞时角色滚翻。
- group：碰撞组，将它的属性值设置为–1。

laya.physics.RigidBody 的 group 属性指定了该刚体所属的碰撞组，其属性值默认为 0，碰撞规则如下。

- 规则 1：如果两个对象的属性 group 的值相等，那么，当 group 的值大于 0 时，它们将始终发生碰撞；当 group 的值小于 0 时，它们永远不会发生碰撞；当 group 的值等于 0 时，遵循规则 3。
- 规则 2：如果 group 的值不相等，则遵循规则 3。

- 规则 3：每个刚体都有一个 category 类别，接收[1,2^{31}]区间内的位字段。每个刚体还有一个 mask 类别，用于指定与其碰撞的类别值之和（值是所有 category 按位相加）。

完成上述修改后，保存项目。

接下来，在场景中添加 4 个楼层并设置碰撞体和刚体的属性。

在编辑模式下打开 main.scene，将 sceneColor 设置为#000000，添加 4 个 Sprite，基本属性如表 8.1 所示。

表 8.1　场景 main.scene 中 4 个楼层的基本属性

类型	name	texture	x	y	width	height
Sprite	floor1	comp/clip_selectBox.png	0	200	200	20
Sprite	floor2	comp/clip_selectBox.png	300	400	600	20
Sprite	floor3	comp/clip_selectBox.png	0	600	1300	20
Sprite	floor4	comp/clip_selectBox.png	1100	300	200	20

分别为这 4 个楼层添加 BoxCollider，设置 RigidBody 的 type 属性为 static。删除场景中原有的角色 mainActor，创建一个 Sprite，将其 name 属性设置为 ground。在 ground 中添加一个 actor.prefab 预制体，设置其 name 属性为 mainActor、x 属性为 100、y 属性为 150。

修改后的 main.scene 场景，如图 8.8 所示。由于更新 actor.prefab 预制体后，场景中的 actor.prefab 实例不会同步更新，所以，需要重新添加设置。为了便于后续管理，新建 ground 作为管理预制体的图层，并将更新后的 mainActor 添加到这个图层中。

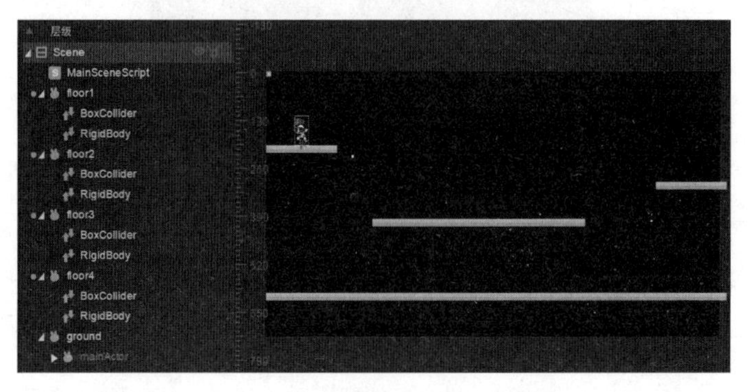

图 8.8　修改后的 main.scene 场景

由于 main.scene 的层级发生了改变，所以，script/MainScript.js 中的 mainActor 映射关系也需要进行相应的调整，代码如下。

```
onEnable() {
```

```
    var ground = this.owner.getChildByName('ground');
    var mainActor = ground.getChildByName('mainActor');
…
```

全部调整结束后，调试项目。因为各楼层所属 RigidBody 的 type 属性为 static（楼层都悬浮在空中），而 mainActor 所属 RigidBody 的 type 属性为 dynamic（在重力作用下，它会自由下落，直到 mainActor 所属的 BoxCollider 与楼层发生接触时才会停止），所以，调试项目后 mainActor 将站立在 floor1 上。按住【D】键向右移动 mainActor，当 mainActor 与 floor1 的 BoxCollider 脱离接触时，mainActor 将继续下落，最后停留在下方的楼层上。

给 actor.prefab 预制体添加 RigidBody 后，添加跳跃控制的操作就变得很简单了——使用 setVelocity()方法给 mainActor 的 RigidBody 设置一个向上的瞬间初始速度即可。受重力的影响，刚体向上的运动速度会逐渐降低，最后成为自由落体并回到原始位置。

脚本的修改如下。

在 script/ActorScript.js 的 onEnable()方法中建立与 BoxCollider 和 RigidBody 的映射关系，代码如下。

```
onEnable() {
    this.animation = this.owner.getChildByName("animation");

    this.BoxCollider = this.owner.getComponent(Laya.BoxCollider);
    this.RigidBody = this.owner.getComponent(Laya.RigidBody);

…
}
```

在 script/ActorScript.js 中添加一个 up()方法，代码如下。

```
up() {
    this.RigidBody.setVelocity({ x: 0, y: -10 });
}
```

在 script/MainScript.js 监听键盘响应事件的方法中，添加对按下【W】键的响应，并关联 script/ActorScript.js 中的 up()方法，代码如下。

```
Laya.stage.on(Laya.Event.KEY_DOWN,this,function(e){
     switch(e.keyCode){
          …
        case laya.events.Keyboard.W:{
            mainActorScript.up();
```

```
            }break;
              …
        }
    });
```

完成上述修改后，调试项目。按下【W】键，mainActor 会向上跳起，到达最高点后落下。

注意： setVelocity 中的参数是一个包含 x、y 两个属性的对象。

然而，这样的控制存在以下两个问题。

- 如果长按【W】键，mainActor 的 RigidBody 就会被添加向上的速度，即越跳越高，因此，需要在 RigidBody 被添加向上速度后的一段时间内屏蔽 mainActor 对长按【W】键的响应。
- 如果上方有楼层阻挡，那么 mainActor 无法跳上楼层。

我们首先实现在 mainActor 起跳后一段时间内屏蔽对长按【W】键的响应。修改操作在 script/MainScript.js 中，包括以下两步。

在 onEnable()方法中添加一个表示跳跃的标识 this.isJumping = false，代码如下。

```
onEnable() {
    …
    this.isJumping = false;
    this.shotOver = true;
    this.isMoving = false;
    this.faceLeft = true;     //默认角色面向右
    this.speed = 0.08;        //每秒移动 80 像素
    this.stand();
      …
}
```

修改 up()方法，在角色起跳后将 this.isJumping 的值设置为 true，延时 500 毫秒后再将其设置为 false。如果 this.isJumping 的值为 true，则 up()方法直接返回，不进行任何操作。相关代码如下。

```
up() {
    if (this.isJumping === true) return;
    this.isJumping = true;
    this.RigidBody.setVelocity({ x: 0, y: -10 });
    Laya.timer.once(500, this, function () {
        this.isJumping = false;
    });
}
```

接下来要做的是让向上跳跃可以穿过楼层。要想实现这个功能，需要修改碰撞体的 isSensor 属性。在默认情况下，isSensor 属性的值是 false，碰撞体会相互发生碰撞。当 isSensor 的值为 true 时，碰撞体仅触发碰撞事件但不会触发碰撞动作。利用 isSensor 属性的特性，当 mainActor 向上运动时，将 isSensor 的值设置为 true，就可以穿越楼层了。再次修改 up()方法，在其中添加对 isSensor 的控制，起跳后就可以穿越楼层下，代码如下。

```
up() {
    if (this.isJumping === true) return;
    this.isJumping = true;
    this.BoxCollider.isSensor = true;
    this.RigidBody.setVelocity({ x: 0, y: -10 });
    Laya.timer.once(500, this, function () {
        this.BoxCollider.isSensor = false;
        this.isJumping = false;
    });
}
```

修改 actor.prefab 的脚本 script/ActorScript.js，添加下坠控制。下坠控制的原理也是设置碰撞体的 isSensor 属性，具体修改如下。

在 script/ActorScript.js 中添加 down()方法。在调用 down()方法时，先将 BoxCollider 的 isSensor 属性的值设置为 true，楼层将因此取消对 mainActor 的支撑。延时 500 毫秒后，isSensor 的值将被重置为 false，当 mainActor 接触下方楼层的上表面时，碰撞恢复，mainActor 将停留在楼层的上表面。相关代码如下。

```
down() {
    this.BoxCollider.isSensor = true;
    Laya.timer.once(500, this, function () { this.BoxCollider.isSensor = false; });
}
```

在 script/MainScript.js 脚本监听键盘响应事件的方法中，添加对按下【S】键的响应，关联 script/ActorScript.js 中的 down ()方法，代码如下。

```
Laya.stage.on(Laya.Event.KEY_DOWN,this,function(e){
     switch(e.keyCode){
          …
          case laya.events.Keyboard.S:{
              mainActorScript.down();
          }break;
          …
```

```
    }
});
```

完成上述修改后，调试项目，按下【S】键，mainActor 会向下穿越楼层并继续下落。

下面，我们来创建子弹预制体 bullet. Prefab。首先，将子弹预制体的图像素材 bullet.png 复制到路径 D:\layabox2x\laya2project\chapter8\Animation\laya\assets\image\下。然后，将 IDE 切换到编辑模式，打开场景 main.scene，创建一个 Sprite，将其保存为 bullet.prefab。取消保存场景，进行后续操作。最后，打开 bullet.prefab 并进行编辑。

因为要向左右两边发射子弹，所以，要创建一个 Sprite 类型的子节点 photo 来显示子弹的图像，并偏移 photo 的 x 坐标，使 photo 在水平翻转时看起来像沿着父节点的 y 轴镜像移动。在给子弹添加 BoxCollider 时，为了避免子弹相互碰撞，应将 isSensor 属性的值设置为 true。由于我们只希望子弹水平运动，所以，RigidBody 的 type 属性值应设置为 kinematic。

详细的 bullet.prefab 参数设置，如表 8.2 所示。完成设置后的 bullet.prefab，如图 8.9 所示。

表 8.2　bullet.prefab 子节点的属性设置

类型	Sprite
name	photo
texture	image/bullet.png
pivotX	12
x	0
类型	BoxCollider
x	–12
y	0
width	24
height	16
isSensor	true
label	bullet
类型	RigidBody
type	kinematic
bullet	true
group	–2

图 8.9 完成设置后的 bullet.prefab

关联子弹预制体和 actor.prefab 的脚本 script/ActorScript.js，添加发射子弹的功能。在脚本中关联预制体，有以下两种方式。

- 直接在脚本中使用 Laya.loader.load()方法加载。
- 给脚本添加关联属性代码“/** @prop{…}*/”，然后在编辑模式下手动设置需要关联的预制体。

推荐使用第二种方式关联预制体，以降低代码的耦合性。

script/ActorScript.js 脚本的具体修改如下。

首先，在 ActorScript 类的顶部添加关联子弹预制体的属性代码“/** @prop{…}*/”，具体如下。

```
export default class ActorScript extends Laya.Script {
  /** @prop {name:bullet,tips:"子弹预制体对象",type:Prefab}*/

constructor() { super(); }
…
```

然后，修改 shot()方法中的帧标签事件响应。shot()方法将调用射击动作的动画模板，给射击动作的第 1 帧添加“SHOTOVER”标签，当射击动画播放到这一帧时，创建子弹实例，并将子弹实例添加到 this.owner.parent（即 main.scene 场景的 ground 节点）上，代码如下。

```
//添加一个帧标签监听事件
this.animation.once(Laya.Event.LABEL, this, function (e) {
    console.log('Label ', e);
    console.log('this.animation.index ', this.animation.index);
    console.log('子弹已经发射');
    var bullet = Laya.Pool.getItemByCreateFun("bullet", this.bullet.create, this.bullet);
    bullet.y = this.owner.y - 45;
    if (this.faceLeft === true) {
        bullet.x = this.owner.x - 55;
    }
    else {
        bullet.x = this.owner.x + 55;
```

```
    }
    this.owner.parent.addChild(bullet);
});
```

完成上述代码修改后，将 IDE 切换到编辑模式，打开预制体 actor.prefab，这时，可以在脚本 ActorScript 的属性面板中看到 bullet 属性。将子弹预制体 bullet.prefab 从资源管理器面板拖拽到 bullet 属性输入框中并保存，即可完成子弹预制体与角色控制脚本的关联，如图 8.10 所示。

图 8.10　关联子弹预制体与角色

调试项目，按下空格键发射子弹的效果，如图 8.11 所示，子弹被加载并显示在场景中。然而，当角色面向右时，子弹的方向不对，且子弹没有移动。下面，我们给子弹添加脚本来修复这两个问题。

图 8.11　发射子弹

创建子弹预制体 bullet.prefab 的脚本 script/BulletScript.js，实现子弹的飞行功能。

子弹控制脚本 script/BulletScript.js 的代码如下。首先，在 onEnable()方法中获取图像节点的映射 this.photo 和 RigidBody 的映射 this.RigidBody。onFire()方法用于在发射子弹时确定子弹的朝向和飞行速度。onUpdate()方法在每帧更新时执行，当子弹飞出屏幕后会被移除。在子弹被移除后调用 onDisable()方法，子弹将被对象池回收。

```
/**BulletScript */
export default class BulletScript extends Laya.Script {
    constructor() { super(); }
    onEnable() {
```

```
        this.photo = this.owner.getChildByName('photo');
        this.RigidBody = this.owner.getComponent(Laya.RigidBody);
    }

    onUpdate() {
        //如果子弹超出屏幕，则移除子弹
        if (this.owner.x < -100 || this.owner.x >1400) {
            this.owner.removeSelf();
        }
    }

    onDisable() {
        //子弹被移除时，回收子弹到对象池，以便复用，从而减少创建对象的开销
        Laya.Pool.recover("bullet", this.owner);
    }

    /**发射方向 */
    onFire(faceLeft) {
        this.faceLeft = faceLeft;
        if (this.faceLeft === true) {
            this.photo.scaleX = 1;
            this.RigidBody.setVelocity({ x: -20, y: 0 });
        }
        else {
            this.photo.scaleX = -1;
            this.RigidBody.setVelocity({ x: 20, y: 0 });
        }
    }
}
```

将 script/BulletScript.js 作为 bullet.prefab 的脚本绑定后，就可以在角色预制体 actor.prefab 的脚本 ActorScript.js 中控制子弹发射后的朝向和飞行速度了。在 script/ActorScript.js 的 shot()方法中修改标签事件的处理方法，在方法的最后添加脚本 script/BulletScript.js 的映射，就可以调用它的 onFire()方法控制子弹的飞行了。相关代码如下。

```
//在头部添加 BulletScript 的声明
import BulletScript from "./BulletScript";
        …
this.animation.once(Laya.Event.LABEL, this, function (e) {
        …
    this.owner.parent.addChild(bullet);
    var bulletScript = bullet.getComponent(BulletScript);
```

```
    bulletScript.onFire(this.faceLeft);
});
```

修改 script/BulletScript.js 脚本，实现子弹碰撞物体后消失的功能。添加的碰撞体都可以使用 Box2D 提供的碰撞检测方法进行检测。LayaAir 2.0 将它们封装在 laya.components.Component 类中，共有 3 种碰撞检测的方法。

- onTriggerEnter(other:*, self:*, contact:*)：开始碰撞时执行。
- onTriggerExit(other:*, self:*, contact:*)：结束碰撞时执行。
- onTriggerStay(other:*, self:*, contact:*)：持续碰撞时执行。

这 3 种方法都是虚方法，在继承 Laya.Script 创建的脚本类中，都可以通过直接覆盖方法体使用。碰撞检测的 3 种方法，分别对应于两个碰撞体开始碰撞、持续接触、结束碰撞并分离的 3 个阶段，它们被触发时都会传入 3 组数据，依次是碰撞对象、自身、碰撞点的相关数据。

在此处，我们期望的仅仅是当子弹碰撞任何物体后子弹消失，因此，onTriggerEnter()方法是最合适的。在 script/BulletScript.js 脚本中添加此方法，即可实现子弹碰撞物体后消失的功能，代码如下。

```
onTriggerEnter(other, self, contact) {
    //如果被碰撞，则移除子弹
    this.owner.removeSelf();
}
```

修改 script/ActorScript.js 脚本，实现当角色被子弹击中后播放死亡动画并下坠的功能。

现在，我们已经实现了角色死亡动画的播放，代码如下。

```
die() {
    this.animation.play(0, false, "die");
    this.animation.on(Laya.Event.COMPLETE, this, function () {
        console.log('ok, good bye!');
        this.owner.removeSelf();
    });
}
```

接下来要做的是给 script/ActorScript.js 脚本添加 onTriggerEnter()来调用 die()方法。与子弹的 onTriggerEnter()方法略有不同的是，角色会接触多个可能发生碰撞的对象，为了判断碰撞的对象类型，需要核对碰撞体的 label 属性。因为我们给子弹的碰撞体添加的 label 是“bullet”，所以，只有当被接触的碰撞体的 label 是“bullet”时，角色脚本才会播放死亡动画，代码如下。

```
    onTriggerEnter(other, self, contact) {
        if (other.label === "bullet") {
            this.die();
            this.BoxCollider.isSensor = true;
        }
    }
```

为了有更丰富的动作表现，当碰撞体的 label 为“bullet”时，还可以将 actor.prefab 预制体中 BoxCollider 的 isSensor 属性值修改为 true，这样，楼层就不会再支撑角色了，角色将一边播放死亡动画一边下坠。

下面，我们修改场景 main.scene 的控制脚本 script/MainScript.js，场景加载后，在场景中添加 10 个角色预制体。

修改 script/MainScript.js 脚本，添加射击目标。首先，在 MainScript 类的顶部添加关联角色预制体的属性代码。然后，在 onEnable()方法的最后添加循环体，创建 10 个预制体实例。最后，在编辑模式下刷新场景 main.scene 的脚本 MainScript.js，设置它的 actor 属性为角色预制体。完成修改后的 script/MainScript.js 脚本，代码如下。

```
1  /**MainScript */
2  import ActorScript from "./ActorScript";
3  export default class MainSceneScript extends Laya.Script {
4      /** @prop {name:actor,tips:"actor 预制体对象",type:Prefab}*/
5      constructor() { super(); }
6      onEnable() {
7          var ground = this.owner.getChildByName('ground');
8          var mainActor = ground.getChildByName('mainActor');
9          var mainActorScript = mainActor.getComponent(ActorScript);
10
11          Laya.stage.on(Laya.Event.KEY_DOWN,this,function(e){
12              switch(e.keyCode){
13                  case laya.events.Keyboard.A:{
14                      mainActorScript.moveLeft();
15                  }break;
16                  case laya.events.Keyboard.S:{
17                      mainActorScript.down();
18                  }break;
19                  case laya.events.Keyboard.D:{
20                      mainActorScript.moveRight();
21                  }break;
22                  case laya.events.Keyboard.W:{
23                      mainActorScript.up();
```

```
24                  }break;
25                  case laya.events.Keyboard.SPACE:{
26                      mainActorScript.shot();
27                  }break;
28              }
29          });
30          Laya.stage.on(Laya.Event.KEY_UP,this,function(e){
31              switch(e.keyCode){
32                  case laya.events.Keyboard.A:{
33                      mainActorScript.stand();
34                  }break;
35                  case laya.events.Keyboard.D:{
36                      mainActorScript.stand();
37                  }break;
38              }
39          });
40
41          for(var i=0;i<10;i++){
42              var actor = Laya.Pool.getItemByCreateFun("actor",
43                  this.actor.create, this.actor);
44              actor.x = 400+i*100;
45              actor.y = 200;
46              ground.addChild(actor);
47          }
48      }
49  }
```

完成修改后的 script/BulletScript.js 脚本，代码如下。

```
1  /**BulletScript */
2  export default class BulletScript extends Laya.Script {
3      constructor() { super(); }
4      onEnable() {
5          this.photo = this.owner.getChildByName('photo');
6          this.RigidBody = this.owner.getComponent(Laya.RigidBody);
7      }
8
9      onUpdate() {
10         //如果子弹超出屏幕，则移除子弹
11         if (this.owner.x < -100 || this.owner.x >1400) {
12             this.owner.removeSelf();
13         }
14      }
15
```

```
16      onDisable() {
17          //子弹被移除时，回收子弹到对象池，以便复用，从而减少创建对象的开销
18          Laya.Pool.recover("bullet", this.owner);
19      }
20
21      onTriggerEnter(other, self, contact) {
22          //如果被碰撞，则移除子弹
23          this.owner.removeSelf();
24      }
25
26      /**发射方向 */
27      onFire(faceLeft) {
28          this.faceLeft = faceLeft;
29          if (this.faceLeft === true) {
30              this.photo.scaleX = 1;
31              this.RigidBody.setVelocity({ x: -20, y: 0 });
32          }
33          else {
34              this.photo.scaleX = -1;
35              this.RigidBody.setVelocity({ x: 20, y: 0 });
36          }
37      }
38  }
```

完成修改后的 script/ActorScript.js 脚本，代码如下。

```
1  /**ActorScript*/
2  import BulletScript from "./BulletScript";
3  export default class ActorScript extends Laya.Script {
4      /** @prop {name:bullet,tips:"子弹预制体对象",type:Prefab}*/
5
6      constructor() { super(); }
7      onEnable() {
8          this.animation = this.owner.getChildByName("animation");
9
10          this.BoxCollider = this.owner.getComponent(Laya.BoxCollider);
11          this.RigidBody = this.owner.getComponent(Laya.RigidBody);
12
13          this.isJumping = false;
14          this.shotOver = true;
15          this.isMoving = false;
16          this.faceLeft = true;     //默认角色面向左
17          this.speed = 0.08;        //每秒移动 80 像素
18          this.stand();
```

```
19
20          Laya.timer.frameLoop(1, this, function () {
21              if (this.isMoving === true && this.shotOver === true) {
22                  var one = 1;
23                  //向左移动，减少 x 坐标的值
24                  if (this.faceLeft === true) one = -1;
25                  this.owner.x += one * this.speed * Laya.timer.delta;
26              }
27          })
28      }
29
30      onTriggerEnter(other, self, contact) {
31          if (other.label === "bullet") {
32              this.die();
33              this.BoxCollider.isSensor = true;
34          }
35      }
36
37      up() {
38          if (this.isJumping === true) return;
39          this.isJumping = true;
40          this.BoxCollider.isSensor = true;
41          this.RigidBody.setVelocity({ x: 0, y: -10 });
42          Laya.timer.once(500, this, function () {
43              this.BoxCollider.isSensor = false;
44              this.isJumping = false;
45          });
46      }
47
48      down() {
49          this.BoxCollider.isSensor = true;
50          Laya.timer.once(500, this, function () { this.BoxCollider.isSensor = false; });
51      }
52
53      moveLeft() {
54          if (this.isMoving === true) return;
55          this.faceLeft = true;
56          this.isMoving = true;
57          this.animation.scaleX = 1;
58          this.animation.play(0, true, "walk");
59      }
60
61      moveRight() {
62          if (this.isMoving === true) return;
```

```
63          this.faceLeft = false;
64          this.isMoving = true;
65          this.animation.scaleX = -1;
66          this.animation.play(0, true, "walk");
67      }
68
69      walk() {
70          this.animation.play(0, true, "walk");
71  }
72
73      stand() {
74          var starFrame = parseInt(Math.random() * 4);
75          this.animation.play(starFrame, true, "stand");
76          this.isMoving = false;
77      }
78
79      shot() {
80          if (this.shotOver === false) return;
81          this.shotOver = false;
82          this.animation.play(0, false, "shot");
83          Laya.timer.once(500, this, function () { this.shotOver = true; });
84
85          //添加一个帧标签监听事件
86          this.animation.once(Laya.Event.LABEL, this, function (e) {
87              console.log('Label ', e);
88              console.log('this.animation.index ', this.animation.index);
89              console.log('子弹已经发射');
90              var bullet = Laya.Pool.getItemByCreateFun("bullet",
91                 this.bullet.create, this.bullet);
92              bullet.y = this.owner.y - 45;
93              if (this.faceLeft === true) {
94                  bullet.x = this.owner.x - 55;
95              }
96              else {
97                  bullet.x = this.owner.x + 55;
98              }
99              this.owner.parent.addChild(bullet);
100              var bulletScript = bullet.getComponent(BulletScript);
101              bulletScript.onFire(this.faceLeft);
102          });
103          //添加事件监听器，在监听事件响应一次后自动移除监听
104          this.animation.once(Laya.Event.COMPLETE, this, function () {
105              console.log('this.animation.index ', this.animation.index);
106              if (this.isMoving === true) this.animation.play(0, true, "walk");
```

```
107             else this.animation.play(0, true, "stand");
108         });
109     }
110 
111     die() {
112         this.animation.play(0, false, "die");
113         this.animation.on(Laya.Event.COMPLETE, this, function () {
114             console.log('ok, good bye!');
115             this.owner.removeSelf();
116         });
117     }
118 
119     onDisable() {
120         Laya.Pool.recover("actor", this.owner);
121     }
122 }
```

8.3 Box2D 物理引擎的关节系统

Box2D 物理引擎的关节系统，可以用来模拟复杂的机械运动。laya.physics.joint.JointBase 是这些关节的基类，集成了 Box2D 的 LayaAir 2 共有 10 种不同类型的关节，列举如下。其中，有 5 种需要与碰撞体配合才能使用。

- laya.physics.joint.DistanceJoint：距离关节。
- laya.physics.joint.GearJoint：齿轮关节（需要与碰撞体配合使用）。
- laya.physics.joint.MotorJoint：马达关节（需要与碰撞体配合使用）。
- laya.physics.joint.MouseJoint：鼠标关节。
- laya.physics.joint.PrismaticJoint：平移关节。
- laya.physics.joint.PulleyJoint：滑轮关节。
- laya.physics.joint.RevoluteJoint：旋转关节（需要与碰撞体配合使用）。
- laya.physics.joint.RopeJoint：绳索关节。
- laya.physics.joint.WeldJoint：焊接关节（需要与碰撞体配合使用）。
- laya.physics.joint.WheelJoint：车轮关节（需要与碰撞体配合使用）。

接下来，我们将用 9 个单独的案例分别展示这些关节的使用方法。准备工作如下。

（1）新建一个 LayaAir 空项目。

- 项目名称：Joint。
- 项目路径：D:\layabox2x\laya2project\chapter8。
- 编程语言：JavaScript。

（2）在项目设置中，完成下列修改。

- 场景适配模式：showall。
- 设计宽度：720 像素。
- 设计高度：1280 像素。
- 勾选【显示物理辅助线】选项。

（3）将包含美术素材的文件夹 img 添加到路径 D:\layzabox2x\laya2project\chapter8\Joint\laya\assets\下。

（4）新建脚本目录 D:\layabox2x\laya2project\chapter8\Joint\src\script\。

8.3.1　距离关节和鼠标关节

距离关节（DistanceJoint）可以保持两个刚体之间的距离不变，鼠标关节（MouseJoint）可以拖动刚体移动。利用这两个关节的特性，我们可以创建一个如图 8.12 所示的单摆。在摆锤处按住左键，可以拖动摆锤；松开左键，摆锤将左右摇摆。

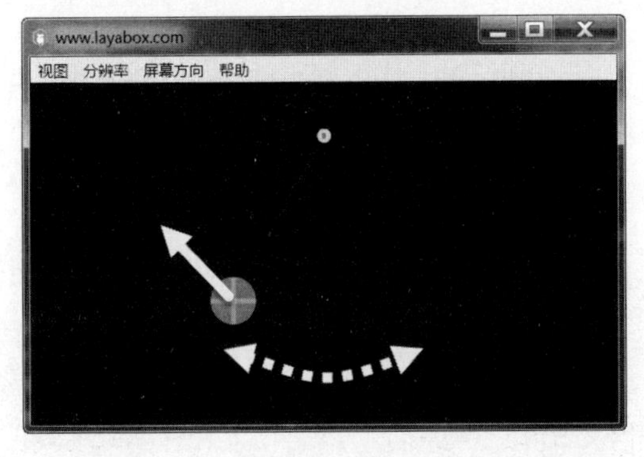

图 8.12　单摆

具体实现步骤如下。

新建场景 pendulum.scene。将 img 目录下的 c2.png 和 c1.png 拖入场景，并参照表 8.3 设置它们的基本参数。设置完成后的场景，如图 8.13 所示。

表 8.3　单摆元素的基本参数

name	texture	x	y
hook	img/c2.png	625	100
ball1	img/c1.png	590	500

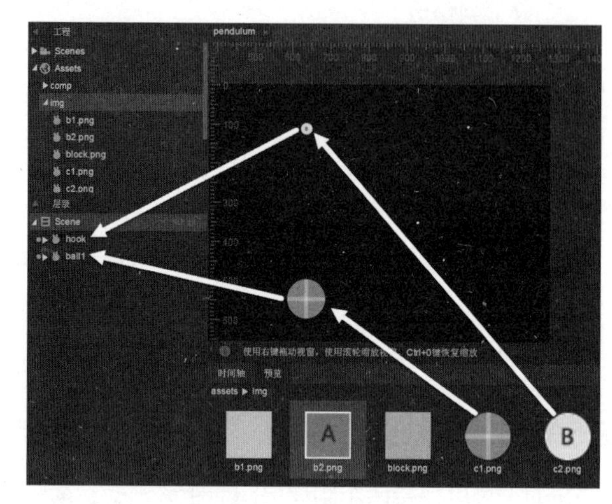

图 8.13　添加元素

给 ball1 添加鼠标关节，设置 anchor 属性为“50,50”。anchor 是关节的控制点，是相对于自身刚体左上角的位置偏移。

给 hock 添加距离关节，然后将 ball1 拖动到它的 otherBody 属性上，设置 otherAnchor 属性为“50,50”，selfAnchor 属性为“15,15”。设置 hock 包含的 RidigBody 的 type 属性为 static，确保挂钩位置固定。完成设置后的场景，如图 8.14 所示。

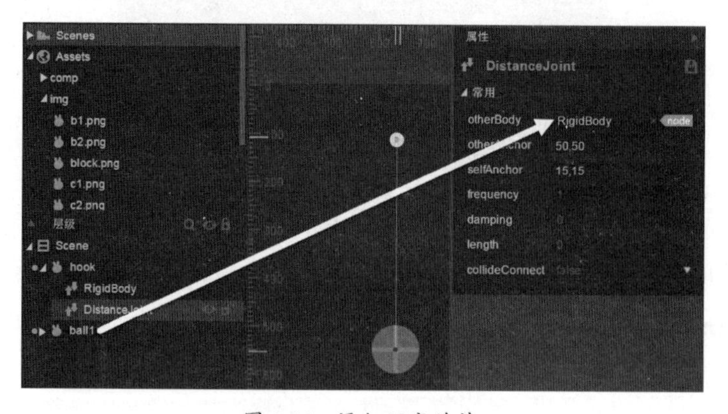

图 8.14　添加距离关节

注意：DistanceJoint 只有在选中状态下，才会在场景编辑器中显示连接线。

调试项目，我们期望的功能已经实现：在摆锤处按住左键，可以拖动摆锤；松开左键后，摆锤左右摇摆。然而，摆锤（ball1）和挂钩（hook）之间显示的是物理辅助线，如果将项目设置为不显示物理辅助线，那么摆锤和挂钩之间是没有任何元素被显示出来的，场景会很突兀。所以，需要在摆锤和挂钩之间添加连接线。但由于摆锤的位置是不断变化的，所以，需要不断刷新连接线的位置，这就需要用代码来控制。

创建脚本 script/PendulumScene.js，将它添加为场景的 runtime 属性，代码如下。

```
/**PendulumScene */
export default class PendulumScene extends Laya.Scene {
    constructor() { super(); }
    onEnable() {
        var hook = this.getChildByName("hook");
        var ball1 = this.getChildByName("ball1");
        Laya.timer.frameLoop(1, this, function () {
            this.graphics.clear();
            this.graphics.drawLine(hook.x + 15, hook.y + 15, ball1.x + 50, ball1.y + 50,
                '#0000ff', 10);
        });
    }
}
```

在上面的代码中，每一帧都会执行 graphics.clear()方法来清理场景中的连接线，然后调用 graphics.drawLine()方法绘制新的连接线。由于视觉残留原理，我们不会感觉到连接线是每次刷新都重新绘制的，显示效果可以满足需要。

8.3.2　绳索关节

绳索关节（RopeJoint）也可以实现单摆功能。绳索关节与距离关节的区别在于，绳索关节设置的是两个刚体之间的最大距离而非固定距离。绳索关节比距离关节多了一个 maxLength 属性来设置两个刚体之间的最大距离。

在资源管理器中右键单击场景 pendulum.scene，在弹出的快捷菜单中选择【clone】选项，将 pendulum1.scene 重命名为 rope.scene。打开 rope.scene，删除 hook 的 DistanceJoint 关节，然后添加 RopeJoint。将 ball1 拖动到 RopeJoint 的 otherBody 属性上，设置 otherAnchor 属性为“50,50”、selfAnchor 属性为“15,15”、maxLength 属性为 400。

修改完成后，rope.scene 的调试结果如图 8.15 所示。在摆锤上按住左键，可以拖着摆锤向挂钩方向移动，缩短挂钩和摆锤之间的距离。松开左键后，摆锤将会下坠，然后开始摆动。

图 8.15　绳索关节

8.3.3　焊接关节

焊接关节（WeldJoint）可以将两个刚体连接在一起，以限制它们的相对运动。利用焊接关节可以制作如图 8.16 所示的链条：左端固定，拖动右端可以带动链条的其他部分移动。

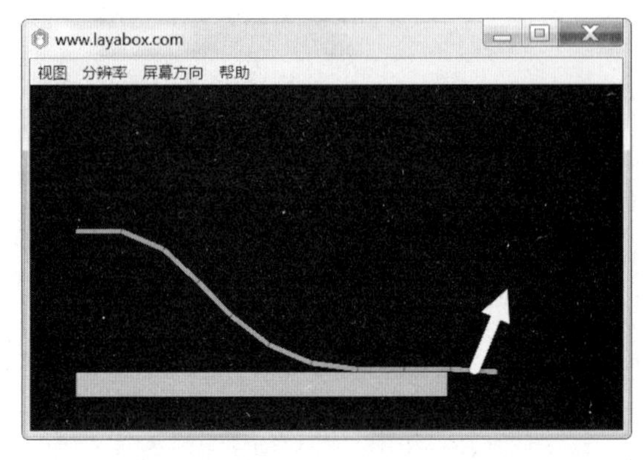

图 8.16　链条

新建场景 chain.scene。将 img 目录下的 block.png 拖入场景，设置属性 name 为 chain1、width 为 100、height 为 10，然后添加 BoxCollider、WeldJoint。复制 9 个 chain1，参考表 8.4 修改它们的参数。

表 8.4　链条各元素的参数

基本属性			RigidBody	WeldJoint	
name	x	y	type	ohterBody	anchor
chain1	100	300	static	chain2 的 RigidBody	100,5
chain2	100	300	dynamic	chain3 的 RigidBody	100,5
chain3	100	300	dynamic	chain4 的 RigidBody	100,5
chain4	100	300	dynamic	chain5 的 RigidBody	100,5
chain5	100	300	dynamic	chain6 的 RigidBody	100,5
chain6	100	300	dynamic	chain7 的 RigidBody	100,5
chain7	100	300	dynamic	chain8 的 RigidBody	100,5
chain8	100	300	dynamic	chain9 的 RigidBody	100,5
chain9	100	300	dynamic	chain10 的 RigidBody	100,5
chain10	100	300	dynamic	—	—

给 chain10 添加鼠标关节，设置 anchor 属性为“50,5”。将 img 目录下的 b1.png 拖入场景，设置属性 name 为 floor、x 为 100、y 为 600、width 为 800、height 为 50，添加 BoxCollider，设置 RigidBody 的属性 type 为 dynamic。

完成上述设置的 chain.scene 场景，在场景编辑器中，如图 8.17 所示。调试项目，因为重力作用，链条会下坠，floor 接住了下坠后的部分链条。拖动链条右端，可以在场景中舞动链条。

图 8.17　编辑后的 chain 场景

8.3.4　滑轮关节

滑轮关节（PulleyJoint）将两个刚体连接在一起，受重力影响，当一个刚体上升时，另一个刚体会下降。

如图 8.18 所示，是一个最简单的滑轮，具体实现如下。

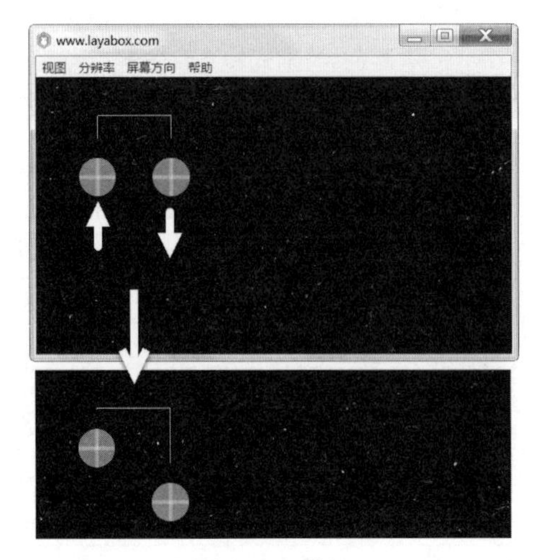

图 8.18 滑轮

（1）新建场景 pulley.scene。

（2）将 img 目录下的 c1.png 拖入场景，设置属性 name 为 ball1、x 为 116、y 为 210。添加鼠标关节用于在调试时拖拽，设置属性 anchor 为“50,50”。

（3）在场景中复制 ball1，设置属性 name 为 ball2、x 为 316、y 为 210。

（4）给 ball1 添加滑轮关节，设置 PulleyJoin 的属性，具体如下。

- otherBody：ball2 的 RigidBody。
- otherAnchor：50,–50。
- othorGoundPoint：50,–110。
- selfAnchor：50,–50。
- selfGoundPoint：50,–110。

设置好的滑轮关节，如图 8.19 所示。

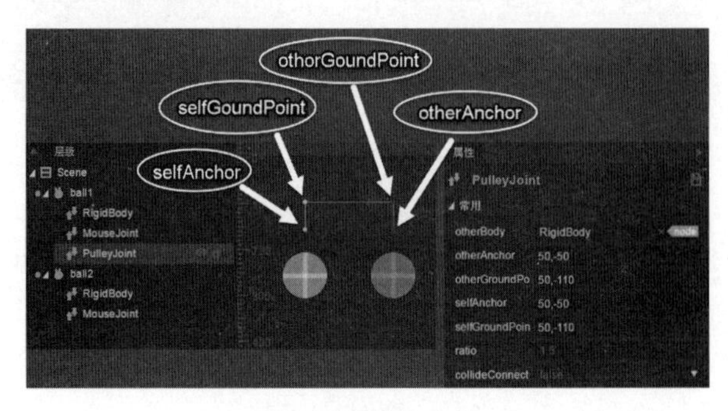

图 8.19 滑轮关节

轮滑关节有以下 4 个节点。

- selfGroundPoint 是挂载滑轮关节的刚体向上移动的极限位置。
- selfAnchor 是滑轮关节自身的刚体连接点。
- otherGroundPoint 是滑轮关节连接刚体的向上移动的极限位置。
- otherAnchor 是滑轮关节连接刚体的连接点。

轮滑关节的 ratio 属性是滑轮的传动比率，默认值是 1.5。因此，在调试场景 pulley.scene 时，ball2 会下降，ball1 会上升。如果将 ratio 属性的值修改为 1，或者将 ball1 的刚体 RigidBody 的重力缩放系数 gravityScale 修改为 1.5，那么滑轮的两端会保持静止。

注意：滑轮关节只有在选中状态下，才会在场景编辑器中显示连接线。在不设置显示物理辅助线调试或运行场景时，不会显示滑轮关节。

8.3.5　车轮关节

车轮关节（WheelJoint）可以在 2D 横版游戏中作为车轮使用。如图 8.20 所示，两个车轮关节与一个长方体组成了一辆可以靠车轮关节自身动力移动的小车。

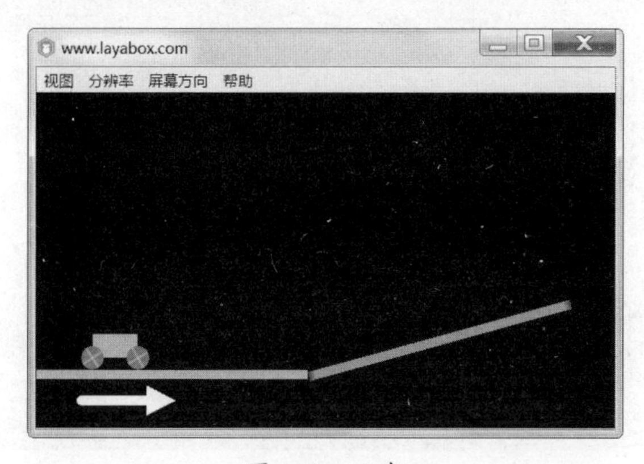

图 8.20　小车

新建场景 car.scene。将 img 目录下的 b1.png 拖入场景，作为小车的主体，设置属性 name 为 car、x 为 50、y 为 500、width 为 100、height 为 50。给小车 car 添加 BoxCollider 及鼠标关节，设置属性 anchor 为“50,25”。

在层级面板中选中 car，将 img 目录下的 c1.png 拖入场景，作为后轮，设置其属性 name 为 wheel1、x 为–25、y 为 25、width 为 50、height 为 50。同理，在层级面板中选中 car，将 img 目录下的 c1.png 拖入场景，作为前轮，设置其属性 name 为 wheel2、x 为 75、y 为 25、width

为 50、height 为 50。

分别给后轮 wheel1 和前轮 wheel2 添加 CircleCollider。然后，分别给后轮 wheel1 和前轮 wheel2 添加车轮关节，设置属性 otherBody 为 car 的 RigidBody、anchor 为“25,25”。

由于前轮是主动轮，因此，设置属性 enableMotor 为 true、motorSpeed 为 30。当 motorSpeed 的值大于 0 时，车轮将顺时针旋转；反之，车轮将逆时针旋转。

至此，小车的设置完成了，接下来是创建路面。

将 img 目录下的 b1.png 拖入场景，作为路面 floor1，设置其属性 name 为 floor1、x 为 0、y 为 595、width 为 600、height 为 20。给 floor1 添加 BoxCollider，设置 RigidBody 的属性 type 为 static。将 img 目录下的 block.png 拖入场景，作为路面 floor2，设置其属性 name 为 floor2、x 为 600、y 为 600、width 为 600、height 为 20、rotation 为–15。给 floor2 添加 BoxCollider，设置 RigidBody 的属性 type 为 static。

编辑后的 car 场景，如图 8.21 所示，其中需要注意的是：要给 car 添加碰撞体，否则，在斜坡上车身不会倾斜，车的后轮无法着地。

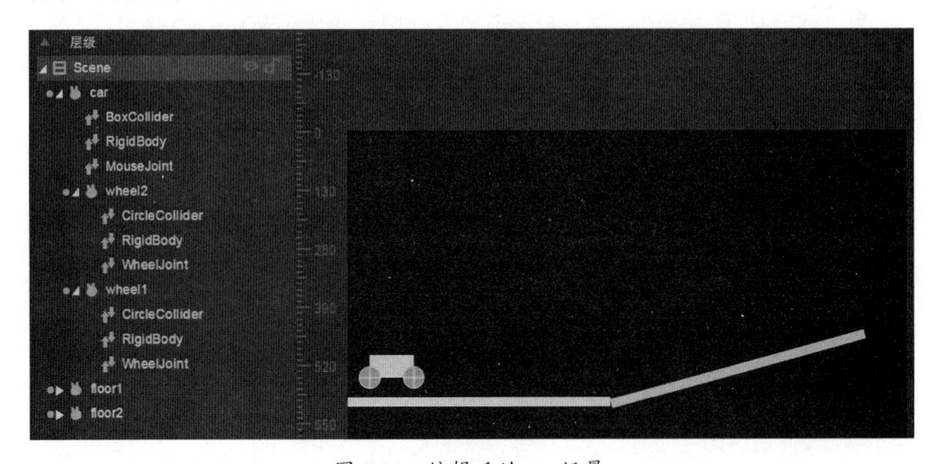

图 8.21　编辑后的 car 场景

8.3.6　平移关节

平移关节（PrismaticJoint）允许刚体沿指定轴线平移，它会阻止刚体旋转。如图 8.22 所示，两个绑定了平移关节的滑块可以模拟活塞在气缸中的运动，当上方的滑块向右平移时，下方的滑块将同步向左平移。

创建场景 prismatic.scene。将 img 目录下的 b1.png 拖入场景，作为滑块 block1，设置其属性 name 为 block1、x 为 500、y 为 200、width 为 20、height 为 100。

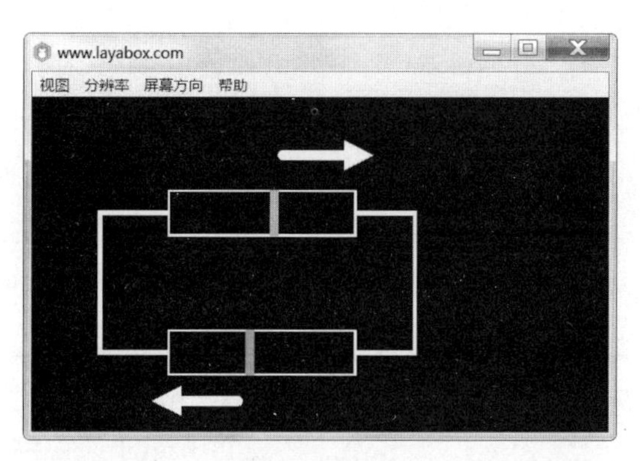

图 8.22　气缸

给 block1 添加平移关节，属性设置如下。

- axis：1,0。
- enableMotor：true。
- motorSpeed：5。
- enableLimit：true。
- lowerTranslation：–380。
- upperTranslation：380。

设置好的场景，如图 8.23 所示。lowerTranslation 和 upperTranslation 是相对于刚体的移动范围，分别用绿线和红线表示。

图 8.23　设置好的场景

调试场景。因为 enableMotor 设置为 true，所以，刚体将在 motorSpeed 的作用下运动。当 motorSpeed 的值大于 0 时，刚体正向运动；反之，刚体反向运动。因为 enableLimit 设置为 true，所以，移动范围受到 upperTranslation 的限制（此时 motorSpeed 的值是 5、upperTranslation 的值是 380，因此，block1 匀速向右平移 380 像素后静止；同理，如果将 motorSpeed 的值改为 –5，那么刚体将在反向运动到 lowerTranslation 设置的位置后静止）。

平移关节的 axis 属性定义了平移轨迹的斜率。当 axis 为“1,0”时，刚体水平平移；当 axis

为“0,1”时，刚体竖直平移；当 axis 为“1,1”时，刚体沿 45° 斜向运动。

将 img 目录下的 block.png 拖入场景，作为滑块 block2，设置其属性 name 为 block1、x 为 500、y 为 500、width 为 20、height 为 100。给 block2 添加平移关节，使用默认设置。

下面，添加两个滑块的关联。修改 block1 的平移关节属性，将 otherBody 设置为滑块 block2 的 RigidBody。完成此步骤后，调试场景，当滑块 block1 右移时，滑块 block2 会同步左移。需要注意的是：因为关联了滑块 block2，所以，滑块 block1 的行程是原来的一半。

接下来，添加装饰背景。在层级面板中添加 Sprite，将它的 name 属性设置为 background，然后在 background 中添加两个矩形 rect1 和 rect2。添加矩形的方法是，在层级面板中右键单击 background，在弹出的快捷菜单中选择【创建 Graphics】→【Rect】选项。参考表 8.5，设置两个矩形的属性。

表 8.5　矩形的属性

name	lineColor	width	height	x	y	lineWidth
rect1	#ffffff	420	100	300	200	5
rect2	#ffffff	420	100	300	500	5

最后，添加两条线，用于连接这两个矩形。添加线的方法是，在层级面板中右键单击 background，在弹出的快捷菜单中选择【创建 Graphics】→【Lines】选项。参考表 8.6，设置线的属性。编辑后的 prismatic 场景，如图 8.24 所示。

表 8.6　线的属性

lineColor	points	lineWidth
#ffffff	300,550,150,550,150,250,300,250	10
#ffffff	720,550,850,550,850,250,720,250	10

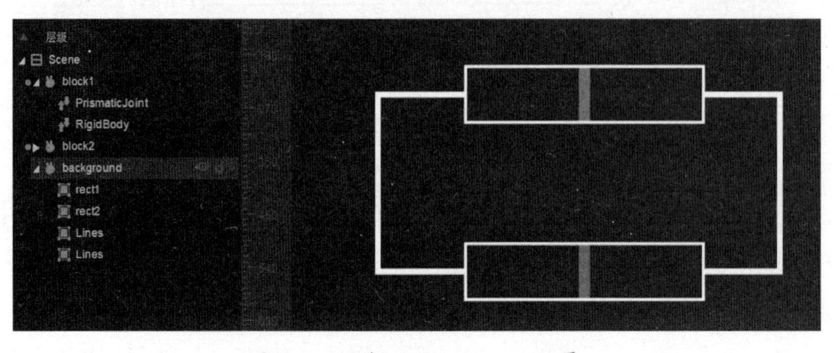

图 8.24　编辑后的 prismatic 场景

8.3.7　旋转关节

旋转关节（RevoluteJoint）可以为刚体提供绕锚点（Anchor）旋转功能。旋转关节可以作为车轮使用，但旋转关节没有减震属性 frequency，无法模拟车轮的避震效果。通常旋转关节可以给场景中位置固定的刚体提供旋转功能。

如图 8.25 所示，是一个曲柄滑块机构，综合应用了旋转关节、距离关节和平移关节。旋转关节产生旋转动作，通过距离关节传递给平移关节，动作被转换成滑块的往复运动。

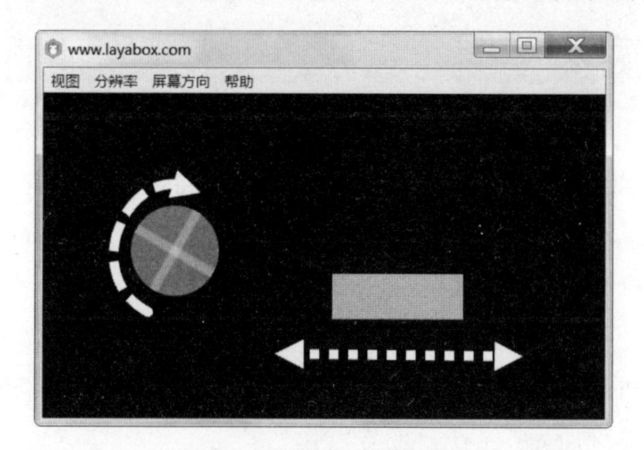

图 8.25　曲柄滑块机构

曲柄滑块机构的具体实现如下。

创建场景 piston.scene。将 img 目录下的 b1.png 拖入场景，作为活塞 piston，设置其属性 name 为 piston、x 为 600、y 为 400、width 为 300、height 为 100。给 piston 添加平移关节（PrismaticJoint），保持其默认属性。

将 img 目录下的 c1.png 拖入场景，作为旋转关节 wheel，设置其属性 name 为 wheel、x 为 200、y 为 250、width 为 200、height 为 200。给 wheel 添加旋转关节，属性设置如下。

- anchor：100,100。
- enableMotor：true。
- motorSpeed：5。

当 enableMotor 属性为 true 时，wheel 可以转动。当 motorSpeed 属性为 5 时，wheel 将顺时针旋转，旋转中心为圆心，即锚点“100,100”。完成旋转关节的设置后，wheel 就可以旋转了。

在层级面板中选择 piston，添加距离关节，属性设置如下。

- otherBody：wheel 的 RigidBody。

- otherAnchor：100,0。
- selfAnchor：0,0。

完成距离关节设置的场景，如图 8.26 所示，wheel 可以带动 piston 运动。

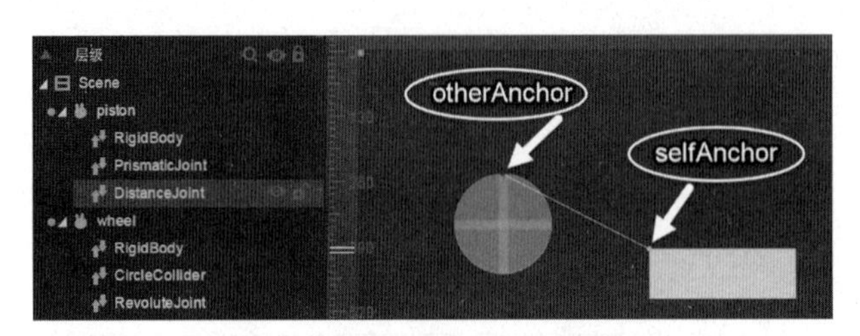

图 8.26 设置距离关节后的场景

在场景中添加距离关节的动态表现，需要掌握 otherAnchor 的动态全局坐标。在 wheel 中添加一个 Sprite，将其命名为 hook。将 hook 的坐标设置为“100,0”后，hook 就会与距离关节的 otherAnchor 重合，在代码中就可以用 hook 的坐标和 piston 的原点坐标来动态绘制距离关节的连接线了。

新建脚本 script/PistonScene.js，将其绑定为场景 piston.scene 的 runtime 属性，在其中实现动态连线的绘制。script/PistonScene.js 的完整代码如下。

```
/**PistonScene */
export default class PistonScene extends Laya.Scene {
    constructor() { super(); }
    onEnable() {
        var wheel = this.getChildByName("wheel");
        var hook = wheel.getChildByName("hook");
        var piston = this.getChildByName("piston");
        Laya.stage.graphics.drawLine(0, 500, 1300, 500, '#0000ff', 10);

        Laya.timer.frameLoop(1, this, function () {
            var hook_globalPos = wheel.localToGlobal(new laya.maths.Point(hook.x, hook.y));

            this.graphics.clear();
            this.graphics.drawLine(hook_globalPos.x, hook_globalPos.y,
                    piston.x, piston.y, '#0000ff', 10);
        });
    }
}
```

8.3.8 齿轮关节

齿轮关节（GearJoint）可以模拟齿轮副或齿条副的运动。齿轮关节没有实际的图形显示，它只是一个定义了接口的方法体。齿轮关节必须成对设置两个旋转关节或平移关节作为属性。ratio 是齿轮关节的传动比属性，是一个矢量参数，需要根据实际的传动方向设置其正负值。

如图 8.27 所示，是一对齿轮副和一对齿条副的组合。左侧的小轮是主动轮，由旋转关节提供动力，齿轮关节带动中间的大轮转动。中间的大轮也有旋转关节，这样它才能旋转并使用齿轮关节来传动。右侧的长方体添加了平移关节，在齿轮关节的作用下，可以沿图示方向平移。

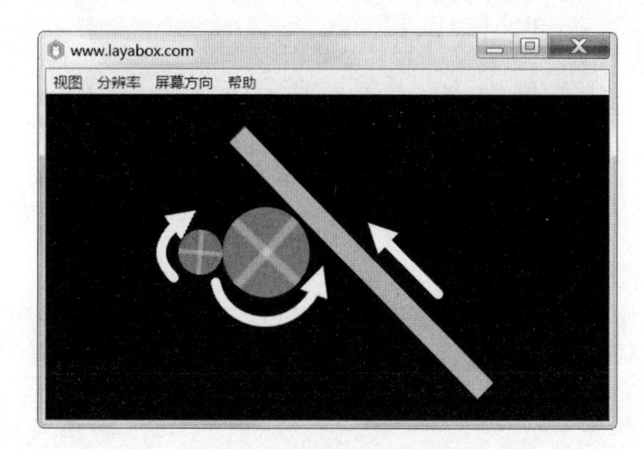

图 8.27　齿轮副和齿条副

新建场景 gear.scene。

将 img 目录下的 c1.png 拖入场景，作为齿轮 gear1，设置其属性 name 为 piston、x 为 300、y 为 300。给 gear1 添加 CircleCollider。给 gear1 添加旋转关节，设置其属性 anchor 为“50,50”、enableMotor 为 true、motorSpeed 为 5。

将 img 目录下的 c1.png 拖入场景，作为齿轮 gear2，设置其属性 name 为 gear2、x 为 400、y 为 250、width 为 200、height 为 200。给 gear2 添加 CircleCollider。给 gear2 添加旋转关节，设置其属性 anchor 为“100,100”。

给 gear1 添加齿轮关节，属性设置如下。

- joint1：gear1 的旋转关节。
- joint2：gear2 的旋转关节。
- ratio：2。

完成齿轮关节的设置后，gear1 将带动 gear2 一起旋转。

将 img 目录下的 b1.png 拖入场景，作为齿条 toothed，设置其属性 name 为 toothed、x 为 480、y 为 100、width 为 800、height 为 50、rotation 为 45。给 toothed 添加 BoxCollider。然后，给 toothed 添加平移关节，属性设置如下。

- axis：1,1。
- enableLimit：true。
- lowerTranslation：-500。
- upperTranslation：500。

给 gear2 添加齿轮关节，属性设置如下。

- joint1：gear2 的旋转关节。
- joint2：toothed 的平移关节。
- ratio：-1。

至此，设置全部完成，如图 8.28 所示。当 gear2 的齿轮关节 ratio 取-1 时，齿条才能向上运动。

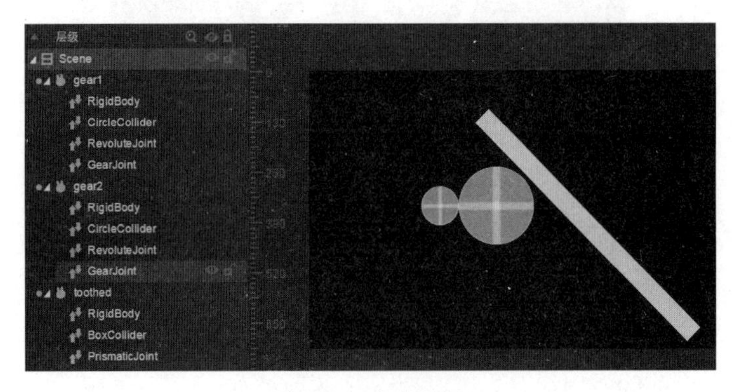

图 8.28 完成设置

注意：齿轮关节不提供真正的齿轮啮合传动，这与现实中的齿轮副完全不同。

8.3.9 马达关节

马达关节（MotorJoint）的作用是保持两个互不接触的刚体的相对位置和角度不变。在 Box2D 中，刚体的平移运动可以用平移关节来实现，旋转运动可以用旋转关节或车轮关节来实现。马达关节不提供类似的功能，只能同步刚体与参照对象的角度及相对位置。

如图 8.29 所示，画面中间的圆形绑定了旋转关节并绕圆心旋转，左侧的正方形也绑定了旋转关节（旋转中心是正方形的中心），给正方形绑定马达关节后，正方形将跟随圆形旋转。

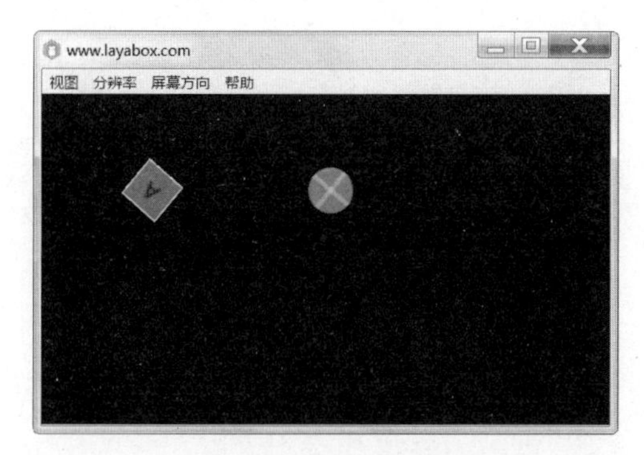

图 8.29　马达关节

新建场景 motorola.scene。将 img 目录下的 c1.png 拖入场景，作为主动轮 moto，设置其属性 name 为 moto、x 为 800、y 为 160。给 moto 添加 CircleCollider。给 moto 添加旋转关节，属性设置如下。

- anchor：50,50。
- enableMotor：true。
- motorSpeed：10。

将 img 目录下的 b2.png 拖入场景，作为 spriteA，设置其属性 name 为 spriteA、x 为 200、y 为 160、width 为 100、height 为 100。给 spriteA 添加 BoxCollider。给 spriteA 添加旋转关节，设置属性 anchor 为"50,50"。给 spriteA 添加马达关节，属性设置如下。

- otherBody：moto 的 RigidBody。
- linearOffset：400,0。

linearOffset 用于定义 spriteA 与 moto 在水平方向和竖直方向上的相对位置。由于我们希望 spriteA 与 moto 以原点为圆心旋转，所以，应将 linearOffset 设置为 spriteA 与 moto 中心点之间的水平距离和竖直距离。设置好的 motorola.scene 场景，如图 8.30 所示。

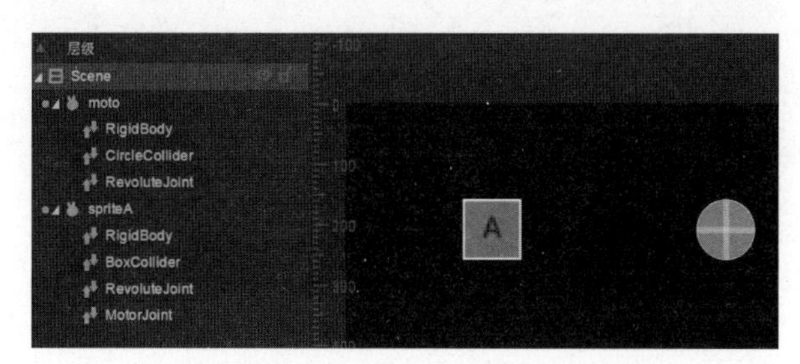

图 8.30　设置好的 motorola.scene 场景

8.4 小结

在本章中，我们了解了很多关于物理引擎的知识。物理引擎是游戏开发中非常有用的工具，让我们充分发挥想象，在实际项目中使用物理引擎吧。

第 9 章　LayaCloud

LayaCloud 是 LayaAir 配套的联网游戏开发解决方案，支持开设房间、匹配玩家、消息广播和帧同步等功能。

实时在线的竞技游戏服务器研发难度非常高，在过去只有大型游戏公司才有能力提供可以稳定承载较大日活跃用户数量（DAU）的生产环境。LayaCloud 为开发者提供了完善的服务器解决方案，使开发者可以更专注于游戏本身，轻松地制作实时在线的联网游戏。采用 LayaCloud 技术运营的游戏有《全民打雪球》《围地大作战》《拥挤城市 3D》《球球碰撞大乱斗》《极速奔跑少年》《球球跑酷赛车游戏》等。

本章主要涉及的知识点如下。

- 联网游戏。
- 帧同步。
- LayaCloud。

9.1　联网游戏与帧同步

视频游戏经历数十年的发展，从最初只能供单个玩家娱乐，逐渐发展为可以供双人同时娱乐的硬件和与之匹配的众多双人游戏软件。随着互联网技术的发展，多人游戏不再受物理空间的限制，就仿佛多名玩家聚在一台游戏设备前一样。多人联网游戏可通过网络将参与同一游戏的众多玩家聚在一起，将玩家各自的操作转发至其他玩家的游戏设备。每一台参与其中的游戏设备，都至少需要屏幕、游戏运行所需的软/硬件及输入设备（可以是键盘、鼠标、手柄或其他游戏支持的输入设备）。

如图 9.1 所示，展示了单机游戏如何发展成联机游戏，进而发展成网络游戏。它们的共同点是在多人参与游戏时，一台设备会接收多个玩家的操作；最大的差异在于其他玩家对操作的响应和反馈，单机游戏是通过屏幕将游戏内容显示给多个玩家的，而联机游戏和联网游戏的每个玩家都有独立的屏幕和完整的游戏副本，在游戏中同步的内容本质上是对玩家操作的反馈。

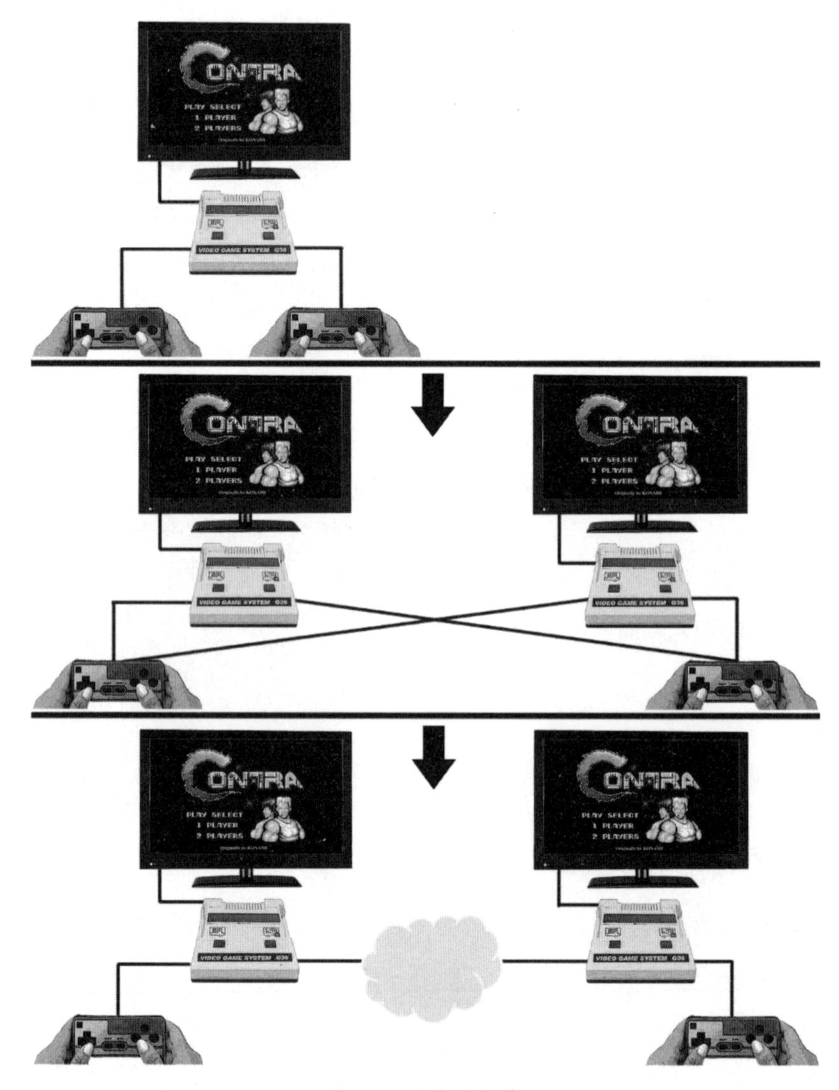

图 9.1　游戏的发展

9.1.1　实时游戏的主要分类

对于棋牌等对实时性要求不高的游戏，服务器端在接收玩家操作后，通常采用消息广播的方式将玩家的操作转发给所有的游戏参与者。棋牌游戏本身的胜负判断机制，通常通过服务器端进行验证。而对于实时游戏，各客户端与服务器的通信频繁，不断传递的大量数据确保了各客户端显示内容的一致性。比较典型的实时游戏包括 MMORPG、FPS/TPS、RTS 三类，但它们的同步频率有较大的差异。

- MMORPG 游戏一般使用权威服务器结构，游戏本身的胜负判断由服务器来完成。游戏使用基于视野控制的区域数据同步机制，模拟精度较低，对延迟的容忍度较高，同步间隔大约为 500ms。服务器承担游戏核心数据的运算。
- FPS/TPS 游戏使用全场景活动单位的同步（状态，差值）机制，模拟精度较高，对延迟的容忍度低，同步间隔在 50ms 以内。服务器端承担移动验证及广播同步任务，存储完整的游戏场景数据。
- RTS 游戏一般使用帧同步技术，模拟精度高，数据同步量低。游戏场景活动执行的单位数量，不受网络同步的限制。帧同步服务器只负责控制命令的队列化及帧数据的广播。每个参与游戏的客户端，都同时运行相同的游戏副本。

9.1.2 帧同步的挑战

对于采用帧同步的实时游戏，每个客户端都是同时且独立运行游戏副本的，它们唯一的交集是有一致的驱动帧（控制命令）。每个客户端的游戏世界都是独立模拟的，在模拟过程中，任何细微的差异都会给游戏演变及结果造成巨大的不一致，这也是帧同步开发及维护方面的最大挑战。

帧同步需要确保每个客户端运行结果的一致性，包括以下 3 个方面。

- 一致的开始。
- 一致的逻辑驱动流程。
- 一致的逻辑数据变化。

帧同步技术在实际应用场景中，通常会涉及以下关键问题。

1. 帧同步结构

传统的帧同步技术使用的是锁帧方式，即服务器在接收所有客户端前置的通知应答后才会广播某一帧。这是一种牺牲游戏体验换取游戏公平性的做法，任何网络延时造成的卡顿现象，所有玩家都感同身受。

目前常用的帧同步技术采用乐观锁帧的方式提高游戏体验。这样，玩家的操作将以操作命令的形式发送到帧同步服务器；帧同步服务器将操作命令插入逻辑帧，然后以固定间隔进行逻辑帧广播；客户端根据操作命令模拟远程玩家的操作。远程玩家的卡顿现象，是其操作没有被及时发送给服务器进行广播造成的，不会影响本地游戏体验。

2. 游戏重入性

重入性、断线重连及客户端重启后的游戏恢复，都可以依靠帧同步服务器上的数据实现。如果在服务器中保存了从游戏开始到当前的所有逻辑帧，那么断线重连会很简单：客户端在网络连接恢复后，向服务器请求下发断线后缺失的逻辑帧；客户端快速处理这些帧后，恢复正常的游戏运行。客户端重启、游戏旁观玩家中途加入等，都可以采用类似的方式实现。

3. 网络优化

帧同步的网络优化涉及网络延迟及抖动处理、网络同步量及服务器承载优化、玩家操作延迟优化等方面。未优化的帧同步，在网络发生抖动时，逻辑帧的传播时快时慢，严重影响玩家的游戏体验。常用的帧同步网络优化采用帧聚合及帧延后执行技术。帧聚合可以简单理解为把多个帧集合起来发送。帧延后执行是指在本地缓存部分逻辑帧，按照玩家的本地速率执行，以降低网络抖动。

9.2 LayaCloud 功能简介

1. 系统功能

- 灵活的匹配方式。开发者可以通过配置文件对匹配方式进行定制，从而实现同一款游戏内不同游戏模式的匹配策略的多样性。
- 房间生命周期管理。LayaCloud 提供了完善的房间生命周期管理功能，使开发者可以专注于房间内游戏逻辑的开发，而不必关心房间的创建及回收。
- 房间内帧同步协议。LayaCloud 提供了帧同步服务机制。
- 房间内广播。对于通信交互并不频繁的游戏（例如棋牌类游戏），LayaCloud 提供了基于广播机制的通信方式，在参与游戏的玩家之间进行消息通信。
- 用户数据存取。LayaCloud 提供了基于 JSON 格式的玩家数据存取接口，开发者只需要使用和修改数据，而不必关心数据是在什么时候被保存的。

2. 负载均衡

接入层的负载均衡采用 Agent Based Adaptive Balancing 技术，并基于代理模式的自适应负载均衡的调度方法，在集群内部采用 Weighted Round Robin 调度算法，将外部请求按权值顺序轮流分配到集群中真实的功能服务器上（原则是将请求平均分配到计算能力上），从而动态增加集群内服务器的数量、拓展服务能力。

3. 容灾方案

- 所有服务器均采用分布式结构并遵循逻辑与数据分离的原则，单点服务器失效不会影响整体服务能力。
- 数据库采用云集群备份方式保证数据安全。
- 在线数据采用 Redis 集群方式保证数据安全，定期将变量数据回写数据库。

4. 过载保护

- 当服务单点负载达到设定的报警阈值时，会持续报警，直到状态解除。
- 当服务单点负载达到设定的过载阈值时，会调整自己的权值，拒绝新的服务。
- 当所有节点都达到过载阈值时，为尽量不影响原有用户的服务质量，负载均衡模块会指定一个节点作为“黑洞”，将新增请求放入“黑洞”排队。
- 数据库、Redis 的请求是通过请求频率阈值控制的，超过阈值的请求需要排队。

5. 数据扩容

数据库采用云集群方案，可动态扩容。

6. 缓存机制

对在线用户的所有数据进行二级缓存管理。缓存数据有清理机制，当数据达到设定的空闲阈值时会回写入数据库，并从缓存中清除。

9.3　LayaCloud 的工作方式

LayaCloud 项目在逻辑上可以分为三部分，分别是客户端、游戏项目专属的项目服务器、LayaCloud 云服务器。项目服务器用于管理对应游戏专用的服务器房间逻辑。LayaCloud 云服务器用于管理用户登录、广播事件和帧同步等逻辑。LayaCloud 的项目开发工作包括客户端、项目服务器两部分，LayaCloud 云服务器与客户端、项目服务器的关联工作已由 IDE 自动实现。

9.3.1 LayaCloud 客户端

LayaCloud 客户端通过 laya.cloud.CloudSDK（以下简称为 CloudSDK）创建实例，在创建 LayaCloud 项目时会自动完成相关的代码。

CloudSDK 的功能包括两部分。

- 向服务器发送消息。
- 监听服务器的反馈事件。

CloudSDK 向服务器发送消息的主要方法如下。

- Login：用户请求登录。
- joinRoom：用户请求加入房间。
- leaveRoom：用户主动退出房间。
- match：匹配对手。
- cancelMatch：用户主动取消匹配。
- createRoom：用户主动创建房间。通过此接口创建的房间不会参与匹配。
- joinSpecialRoom：根据房间标识加入特定的房间。只能加入主动创建的房间。
- startGame：房主请求帧同步（棋牌类游戏通常不需要使用该方法）。
- broadcast：玩家可以在房间内广播消息。
- syncopt：发送帧同步指令。
- userEvent：客户端向服务器端发送用户自定义事件。

下面介绍 CloudSDK 如何接收服务器反馈。服务器反馈是统一的 CloudEvent 事件，客户端使用 cloudSDK.on()方法监听服务器的反馈，具体语法是 cloudSDK.on(CloudEvent 事件,回调对象,回调方法)。如果只需要监听一次，则使用 once()方法，即 cloudSDK.once(CloudEvent 事件,回调对象,回调方法)。CloudEvent 事件的分类如下。

- CloudEvent.FRAMEUPDATE：帧同步事件。
- CloudEvent.BROADCAST：广播事件。
- CloudEvent.LEAVEROOM：离开房间事件。
- CloudEvent.MESSAGE：自定义消息事件。
- CloudEvent.GAMESTARTED：开始帧同步事件。
- CloudEvent.ERROR：错误事件。
- CloudEvent.SOCKETCLOSED：网络断开事件。

9.3.2 LayaCloud 项目服务器

在创建 LayaCloud 项目时，IDE 会自动生成项目服务器的框架，并创建以下 3 个文件。

- config.json：项目服务器的配置文件。
- single.js：客户端登录后进入的单人游戏房间的模板。
- common.js：多人游戏房间的模板。

config.json 是一个如下所示的 JSON 格式的配置文件。

```
{
    "game_id": "cloud_8696",
    "version": "1.0.81",
    "default_room": "single",
    "room_define": {
        "common": {
            "fps": 10,
            "user_limit": 2,
            "duration": 120,
            "match_field_name": "score",
            "match_rule": "default"
        }
    }
}
```

在 config.json 中：game_id 是在创建项目时由 LayaCloud 云服务器自动分配的，请勿修改；default_room 是玩家通过客户端登录后在项目服务器中等待后续处理的房间，默认是 single，即 single.js 定义的房间；room_define 是游戏对战的房间，默认是 common。

common 房间的配置参数说明如下。

- fps：定义帧同步的逻辑帧频，默认为 10 帧/秒，即每 0.1 秒同步一次。由于人体对视觉刺激的反应速度是有限的，通常反应时间为 0.1 ~ 0.5 秒，所以，这个频率可以满足大部分游戏的需要。
- user_limit：房间中玩家的数量，默认是 2 人。这是根据具体需求设置的。
- duration：房间创建后的持续时限，超过时限房间将自动关闭。默认时限是 120 秒。当持续时限为 0 时，房间不会自动关闭。
- match_field_name：匹配玩家的数据依据。score 是游戏设定的一个用于记录分数的变量，也可以设置为其他名称。

- match_rule：匹配玩家创建房间的规则。

single.js 和 common.js 是在创建项目时由 IDE 自动创建的模板，分别是用于承载玩家登录项目服务器的房间的模板和管理对战类游戏的房间逻辑处理的房间的模板。它们有一组名称完全一致的用于监听项目服务器状态变化的方法，在创建项目时，会自动创建这些方法的框架，方法的具体逻辑则根据实际项目开发。

具体监听事件的方法如下。

- oncreated：房间创建成功。
- onstart：房主已发送开始指令，指示房间开始帧同步。
- onclose：房间已经关闭。
- onuserin：有一名玩家进入了房间。
- onuserout：有一名玩家离开了房间。
- onuserevent：接收客户端发送的一个自定义事件（userEvent）。
- onupdate：房间内的定时器启动后，每秒执行一次方法。

在房间中可以使用下列只读属性。

- name：房间标识。
- master：房主的 userid。
- fps：当前房间帧速度（对应于 config.json 中的 fps）。
- duration：房间创建后的持续时限（对应于 config.json 中的 duration）。
- usernum：当前房间内玩家的数量。

房间有以下公用方法。

- usernum()：获取当前房间内玩家的数量。
- getusersid()：获取当前房间内所有用户的 ID。
- getuserdata()：获取当前房间内指定 ID 的存储数据。
- saveuserdata()：保存当前房间内指定 ID 的用户数据。
- send()：向指定用户发送一条消息，客户端通过监听 CloudEvent.MESSAGE 获取消息。
- close()：关闭房间。
- startupdate()：启动定时器。
- startupdate()：停止定时器。

最后，介绍与匹配玩家相关的分数操作。如前所述，匹配玩家的参数可以在 config.json 中通过 match_field_name 设置，match_field_name 的默认值是 score。然而，该属性需要开发者手动在玩家数据中添加。获取玩家数据有以下两种方式。

- 在 onuserin()方法中获取进入房间的玩家的数据。该方法有 userid 和 data 两个参数，传入方法体的 data 就是玩家的数据，示例如下。

```
function onuserin (userid, data) { };
```

- 使用 getuserdata()方法获取指定 ID 的玩家的数据，示例如下。

```
var data = this.getuserdata(userId);
```

在获取玩家的数据后，可以在其中添加 score 属性，示例如下。

```
//如果玩家的数据已经有 score 属性，则保持不变
data.score = data.score || 0;
```

随后，即可使用 saveuserdata()方法存储 score 属性，示例如下。

```
this.saveuserdata(userId);
```

9.3.3 以匹配模式进行帧同步

LayaCloud 有以下两种创建房间的模式。

- 匹配模式：玩家发出匹配请求后，项目服务器根据玩家的 match_field_name 匹配其他玩家，进入创建好的房间进行游戏。
- 房主模式：一名玩家主动请求创建房间，然后邀请其他玩家进入其主动创建的房间进行游戏。

如图 9.2 所示，是在采取匹配模式的双人游戏中，客户端与服务器从用户登录游戏到帧同步的交互流程。整个流程分为登录服务器、玩家匹配、帧同步 3 个阶段。

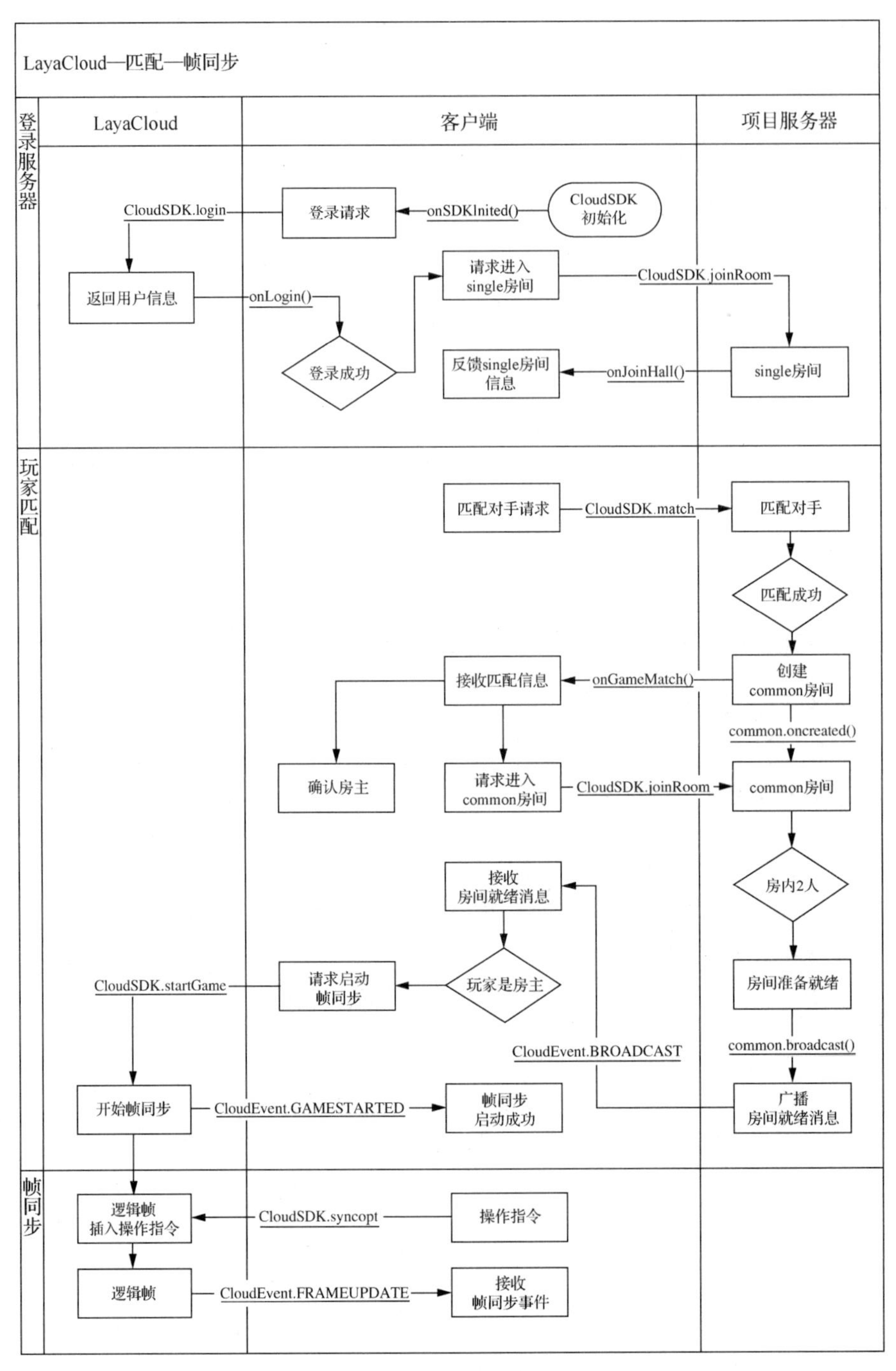

图 9.2　LayaCloud 匹配玩家后的帧同步

9.4　LayaCloud 帧同步案例

在本节中，我们将用案例来演示如何应用 LayaCloud 进行帧同步。如图 9.3 所示，是我们将要实现的帧同步案例，玩家可以在两个浏览器中分别登录游戏并控制一个角色进行对战。两个角色可以前后移动和上下跳跃，并能开枪射击。

图 9.3　LayaCloud 帧同步案例

游戏的客户端包括以下 3 个场景。

- Start.scene：客户端启动后的场景，包含一个【开始游戏】按钮，单击它将发送匹配游戏请求，并切换至匹配对手的场景 Match.scene。
- Match.scene：匹配对手的场景，包含一个【取消匹配】按钮，单击它将发送取消匹配游戏请求，并切换至开始场景。
- main.scene：与项目服务器中的 common.js 对应的场景，匹配完成后将切换至此场景，玩家可进行游戏操作并进行帧同步交互。

在匹配玩家后，帧同步的流程图中将添加与场景操作、玩家单击按钮相关的操作，得到的结果如图 9.4 所示，场景操作、玩家单击按钮相关的操作都用平行四边形表示。

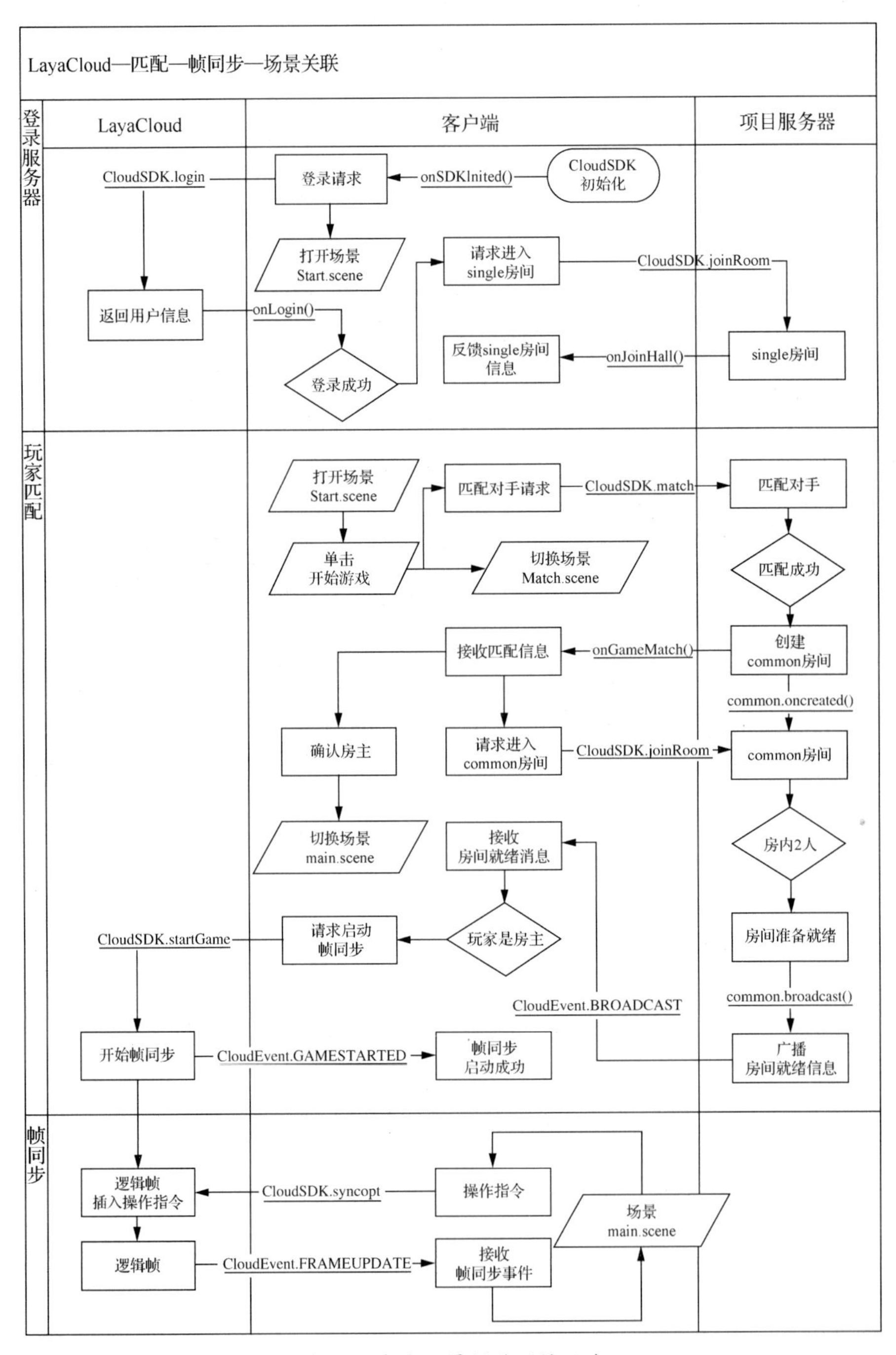

图 9.4　包含场景操作的帧同步

9.4.1 项目准备

在开始创建 LayaCloud 项目前，我们必须知道以下两件事。

- LayaCloud 分为本地开发环境、云测试开发环境、正式商业环境。LayaCloud 的正式商业环境是有偿使用的，充值后根据流量计费。
- 开发 LayaCloud 项目，必须先注册 LayaBox 开发者社区账号。

本节后续使用的都是 LayaCloud 的免费服务。让我们开始体验 LayaCloud 吧！

注册 LayaBox 开发者社区账号。打开 LayaAir 2 IDE，单击 IDE 右上角的头像按钮，登录账号，如图 9.5 所示。

图 9.5 登录 LayaBox

创建 LayaCloud 项目，设置如下。

- 项目名称：HelloCloud。
- 项目路径：D:\layabox2x\laya2project\chapter9。
- 编程语言：JavaScript。

在项目设置中，设置场景适配模式为 showall，设计宽度为 720 像素，设计高度为 1280 像素。新建脚本目录 D:\layabox2x\laya2project\chapter9\HelloCloud\src\script\。

注意

- 在创建 LayaCloud 项目时，必须登录 LayaBox 开发者社区账号，并保持网络连接稳定。
- LayaCloud 项目创建后，会在项目根目录下生成 layacloud.json 文件并记录项目信息。请勿修改或删除该文件。

9.4.2 场景准备

LayaCloud 的客户端，场景设置与其他 LayaAir 项目完全相同。让我们先完成 Start.scene、Match.scene 和 main.scene 的准备工作。

创建 Start.scene，在场景中添加一个按钮 btn_start，设置该按钮的属性 name 为 btn_start、label 为“开始游戏”、skin 为 comp/button.png、x 为 490、y 为 450、width 为 300、height 为 50。设置后的 Start.scene 场景，如图 9.6 所示。

图 9.6　Start.scene

创建 client\src\scripts\StartScene.js 脚本，在编辑模式下将它设置为 Start.scene 场景的 runtime 属性，代码如下。

```
/**StartScene */
export default class StartScene extends Laya.Scene{
    constructor() { super(); }
    onEnable(){    }
}
```

新建 Match.scene 场景，在场景中添加一个按钮 btn_cancel，设置该按钮的属性 name 为 btn_cancel、label 为“取消匹配”、skin 为 comp/button.png、x 为 490、y 为 450、width 为 300、height 为 50。在该场景中添加一个 Label 组件，设置其属性 text 为“玩家匹配中……”、color 为#ffffff、bold 为 true、fontSize 为 30、x 为 517、y 为 345。完成后的 Match.scene 场景，如图 9.7 所示。

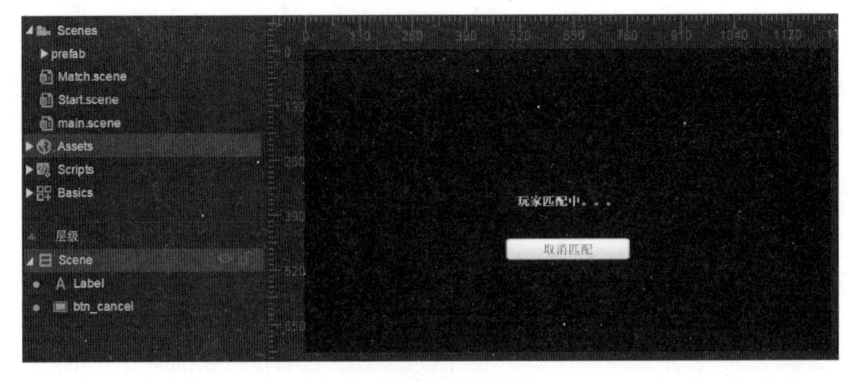

图 9.7　Match.scene

新建 client\src\scripts\MatchScene.js 脚本，在编辑模式下将它设置为 Match.scene 场景的

runtime 属性，代码如下。

```
/**MatchScene */
export default class MatchScene extends Laya.Scene{
    constructor() { super(); }
    onEnable(){    }
}
```

将第8章 Animation 项目的场景 main.scene 及相关资源、代码移至本项目中，作为 main.scene 使用，步骤如下。

（1）将 D:\layabox2x\laya2project\chapter8\Animation\laya\pages\main.scene 复制到本项目的 client\laya\pages\目录下。

（2）将 D:\layabox2x\laya2project\chapter8\Animation\laya\pages\目录下的 actorAnimation.ani 复制到本项目的 client\laya\pages\目录下。

（3）将 D:\layabox2x\laya2project\chapter8\Animation\laya\pages\prefab 文件夹复制到本项目的 client\laya\目录下。

（4）将 D:\layabox2x\laya2project\chapter8\Animation\laya\assets\目录下的 image、x13 两个文件夹复制到本项目的 client\laya\assets\目录下。

（5）将 D:\layabox2x\laya2project\chapter8\Animation\src\script\目录下的 3 个文件 ActorScript.js、BulletScript.js、MainSceneScript.js，JavaScript 复制到本项目的 client\src\script\目录下。

（6）在编辑模式下，修复 actor.prefab 与 ActorScript.js 的脚本关联。

（7）在编辑模式下，修复 bullet.prefab 与 BulletScript.js 的脚本关联。

（8）修改 main.scene 场景，将 floor4 的 y 属性设置为 300，将 mainActor 的 name 属性修改为 actor1。在 ground 下添加一个角色预制体 actor.prefab，作为 actor2，设置它的属性 name 为 actor2、x 为 1200、y 为 200。完成后的 main.scene 场景，如图 9.8 所示。

（9）在编辑模式下，修复 main.scene 场景的 runtime 属性与 MainSceneScript.js 的关联。

（10）在编辑模式下按【F9】快捷键，打开项目设置面板。在预览设置中，将起始场景设置为 Start.scene。

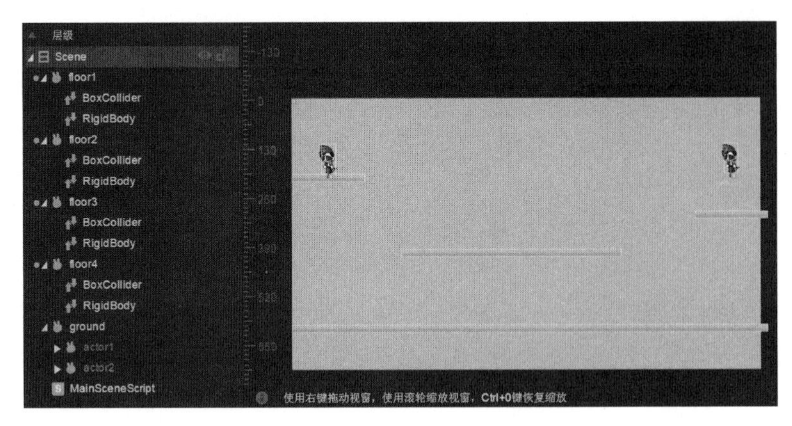

图 9.8　main.scene

9.4.3 实现登录服务器

如前所述，LayaCloud 项目分为客户端、游戏项目专属的项目服务器、LayaCloud 云服务器三部分，因此，在 IDE 中，LayaCloud 项目有一个独立的项目服务器工具栏，它的常用图标按钮，如图 9.9 所示。

图 9.9　LayaCloud 项目服务器工具栏

项目服务器和客户端是可以分别启动和停止的，【一键调试服务器和客户端】和【一键运行服务器和客户端】按钮用于同时启动客户端和项目服务器端。项目服务器端启动后，如果只关闭了客户端或网页，服务器端是不会停止提供服务的。

单击【一键调试服务器和客户端】按钮，打开的客户端地址是本地地址。LayaCloud 项目通常需要打开多个客户端来配合调试。单击【二维码】按钮，会弹出如图 9.10 所示的二维码访问对话框，可以扫码在移动设备上联合调试。如果在本机上调试，那么单击【浏览器打开】按钮，会在浏览器中打开第二个客户端。

客户端也是可以单独关闭或打开的，但在打开客户端之前，最好确认服务器处于正常工作状态。因此，要养成在每次调试结束后随手关闭服务器的习惯。

图 9.10　二维码访问对话框

将 IDE 切换到代码模式，确保是 LayaAir 调试模式，然后单击【一键调试服务器和客户端】按钮，开始调试 LayaCloud 项目。整个 LayaCloud 项目的一键启动过程，包括 Laya 编译、LayaServer 启动、客户端启动、客户端初始化 cloud.CloudSDK、服务器端打开浏览器中的调试页面等步骤。

LayaServer 即项目服务器，所有的 LayaServer 调试信息都是在输出页面输出的。输出结果如图 9.11 所示，可以在右侧的下拉菜单中切换输出内容。

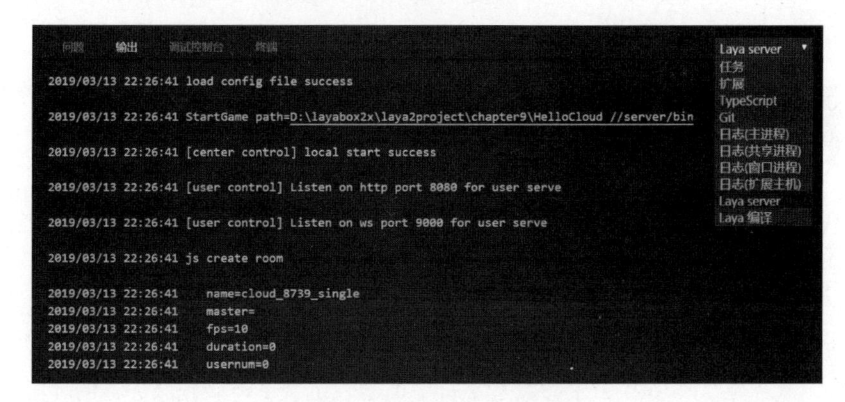

图 9.11　LayaServer 输出结果

在图 9.11 中，显示的是 LayaServer 的调试信息。LayaCloud 使用 WebSocket 进行通信，在建立 WebSocket 连接前，需要建立 HTTP 连接。因此，在输出页面上的“local start success”信息之后，输出的是两个端口监听信息，示例如下。

```
2019/03/13 22:26:41 [center control] local start success

2019/03/13 22:26:41 [user control] Listen on http port 8080 for user serve
```

```
2019/03/13 22:26:41 [user control] Listen on ws port 9000 for user serve
```

随后的输出信息来自服务器端 single.js 脚本的 oncreated()方法。当有用户连接服务器后，将自动在 LayaServer 上创建一个仅可容纳该用户的单人房间 single，并等待用户进入。对应的 oncreated()方法如下。

```
function oncreated () {
   console.log("js create room");
   console.log("name=" + this.name);
   console.log("master=" + this.master);
   console.log("fps=" + this.fps);
   console.log("duration=" + this.duration);
   console.log("usernum=" + this.usernum);
};
```

图 9.12 客户端输出结果

显然，以上这段代码输出应该在客户端的 cloud.CloudSDK 初始化完成后执行。切换到调试控制台，可以看到“LayaCloud 初始化完成”字符串，如图 9.12 所示，它是在客户端的 client\src\Main.js 中实现的。

在 client\src\Main.js 脚本中，constructor()方法最后定义了 cloud.CloudSDK 的初始化，并在回调方法 onSDKInited()中输出“LayaCloud 初始化完成”字符中，示例如下。

```
this.sdk = new laya.cloud.CloudSDK("cloud_8739", laya.cloud.Environment.INTRANET_TEST,
    this, this.onSDKInited)
```

“new laya.cloud.CloudSDK()”语句用于创建 cloud.CloudSDK 实例，实现了 Main.js 与 cloud.CloudSDK 的关联。laya.cloud.CloudSDK()方法的第 1 个参数是在创建项目时 LayaCloud 自动分配的，不需要修改；第 2 个参数是字符串类型，定义了连接到服务器的环境，有以下 3 种可以选择的类型。

- laya.cloud.Environment.INTERNET_TEST：云端测试环境。
- laya.cloud.Environment.INTRANET_TEST：本地局域网测试环境。
- laya.cloud.Environment.LAYACLOUD：LayaCloud 正式生产环境。

在调试项目时，创建 cloud.CloudSDK 实例的代码是自动生成的，默认连接服务器的环境参数是本地局域网测试环境，即 laya.cloud.Environment.INTRANET_TEST。在这种环境下，如果希望在移动端调试项目，就需要设置本地调试服务器的局域网 IP 地址，即使用方法 setIntranetServerIP()，示例如下。

```
this.sdk.setIntranetServerIP('192.168.5.6');
```

如果 LayaServer 能正常启动，那么 IDE 将自动打开浏览器，显示类似如图 9.13 所示的信息。这些信息表示客户端已经连接到服务器，并创建了类型为 single 的房间。

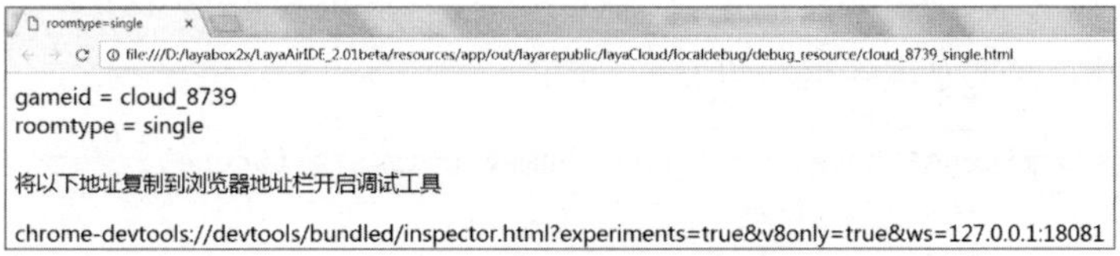

图 9.13　服务器房间信息

按图 9.13 的提示，将地址复制到浏览器地址栏中打开，显示结果如图 9.14 所示，显示的是 server\src\single.js 脚本的代码。当 LayaServer 成功创建 common 房间后，在浏览器中也会显示类似的信息。

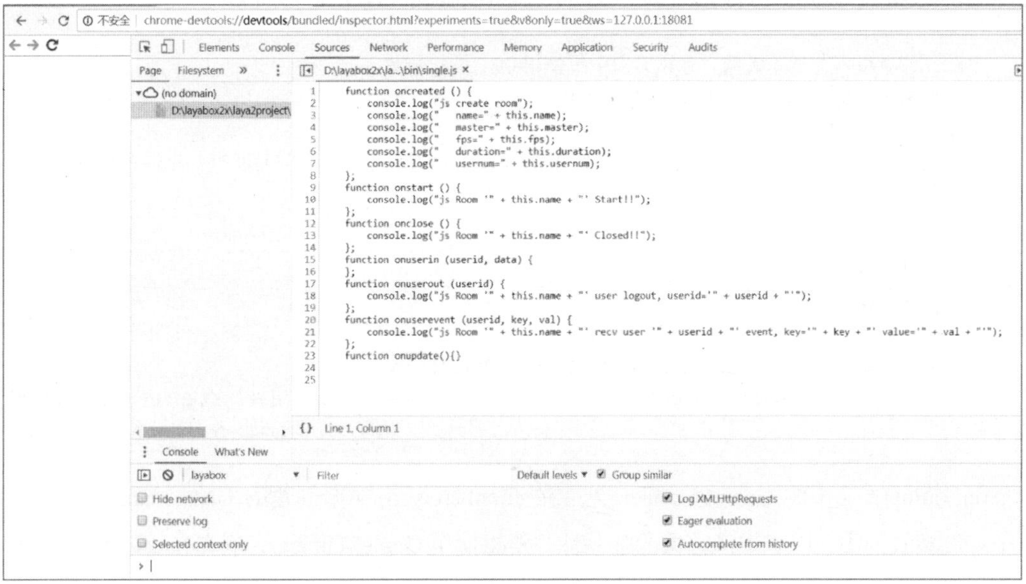

图 9.14　服务器房间详情

以上功能都是 IDE 在创建 LayaCloud 项目时自动生成的，它们完成了客户端与服务器的连接。接下来，我们需要实现的功能是玩家账号的登录。通过查看 client\src\Main.js 脚本可以发现，

cloud.CloudSDK 初始化方法的回调方法是 onSDKInited()，随后，onSDKInited()方法依次回调 onVersionLoaded()、onConfigLoaded()方法，在 onConfigLoaded()方法中使用下面的语句加载并打开指定的起始场景。

```
//加载 IDE 指定的场景
GameConfig.startScene && Laya.Scene.open(GameConfig.startScene);
```

以上代码遵循 ES6 语法标准，等同于先判断 GameConfig.startScene 是否存在，如果存在，则执行 Laya.Scene.open()方法，示列如下。

```
If (GameConfig.startScene) Laya.Scene.open(GameConfig.startScene);
```

前面在项目设置面板中进行的设置，都可以在 client\src\GameConfig.js 脚本中找到对应的代码（GameConfig.startScene = "Start.scene"）。

在 onConfigLoaded()方法中添加请求登录的方法 CloudSDK.login()，示列如下。

```
onConfigLoaded() {
      //加载 IDE 指定的场景
      GameConfig.startScene && Laya.Scene.open(GameConfig.startScene);

      //使用 Laya 账号登录游戏，在浏览器中可使用 QQ、微信登录
      this.sdk.login(this, this.onLogin);
```

在 client\src\GameConfig.js 脚本中添加 onLogin()方法，以获取用户登录后的信息，示例如下。

```
    /**登录服务器 */
    onLogin(userInfo) {
        console.log("客户端--->登录成功！");
        GameManager.getInstance().userInfo = userInfo;
        console.log("GameManager.userInfo ---> ", GameManager.getInstance().userInfo);
    }
```

onLogin()方法中的 GameManager 类是在 client\src\scripts 中创建的 GameManager.js，它是一个单例模式的类，用于保持数据的唯一性。要想使用 GameManager，应先在 client\src\Main.js 脚本的头部添加 GameManager 的导入代码，示例如下。

```
import GameManager from "./scripts/GameManager";
```

GameManager.js 脚本的完整代码如下。

```
/**GameManager */
export default class GameManager {
    constructor() {}

    //静态方法
    static getInstance() {
        if (!this.instance) {
            this.instance = new GameManager();
        }
        return this.instance;
    }
}
```

至此，我们已经实现了登录服务器的功能。再次一键调试服务器和客户端，客户端会显示选择登录方式的页面，如图 9.15 所示。LayaCloud 客户端集成了以下 3 种登录方式。

- LayaBox 开发者社区账号登录。
- QQ 登录。
- 微信登录。

图 9.15　选择登录方式

由于一键调试服务器和客户端功能打开的客户端是本地的，因此，只能使用 LayaBox 开发者社区账号登录。通过浏览器或移动设备扫码打开的客户端，可以使用 QQ、微信登录。

登录成功后，在 IDE 的输出页面上会显示“user auth success”及登录用户的 userid，在调试控制台会输出 onLogin()方法中定义的输出内容。客户端使用 CloudSDK.joinRoom()方法通知 LayaServer，安排玩家进入默认的 single 房间等待。因此，onLogin()方法中需要添加 joinRoom()方法，其中用到的 serverid 和 token 都是登录成功后存储在 GameManager 中的 userInfo 信息。修改后的 onLogin()方法的代码，如下所示。

```
    /**登录服务器 */
    onLogin(userInfo) {
        console.log("客户端--->登录成功！");
        GameManager.getInstance().userInfo = userInfo;
        console.log("GameManager.userInfo ---> ", GameManager.getInstance().userInfo);
        //用户必须在某个房间里，登录后进入房间，即 single
        //joinRoom 的房间标识，如果需要进入默认房间，则传递默认房间类型的名称，如 single
        this.sdk.joinRoom(GameManager.getInstance().userInfo.serverid, 'single',
            GameManager.getInstance().userInfo.token, this, this.onJoinHall);
    }
```

joinRoom()方法进入 single 房间后的回调方法是 onJoinHall()，在本例中，它是登录服务器流程的终点，代码如下。在实际项目中，可以使用这个回调方法进行诸如登录奖励等操作。

```
    /**进入大厅 */
    onJoinHall(data) {
        console.log("客户端--->进入大厅成功", data);
        var hall = data.room;
        console.log("hall--->", hall, hall.status);  //status 表示房间状态，0 为正常
    }
```

9.4.4 实现玩家匹配

玩家匹配是在 Start.scene 场景中通过单击【开始游戏】按钮（btn_start）触发的，因此，要修改客户端的 client\src\scripts\StartScene.js 脚本以监听 btn_start 的响应事件，当按钮被单击时发送 Laya.Event.MESSAGE 事件，代码如下。

```
/**StartScene */
export default class StartScene extends Laya.Scene{
    constructor() { super(); }
    onEnable(){
        this.btn_start.on(Laya.Event.CLICK,this,function(){
            //开始匹配玩家
            Laya.stage.event(Laya.Event.MESSAGE,{type: 'match'});
        })
    }
}
```

Laya.Event.MESSAGE 是 LayaAir 中可以传递参数的自定义事件，因此，只需要添加一个 Laya.Event.MESSAGE 事件，就可以管理多个不同的自定义事件。在 client\src\Main.js 脚本中修

改 onConfigLoaded()方法，添加对 Laya.Event.MESSAGE 事件的监听，通过匹配事件的 type 属性进行具体操作。

当 type 属性为 match 时，切换到匹配场景并发送匹配请求。当 type 属性为 cancelMatch 时，切换到开始场景并发送取消匹配请求。相关代码如下。

```
onConfigLoaded() {
    //加载 IDE 指定的场景
    GameConfig.startScene && Laya.Scene.open(GameConfig.startScene);

    //使用 Laya 账号登录游戏，在浏览器中可以使用 QQ、微信登录
    this.sdk.login(this, this.onLogin);

    Laya.stage.on(Laya.Event.MESSAGE, this, function (data) {
        switch (data.type) {
            case 'match': {        //匹配对手
                //切换到匹配场景
                Laya.Scene.open("Match.scene");
                //发送匹配请求
                this.sdk.match("common", this, this.onGameMatch);
            } break;
            case 'cancelMatch': { //取消匹配对手
                //发送取消匹配请求
                this.sdk.cancelMatch();
                //返回开始场景
                Laya.Scene.open("Start.scene");
            } break;
        }
    });
}
```

客户端向 LayaServer 发送匹配请求的方法是 CloudSDK.match()，示例如下。

```
this.sdk.match("common", this, this.onGameMatch);
```

匹配玩家是异步操作，玩家通常需要等待一段时间，因此，可使用单独的 onGameMatch()方法来监听匹配是否成功的消息。如果匹配成功，那么 LayaServer 会创建 common 房间并反馈房间数据，示例如下。

```
/** 收到匹配成功消息*/
onGameMatch(data) {
    console.log("收到匹配成功消息------------------------->>", data);
    GameManager.getInstance().matchData = data;//存储匹配数据
```

```
    }
```

玩家也可以取消匹配，方法是 this.sdk.cancelMatch()，这是依靠对 Laya.Event.MESSAGE 事件的监听实现的。因此，我们需要给场景 Match.scene 的【取消匹配】按钮加上相应的 Laya.Event.MESSAGE 事件。修改后的 MatchScene.js 脚本，具体如下。

```
/**MatchScene */
export default class MatchScene extends Laya.Scene{
    constructor() { super(); }
    onEnable(){
        this.btn_cancel.on(Laya.Event.CLICK,this,function(){
            //取消匹配玩家
            Laya.stage.event(Laya.Event.MESSAGE,{type: 'cancelMatch'});

        })
    }
}
```

至此，我们已经实现了玩家匹配功能。重新启动 LayaServer，使用两个不同的账号登录客户端，分别单击【开始游戏】按钮，稍等片刻，服务器端将完成玩家匹配，并将匹配结果通过 onGameMatch()方法反馈给客户端。匹配信息在调试控制台的输出结果，如图 9.16 所示。匹配信息中的 serverid、roomname、token 都将用于验证是否能进入匹配结果指定的 common 房间，匹配信息中的 master 用于确定房主身份，房主可以请求服务器开启帧同步。

图 9.16　调试控制台输出的匹配成功消息

匹配成功后，需要两位玩家进入同一个 common 房间，才能进行帧同步，因此，需要将用于接收匹配成功消息的 onGameMatch()方法进行如下修改。

```
    /** 收到匹配成功消息*/
    onGameMatch(data) {
        console.log("收到匹配成功消息------------------------>>", data);
        GameManager.getInstance().matchData = data;   //存储匹配数据

        //确定身份是否为房主
        if (GameManager.getInstance().matchData.master ===
            GameManager.getInstance().userInfo.userid)
            GameManager.getInstance().isMaster = true;
        else GameManager.getInstance().isMaster = false;

        //打开主场景
        Laya.Scene.open('main.scene');

        //进入匹配好的房间
        this.sdk.joinRoom(GameManager.getInstance().matchData.serverid,
            GameManager.getInstance().matchData.roomname,
            GameManager.getInstance().matchData.token, this, this.onJoinMatchRoom);
    }
```

修改后的 onGameMatch()方法，首先执行房主身份判断语句，然后切换到主场景，最后通知服务器请求进入 common 房间。用于实现主场景关联的脚本 MainSceneScript.js 还需进一步修改，因此，要暂时屏蔽 Laya.Scene.open('main.scene')。

尽管进入 single 房间和进入 common 房间都用到了 CloudSDK.joinRoom()方法，但二者的参数不同，回调方法也不是通用的。onJoinMatchRoom()方法用于监听进入 common 房间的反馈信息，代码如下。

```
/**进入匹配的房间 */
onJoinMatchRoom(data) {
    console.log("客户端--->进入房间成功", data);
    var room = data.room;
    console.log("room--->", room, room.status);
//status 表示房间状态，0 为正常
}
```

当玩家通过客户端发起进入 common 房间的请求后，LayaServer 将接管 common 房间。当两名玩家都进入匹配的房间后，LayaServer 将广播该房间已准备完毕的消息。

在 Server\src\common.js 脚本中，修改用于监听用户进入房间的 onuserin()方法的代码，具

体如下。

```
function onuserin(userid, data) {
    if (this.usernum === 2) {
        console.log('进入人数 ok! ----------------------', JSON.stringify(data));
        //获取所有进入房间的用户 ID
        var userIds = this.getusersid();
        var cmd = {
            cmd: 'start',
            players: [],
            randomSeed: Date.now().toString() + parseInt(Math.random() * 100)
        };
        //将房间中所有用户的 ID 及昵称保存到数组中，并发送给客户端
        for (var i = 0; i < userIds.length; i++) {
            cmd.players.push({
                userId: userIds[i],
                nickname: this.getuserdata(userIds[i]).nickname
            })
        }

        this.broadcast(JSON.stringify(cmd));
    }
};
```

对于 LayaServer 广播的信息，客户端需要通过监听 laya.cloud.CloudEvent.BROADCAST 事件来处理。因此，需要修改 onConfigLoaded()方法，为其添加下面的代码。

```
//绑定接收广播监听回调
this.sdk.on(laya.cloud.CloudEvent.BROADCAST, this, this.onBroadcast);
```

LayaServer 具体的广播信息处理是在 onBroadcast()方法中实现的，广播的信息将被转换成字符串类型的 JSON 数据，因此，应先将其逆向转换为 JSON 格式，再根据广播信息进行相应的处理。onBroadcast()方法的代码如下。

```
/** 收到服务端发送的广播*/
    onBroadcast(data) {
        console.log('收到广播----> ', data);
        var dataInfo = JSON.parse(data);
        console.log('dataInfo ', dataInfo);
        switch (dataInfo.cmd) {
            case "start": {
                GameManager.getInstance().randomSeed = parseInt(dataInfo.randomSeed);
                //如果是房主，则发送帧同步请求
```

```
                if (GameManager.getInstance().matchData.master ===
                    GameManager.getInstance().userInfo.userid)
                    this.sdk.startGame();
            } break;
            default: break;
        }
    }
```

当房主通过客户端执行 CloudSDK.stratGame()方法后，LayaCloud 就会开始进行帧同步，但客户端仍有一些准备工作需要处理。

9.4.5 帧同步准备

首先，帧同步不是在客户端执行 CloudSDK.stratGame()方法后立即执行的。服务器会进行一系列的操作，并且会产生一定的网络延时。因此，服务器会发送帧同步开始事件，即发送 CloudEvent.GAMESTARTED 事件来通知客户端。在客户端的 Main.js 脚本中，可以将用于监听帧同步开始事件的方法添加到 onConfigLoaded()方法中，代码如下。

```
//绑定帧同步开始事件的监听回调
this.sdk.on(laya.cloud.CloudEvent.GAMESTARTED, this, function (data) {
    console.log('帧同步开始事件 ', data);
    //帧同步开始时获取的结果，Object {code: 0}
});
```

客户端是通过监听 CloudEvent.FRAMEUPDATE 事件获取帧同步数据的，因此，也可以将下面的代码添加到 onConfigLoaded()方法中。

```
//绑定接收帧同步监听回调
this.sdk.on(laya.cloud.CloudEvent.FRAMEUPDATE, this, this.onFrameUpdate);
```

接收帧同步信息的 onFrameUpdate()方法，代码如下。

```
/**接收帧同步事件 */
onFrameUpdate(data) {
    console.log('帧同步事件', data);
}
```

修改后的 onConfigLoaded()方法，代码如下。

```
    onConfigLoaded() {
        //加载 IDE 指定的场景
        GameConfig.startScene && Laya.Scene.open(GameConfig.startScene);
```

```
        //使用 Laya 账号登录游戏，在浏览器中可以使用 QQ、微信登录
        this.sdk.login(this, this.onLogin);

        Laya.stage.on(Laya.Event.MESSAGE, this, function (data) {
            switch (data.type) {
                case 'match': {        //匹配对手
                    //切换到匹配场景
                    Laya.Scene.open("Match.scene");
                    //发送匹配请求
                    this.sdk.match("common", this, this.onGameMatch);
                } break;
                case 'cancelMatch': {  //取消匹配对手
                    //发送取消匹配请求
                    this.sdk.cancelMatch();
                    //返回开始场景
                    Laya.Scene.open("Start.scene");
                } break;
                default: break;
            }
        });

        //绑定接收广播的监听回调
        this.sdk.on(laya.cloud.CloudEvent.BROADCAST, this, this.onBroadcast);

        //绑定接收帧同步的监听回调
        this.sdk.on(laya.cloud.CloudEvent.FRAMEUPDATE, this, this.onFrameUpdate);

        //绑定帧同步开始事件的监听回调
        this.sdk.on(laya.cloud.CloudEvent.GAMESTARTED, this, function (data) {
            console.log('帧同步开始事件 ', data);
            //帧同步开始时获取的结果，Object {code: 0}
        });
    }
```

启动服务器，登录两个账号并完成匹配，IDE 的调试控制台将不断输出信息。如图 9.17 所示，这些都是客户端接收的帧同步反馈信息，展开任意一条都会看见 f:Array(1)，f 即 frame（帧）的缩写，它是一个数组类型数据。客户端接收帧同步信息后，将自动完成数据格式的转换。因此，客户端没有输入任何同步信息，同步的回调信息也是空的，数组 f 的长度是 1。

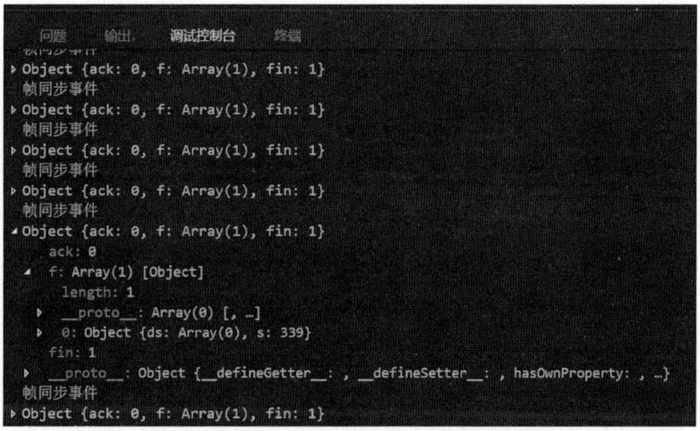

```
问题　输出　调试控制台　终端
帧同步事件
▸ Object {ack: 0, f: Array(1), fin: 1}
帧同步事件
▸ Object {ack: 0, f: Array(1), fin: 1}
帧同步事件
▸ Object {ack: 0, f: Array(1), fin: 1}
帧同步事件
▸ Object {ack: 0, f: Array(1), fin: 1}
帧同步事件
◂ Object {ack: 0, f: Array(1), fin: 1}
    ack: 0
  ◂ f: Array(1) [Object]
      length: 1
   ▸ __proto__: Array(0) [, …]
   ▸ 0: Object {ds: Array(0), s: 339}
    fin: 1
  ▸ __proto__: Object {__defineGetter__: , __defineSetter__: , hasOwnProperty: , …}
帧同步事件
▸ Object {ack: 0, f: Array(1), fin: 1}
```

图 9.17　调试控制台输出的帧同步消息

接下来，需要修改 client\src\scripts\MainSceneScript.js 脚本。在第 8 章的 Animation 项目中，MainSceneScript.js 脚本只能控制一个角色 mainActor，而与之对应的场景 main.scene 的修改已经完成了。现在，我们要让不同的玩家控制同一个角色。在 MainSceneScript.js 脚本的 onEnable() 方法中重新建立正确的角色映射关系，然后，根据玩家是否为房主来分配角色的控制权。在此约定，房主操作的是 actor1，另一位玩家操作的是 actor2。

建立映射关系和判定房主的代码如下。

```
var ground = this.owner.getChildByName('ground');
this.actor1 = ground.getChildByName('actor1');
this.actorScript1 = this.actor1.getComponent(ActorScript);
this.actor2 = ground.getChildByName('actor2');
this.actorScript2 = this.actor2.getComponent(ActorScript);

//判断是否为房主
this.isMaster = GameManager.getInstance().isMaster;
```

对键盘监听事件也需要进行相应的修改，才能适应需求的变化，具体如下。

```
Laya.stage.on(Laya.Event.KEY_DOWN, this, function (e) {
    switch (e.keyCode) {
        case laya.events.Keyboard.A: {
            if (this.isMaster === true) {
                this.actorScript1.moveLeft();
            }
            else {
                this.actorScript2.moveLeft();
            }
```

```
            } break;
            case laya.events.Keyboard.S: {
                if (this.isMaster === true) {
                    this.actorScript1.down();
                }
                else {
                    this.actorScript2.down();
                }
            } break;
            case laya.events.Keyboard.D: {
                if (this.isMaster === true) {
                    this.actorScript1.moveRight();
                }
                else {
                    this.actorScript2.moveRight();
                }
            } break;
            case laya.events.Keyboard.W: {
                if (this.isMaster === true) {
                    this.actorScript1.up();
                }
                else {
                    this.actorScript2.up();
                }
            } break;
            case laya.events.Keyboard.SPACE: {
                if (this.isMaster === true) {
                    this.actorScript1.shot();
                }
                else {
                    this.actorScript2.shot();
                }
            } break;
        }
    });
    Laya.stage.on(Laya.Event.KEY_UP, this, function (e) {
        switch (e.keyCode) {
            case laya.events.Keyboard.A: {
                if (this.isMaster === true) {
                    this.actorScript1.stand();
                }
                else {
                    this.actorScript2.stand();
                }
```

```
        } break;
        case laya.events.Keyboard.D: {
            if (this.isMaster === true) {
                this.actorScript1.stand();
            }
            else {
                this.actorScript2.stand();
            }
        } break;
    }
});
```

为了满足测试的需要，我们对控制角色预制体的 ActorScript.js 脚本进行了修改，主要修改了角色的死亡动画控制方法：当播放死亡动画时，不关闭碰撞检测；当死亡动画播放结束后，角色切换至站立姿势。die()方法的具体修改如下。

```
die() {
     this.animation.play(0, false, "die");
     this.animation.once(Laya.Event.COMPLETE, this, function () {
     console.log('ok, 复活成功！');
     this.stand();
     });
}
```

现在，场景 main.scene 已经可以正常工作了。取消先前在 client\src\Main.js 脚本中屏蔽的打开主场景的操作，修改 onGameMatch()方法，具体如下。

```
…
//打开主场景
Laya.Scene.open('main.scene');
…
```

至此，帧同步的准备工作就完成了。启动服务器并打开两个客户端，完成匹配后，可以在一个客户端操纵一个角色进行移动和射击，但在另一个客户端，对应的角色静止不动——这需要用帧同步来解决。

9.4.6 实现帧同步

在 9.4.5 节中，我们已经在 client\src\Main.js 脚本中通过 onFrameUpdate()方法获取了服务器广播的帧同步信息，现在需要做的是将各个客户端的帧同步操作通知服务器，然后根据服务器的反馈信息进行相应的处理。

有以下两个需要解决的问题。

- 所有在 LayaCloud 客户端的操作，都是在主入口 client\src\Main.js 脚本中完成的，包括 LayaCloud 客户端 CloudSDK 的实例初始化。那么，应该如何将场景 main.scene 中的玩家操作告知 CloudSDK 呢？
- 服务器的帧同步信息如何传递给场景 main.scene 呢？

这两个问题都可以利用 Laya.Event.MESSAGE 事件来处理，具体如下。

- 客户端发送帧同步操作，使用的方法是 CloudSDK.syncopt()。该方法有两个参数：item 是当前帧的标识；data 是需要进行帧同步的数据。因此，可以将 Laya.Event.MESSAGE 事件传递的数据通过 CloudSDK.syncopt()方法转发出去，完成从客户端到服务器的帧同步。
- 虽然 client\src\Main.js 脚本是客户端的主入口，但是，LayaAir 引擎并没有提供类似于 getChildByName()的方法来关联场景的映射，这就需要使用其他方法来获取正在运行的场景 main.scene 的操作权。场景 main.scene 的控制脚本是 src\scripts\MainSceneScript.js，它本身也是一个对象，因此，可以将它作为 Laya.Event.MESSAGE 事件传递的对象进行转发。事实上（传递的只是用于在内存中查找这个对象的指针 this）。

具体实现如下。

首先，建立 Main.js 和 MainSceneScript.js 脚本的直接关联，在 MainSceneScript.js 脚本的 onEnable()方法中添加用于发送 this 指针的代码，具体如下。

```
Laya.stage.event(Laya.Event.MESSAGE, { type: 'getSceneScript', target: this });
```

然后，在 MainSceneScript.js 脚本中添加 onFrameUpdate()方法。该方法将来用于接收服务器帧同步信息并控制远程角色，现在用于验证 Main.js 和 MainSceneScript.js 脚本的直接关联，代码如下。

```
//帧同步控制
onFrameUpdate(info) {
    console.log('Hello world!');
}
```

修改 Main.js 脚本的 onConfigLoaded()方法，在用于监听 Laya.Event.MESSAGE 事件的处理方法中添加分支，代码如下。

```
Laya.stage.on(Laya.Event.MESSAGE, this, function (data) {
    switch (data.type) {
    …
        case 'getSceneScript': {        //获取主场景脚本
            this.mainScenceScript = data.target;
            this.mainScenceScript.onFrameUpdate();
        } break;
        default: break;
    }
});
```

完成上述修改后，启动服务器并打开两个客户端。完成匹配后，就可以在调试控制台看到“Hello world!”字符串了，这是 MainSceneScript.js 脚本中的 onFrameUpdate()方法执行的结果。显然，在 Main.js 脚本中已经可以用 this.mainScenceScript 操纵 MainSceneScript.js 脚本中的方法了。

注意：完成测试后，请务必注释掉以下测试语句。

```
this.mainScenceScript.onFrameUpdate();
```

继续修改 Main.js 脚本中的 onConfigLoaded()方法，在监听 Laya.Event.MESSAGE 事件的处理方法中添加分支，最终的 switch 结构如下，两位玩家发送的帧同步标识 item 分别是 actor1 和 actor2。

```
Laya.stage.on(Laya.Event.MESSAGE, this, function (data) {
    switch (data.type) {
        case 'match': {             //匹配对手
            //切换到匹配场景
            Laya.Scene.open("Match.scene");
            //发送匹配请求
            this.sdk.match("common", this, this.onGameMatch);
        } break;
        case 'cancelMatch': {       //取消匹配对手
            //发送取消匹配请求
            this.sdk.cancelMatch();
            //返回开始场景
            Laya.Scene.open("Start.scene");
        } break;
        case 'getSceneScript': {    //获取主场景脚本
            this.mainScenceScript = data.target;
            this.mainScenceScript.onFrameUpdate();
        } break;
        case 'syncopt': {           //发送帧同步数据
```

```
                // data.info
                var item = "actor1";
                if (GameManager.getInstance().isMaster === false) item = "actor2";
                this.sdk.syncopt(item, data.info);
            } break;
            default: break;
        }
});
```

在定义了同步数据的 Laya.Event.MESSAGE 事件监听后，就要定义具体的同步数据了。帧同步并非将整个游戏的内容传递给另一台设备，传递的只是玩家的操作指令。客户端将这些指令作为远程操作来计算，模拟多个玩家在同一台设备上游戏的情景。

在 MainSceneScript.js 脚本中添加向 Main.js 脚本发送帧同步数据的方法 syncoptReady()，键盘操作指令和对应角色的当前位置都将先被 Laya.Event.MESSAGE 事件发送给 Main.js 脚本，再转发给服务器。syncoptReady()方法的代码如下。

```
//发送帧同步数据
syncoptReady(option) {
    var info = {};
    info.item = "actor1";
    info.option = option;       //键盘操作

    if (this.isMaster === false) {
        info.item = "actor2";
        info.x = this.actor2.x;
        info.y = this.actor2.y;
    }
    else {
        info.x = this.actor1.x;
        info.y = this.actor1.y;
    }

    var infoString = JSON.stringify(info);
    Laya.stage.event(Laya.Event.MESSAGE, { type: 'syncopt', info: infoString });
}
```

定义 syncoptReady()方法后，可以将键盘操作和同步指令关联。修改 MainSceneScript.js 脚本的 onEnable 中对键盘输入的处理方法，将它们与 syncoptReady()方法关联，完成从键盘操作到帧同步数据发送的整个流程。处理键盘输入的代码如下。

```
Laya.stage.on(Laya.Event.KEY_DOWN, this, function (e) {
```

```
switch (e.keyCode) {
    case laya.events.Keyboard.A: {
        if (this.isMaster === true) {
            this.actorScript1.moveLeft();
        }
        else {
            this.actorScript2.moveLeft();
        }
        this.syncoptReady('KEY_DOWN_A');
    } break;
    case laya.events.Keyboard.S: {
        if (this.isMaster === true) {
            this.actorScript1.down();
        }
        else {
            this.actorScript2.down();
        }
        this.syncoptReady('KEY_DOWN_S');
    } break;
    case laya.events.Keyboard.D: {
        if (this.isMaster === true) {
            this.actorScript1.moveRight();
        }
        else {
            this.actorScript2.moveRight();
        }
        this.syncoptReady('KEY_DOWN_D');
    } break;
    case laya.events.Keyboard.W: {
        if (this.isMaster === true) {
            this.actorScript1.up();
        }
        else {
            this.actorScript2.up();
        }
        this.syncoptReady('KEY_DOWN_W');
    } break;
    case laya.events.Keyboard.SPACE: {
        if (this.isMaster === true) {
            this.actorScript1.shot();
        }
        else {
            this.actorScript2.shot();
        }
```

```
            this.syncoptReady('KEY_DOWN_SPACE');
        } break;
    }
});
Laya.stage.on(Laya.Event.KEY_UP, this, function (e) {
    switch (e.keyCode) {
        case laya.events.Keyboard.A: {
            if (this.isMaster === true) {
                this.actorScript1.stand();
            }
            else {
                this.actorScript2.stand();
            }
            this.syncoptReady('KEY_UP_A');
        } break;
        case laya.events.Keyboard.D: {
            if (this.isMaster === true) {
                this.actorScript1.stand();
            }
            else {
                this.actorScript2.stand();
            }
            this.syncoptReady('KEY_UP_D');
        } break;
    }
});
```

接下来，需要处理服务器反馈的帧同步数据。Main.js 脚本中的 onFrameUpdate()方法已经可以获取服务器的帧同步数据了，MainSceneScript.js 脚本中的 onFrameUpdate()方法在 Main.js 脚本中也可以通过 this.mainScenceScript.onFrameUpdate()的形式调用，因此，将它们组合起来，就可以实现服务器反回的帧同步。

当服务器返回的帧同步包含玩家发出的操作指令时，在调试控制台中看到的每一帧的数据 data.f[index].ds，格式如下。

```
0:Object {i: "actor2", id: "7ecf207b6d5985480be9a0063d5a22dbb61d52c6", o:
 "{"item":"actor2","option":"KEY_DOWN_A"}"}
1:Object {i: "actor2", id: "7ecf207b6d5985480be9a0063d5a22dbb61d52c6", o:
"{"item":"actor2","option":"KEY_DOWN_A"}"}
```

参照以上数据格式，修改 Main.js 脚本中的 onFrameUpdate()方法，具体如下。

```
/**接收帧同步事件 */
```

```
onFrameUpdate(data) {
    // console.log('帧同步事件 ', data);
    if (data.f.length > 0) {            //丢弃空包
        for (var i = 0; i < data.f.length; i++) {
            // console.log("-------", data.f[index].ds);
            var info = data.f[i].ds;    //data.f[index].ds 是一个数组
            // console.log(info);
            for (var index = 0; index < info.length; index++) {
                // console.log(info[index].o);
                // console.log('typeof(info[index].o) ===> ',typeof(info[index].o));

                //屏蔽自己发出的操作
                if (info[index].id === GameManager.getInstance().userInfo.userid)
                    continue;
                var info_o = JSON.parse(info[index].o);
                // console.log('info_o.option ===> ',info_o.option);
                this.mainScenceScript.onFrameUpdate(info_o);
            }
        }
    }
}
```

修改 MainSceneScript.js 脚本中的 onFrameUpdate()方法，添加根据帧同步数据控制角色的代码，修改后的代码如下。对比 MainSceneScript.js 脚本中键盘监听事件的方法，可以发现，帧同步数据的操作与键盘监听事件的逻辑是完全相同的。

```
//帧同步控制
onFrameUpdate(info) {
    // console.log('Hello world! ');
    if (info.item === "actor1") {
        this.actor1.x = parseFloat(info.x);
        this.actor1.y = parseFloat(info.y);
        switch (info.option) {
            case 'KEY_DOWN_A': {
                this.actorScript1.moveLeft();
            } break;
            case 'KEY_DOWN_S': {
                this.actorScript1.down();
            } break;
            case 'KEY_DOWN_D': {
                this.actorScript1.moveRight();
            } break;
            case 'KEY_DOWN_W': {
```

```
                this.actorScript1.up();
            } break;
            case 'KEY_DOWN_SPACE': {
                this.actorScript1.shot();
            } break;
            case 'KEY_UP_A': {
                this.actorScript1.stand();
            } break;
            case 'KEY_UP_D': {
                this.actorScript1.stand();
            } break;
        }
    }

    if (info.item === "actor2") {
        this.actor2.x = parseFloat(info.x);
        this.actor2.y = parseFloat(info.y);
        switch (info.option) {
            case 'KEY_DOWN_A': {
                this.actorScript2.moveLeft();
            } break;
            case 'KEY_DOWN_S': {
                this.actorScript2.down();
            } break;
            case 'KEY_DOWN_D': {
                this.actorScript2.moveRight();
            } break;
            case 'KEY_DOWN_W': {
                this.actorScript2.up();
            } break;
            case 'KEY_DOWN_SPACE': {
                this.actorScript2.shot();
            } break;
            case 'KEY_UP_A': {
                this.actorScript2.stand();
            } break;
            case 'KEY_UP_D': {
                this.actorScript2.stand();
            } break;
        }
    }
}
```

完成上述修改后，就实现了双向的帧同步。在本地环境启动服务器和两个客户端，完成匹配，调试效果如图 9.18 所示。

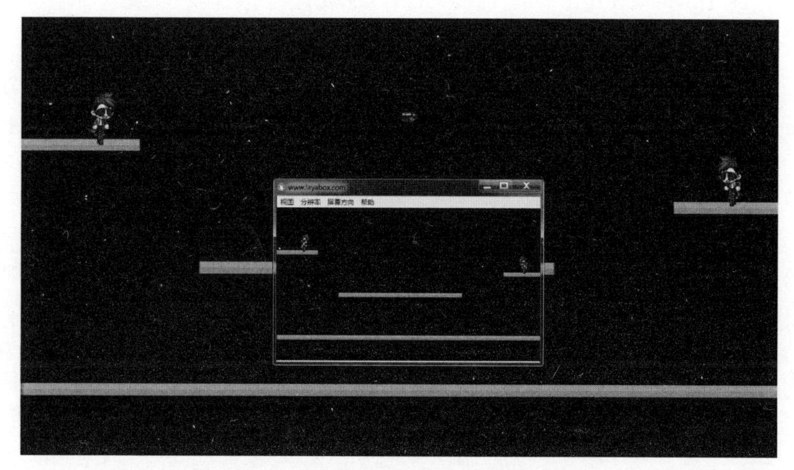

图 9.18 两个客户端帧同步的调试效果

本章的代码修改比较烦琐，主要集中在客户端的 Main.js 和 MainSceneScript.js 脚本中。为了方便读者对比，将这两个脚本的最终完整代码展示如下。

client\src\Main.js 脚本的完整代码如下。

```
1  import GameConfig from "./GameConfig";
2  import GameManager from "./scripts/GameManager";
3  class Main {
4      constructor() {
5              //根据 IDE 设置初始化引擎
6              if (window["Laya3D"]) Laya3D.init(GameConfig.width, GameConfig.height);
7              else Laya.init(GameConfig.width, GameConfig.height, Laya["WebGL"]);
8              Laya["Physics"] && Laya["Physics"].enable();
9              Laya["DebugPanel"] && Laya["DebugPanel"].enable();
10              Laya.stage.scaleMode = GameConfig.scaleMode;
11              Laya.stage.screenMode = GameConfig.screenMode;
12              Laya.stage.alignV = GameConfig.alignV;
13              Laya.stage.alignH = GameConfig.alignH;
14              //兼容微信不支持加载 scene 后缀场景的问题
15              Laya.URL.exportSceneToJson = GameConfig.exportSceneToJson;
16
17              //打开调试面板
18              //通过 IDE 设置调试模式，或者在 URL 中增加 debug=true 参数，均可打开调试面板
19              if (GameConfig.debug || Laya.Utils.getQueryString("debug") == "true")
20                   Laya.enableDebugPanel();
21              if (GameConfig.physicsDebug && Laya["PhysicsDebugDraw"])
```

```
22                  Laya["PhysicsDebugDraw"].enable();
23             if (GameConfig.stat) Laya.Stat.show();
24             Laya.alertGlobalError = true;
25 
26             this.sdk = new laya.cloud.CloudSDK("cloud_8696",
27                  laya.cloud.Environment.INTERNET_TEST, this, this.onSDKInited);
28             // this.sdk.setIntranetServerIP('192.168.5.6');
29        }
30 
31        onSDKInited() {
32             console.log('LayaCloud 初始化完成');
33             //激活资源版本控制，version.json 由 IDE 发布功能自动生成
34             //如果没有，也不影响后续流程
35             Laya.ResourceVersion.enable("version.json", Laya.Handler.create(this,
36                   this.onVersionLoaded), Laya.ResourceVersion.FILENAME_VERSION);
37        }
38 
39        onVersionLoaded() {
40             //激活大小图映射，加载小图
41             //如果发现小图在大图合集里，则优先加载大图，而不是小图
42             Laya.AtlasInfoManager.enable("fileconfig.json",
43                  Laya.Handler.create(this, this.onConfigLoaded));
44        }
45 
46        onConfigLoaded() {
47             //加载 IDE 指定的场景
48             GameConfig.startScene && Laya.Scene.open(GameConfig.startScene);
49 
50             //使用 Laya 账号登录游戏，在浏览器中可以使用 QQ、微信登录
51             this.sdk.login(this, this.onLogin);
52 
53             Laya.stage.on(Laya.Event.MESSAGE, this, function (data) {
54                  switch (data.type) {
55                       case 'match': {              //匹配对手
56                            //切换到匹配场景
57                            Laya.Scene.open("Match.scene");
58                            //发送匹配请求
59                            this.sdk.match("common", this, this.onGameMatch);
60                       } break;
61                       case 'cancelMatch': {        //取消匹配对手
62                            //发送取消匹配请求
63                            this.sdk.cancelMatch();
64                            //返回开始场景
65                            Laya.Scene.open("Start.scene");
```

```
66                  } break;
67                  case 'getSceneScript': {     //获取主场景脚本
68                      this.mainScenceScript = data.target;
69                      // this.mainScenceScript.onFrameUpdate();
70                  } break;
71                  case 'syncopt': {            //发送帧同步数据
72                      // data.info
73                      var item = "actor1";
74                      if (GameManager.getInstance().isMaster === false)
75                          item = "actor2";
76                      this.sdk.syncopt(item, data.info);
77                  } break;
78                  default: break;
79              }
80          });
81
82          //绑定接收广播的监听回调
83          this.sdk.on(laya.cloud.CloudEvent.BROADCAST, this, this.onBroadcast);
84
85          //绑定接收帧同步的监听回调
86          this.sdk.on(laya.cloud.CloudEvent.FRAMEUPDATE, this, this.onFrameUpdate);
87
88          //绑定帧同步开始事件的监听回调
89          this.sdk.on(laya.cloud.CloudEvent.GAMESTARTED, this, function (data) {
90              console.log('帧同步开始事件 ', data);
91              //帧同步开始时获取的结果，Object {code: 0}
92          });
93      }
94
95      /**接收帧同步事件 */
96      onFrameUpdate(data) {
97          // console.log( ' 帧同步事件 ', data);
92          if (data.f.length > 0) {                  //丢弃空包
99              for (var i = 0; i < data.f.length; i++) {
100                 // console.log("-------", data.f[index].ds);
101                 var info = data.f[i].ds;    //data.f[index].ds 是一个数组
102                 // console.log(info);
103                 for (var index = 0; index < info.length; index++) {
104                     // console.log(info[index].o);
105                     // console.log('typeof(info[index].o) ===> ',
106                     // typeof(info[index].o));
107
108                     //屏蔽自己发出的操作
109                     if (info[index].id === ameManager.getInstance().userInfo.userid)
```

```
110                                 continue;
111                             var info_o = JSON.parse(info[index].o);
112                             // console.log('info_o.option ===> ',info_o.option);
113                             this.mainScenceScript.onFrameUpdate(info_o);
114                         }
115                     }
116                 }
117             }
118 
119             /** 收到服务端发送的广播*/
120             onBroadcast(data) {
121                 console.log('收到广播----> ', data);
122                 var dataInfo = JSON.parse(data);
123                 console.log('dataInfo ', dataInfo);
124                 switch (dataInfo.cmd) {
125                     case "start": {
126                         GameManager.getInstance().randomSeed =
127                             parseInt(dataInfo.randomSeed);
128                         //如果是房主，则发送帧同步请求
129                         if (GameManager.getInstance().matchData.master ===
130                             GameManager.getInstance().userInfo.userid)
131                             this.sdk.startGame();
132                     } break;
133                     default: break;
134                 }
134             }
136 
137             /**登录服务器 */
138             onLogin(userInfo) {
139                 console.log("客户端--->登录成功！");
140                 GameManager.getInstance().userInfo = userInfo;
141                 console.log("GameManager.userInfo ---> ", GameManager.getInstance().userInfo);
142                 //用户必须在某个房间里，登录后进入房间，即 single
143                 //joinRoom 的房间标识，如果需要进入默认房间，则传递默认房间类型的名称，如 single
144                 this.sdk.joinRoom(GameManager.getInstance().userInfo.serverid, 'single',
145                     GameManager.getInstance().userInfo.token, this, this.onJoinHall);
146             }
147 
148             /**进入大厅 */
149             onJoinHall(data) {
150                 console.log("客户端--->进入大厅成功", data);
151                 var hall = data.room;
152                 console.log("hall--->", hall, hall.status);  //status 表示房间状态，0 为正常
153             }
```

```
154
155         /** 收到匹配成功消息*/
156         onGameMatch(data) {
157             console.log("收到匹配成功消息------------------------>>", data);
158             GameManager.getInstance().matchData = data;//存储匹配数据
159
160             //确定身份是否为房主
161             if (GameManager.getInstance().matchData.master ===
162                 GameManager.getInstance().userInfo.userid)
163                 GameManager.getInstance().isMaster = true;
164             else GameManager.getInstance().isMaster = false;
165
166             //打开主场景
167             Laya.Scene.open('main.scene');
168
169             //进入匹配好的房间
170             this.sdk.joinRoom(GameManager.getInstance().matchData.serverid,
171                 GameManager.getInstance().matchData.roomname,
172                 GameManager.getInstance().matchData.token, this, this.onJoinMatchRoom);
173         }
174
175         /**进入匹配的房间 */
176         onJoinMatchRoom(data) {
177             console.log("客户端--->进入房间成功", data);
178             var room = data.room;
179             console.log("room--->", room, room.status);  //status 表示房间状态，0 为正常
180         }
181 }
182 //激活启动类
183 new Main();
```

client\src\scripts\MainSceneScript.js 脚本的完整代码如下。

```
1  /**MainScript */
2
3  import ActorScript from "./ActorScript";
4  import GameManager from "./GameManager";
5
6  export default class MainSceneScript extends Laya.Script {
7      constructor() { super(); }
8      onEnable() {
9          var ground = this.owner.getChildByName('ground');
10          this.actor1 = ground.getChildByName('actor1');
11          this.actorScript1 = this.actor1.getComponent(ActorScript);
```

```
12         this.actor2 = ground.getChildByName('actor2');
13         this.actorScript2 = this.actor2.getComponent(ActorScript);
14 
15         //判断是否为房主
16         this.isMaster = GameManager.getInstance().isMaster;
17 
18         Laya.stage.event(Laya.Event.MESSAGE,
19               { type: 'getSceneScript', target: this });
20 
21         Laya.stage.on(Laya.Event.KEY_DOWN, this, function (e) {
22             switch (e.keyCode) {
23                 case laya.events.Keyboard.A: {
24                     if (this.isMaster === true) {
25                         this.actorScript1.moveLeft();
26                     }
27                     else {
28                         this.actorScript2.moveLeft();
29                     }
30                     this.syncoptReady('KEY_DOWN_A');
31                 } break;
32                 case laya.events.Keyboard.S: {
33                     if (this.isMaster === true) {
34                         this.actorScript1.down();
35                     }
36                     else {
37                         this.actorScript2.down();
38                     }
39                     this.syncoptReady('KEY_DOWN_S');
40                 } break;
41                 case laya.events.Keyboard.D: {
42                     if (this.isMaster === true) {
43                         this.actorScript1.moveRight();
44                     }
45                     else {
46                         this.actorScript2.moveRight();
47                     }
48                     this.syncoptReady('KEY_DOWN_D');
49                 } break;
50                 case laya.events.Keyboard.W: {
51                     if (this.isMaster === true) {
52                         this.actorScript1.up();
53                     }
54                     else {
55                         this.actorScript2.up();
```

```
56                      }
57                      this.syncoptReady('KEY_DOWN_W');
58                  } break;
59                  case laya.events.Keyboard.SPACE: {
60                      if (this.isMaster === true) {
61                          this.actorScript1.shot();
62                      }
63                      else {
64                          this.actorScript2.shot();
65                      }
66                      this.syncoptReady('KEY_DOWN_SPACE');
67                  } break;
68              }
69          });
70          Laya.stage.on(Laya.Event.KEY_UP, this, function (e) {
71              switch (e.keyCode) {
72                  case laya.events.Keyboard.A: {
73                     if (this.isMaster === true) {
74                          this.actorScript1.stand();
75                      }
76                      else {
77                          this.actorScript2.stand();
78                      }
79                      this.syncoptReady('KEY_UP_A');
80                  } break;
81                  case laya.events.Keyboard.D: {
82                    if (this.isMaster === true) {
83                          this.actorScript1.stand();
84                      }
85                      else {
86                          this.actorScript2.stand();
87                      }
88                      this.syncoptReady('KEY_UP_D');
89                  } break;
90              }
91          });
92      }
93
94      //发送帧同步数据
95      syncoptReady(option) {
96          var info = {};
97          info.item = "actor1";
98          info.option = option;          //键盘操作
99
```

```
100         if (this.isMaster === false) {
101             info.item = "actor2";
102             info.x = this.actor2.x;
103             info.y = this.actor2.y;
104         }
105         else {
106             info.x = this.actor1.x;
107             info.y = this.actor1.y;
108         }
109
110         var infoString = JSON.stringify(info);
111         Laya.stage.event(Laya.Event.MESSAGE, { type: 'syncopt', info: infoString });
112     }
113
114     //帧同步控制
115     onFrameUpdate(info) {
116         // console.log('Hello world! ');
117         if (info.item === "actor1") {
118             this.actor1.x = parseFloat(info.x);
119             this.actor1.y = parseFloat(info.y);
120             switch (info.option) {
121                 case 'KEY_DOWN_A': {
122                     this.actorScript1.moveLeft();
123                 } break;
124                 case 'KEY_DOWN_S': {
125                     this.actorScript1.down();
126                 } break;
127                 case 'KEY_DOWN_D': {
128                     this.actorScript1.moveRight();
129                 } break;
130                 case 'KEY_DOWN_W ': {
131                     this.actorScript1.up();
132                 } break;
133                case 'KEY_DOWN_SPACE': {
134                     this.actorScript1.shot();
135                 } break;
136                 case 'KEY_UP_A': {
137                     this.actorScript1.stand();
138                 } break;
139                 case 'KEY_UP_D': {
140                     this.actorScript1.stand();
141                 } break;
142             }
143         }
```

```
144
145         if (info.item === "actor2") {
146             this.actor2.x = parseFloat(info.x);
147             this.actor2.y = parseFloat(info.y);
148             switch (info.option) {
149                 case 'KEY_DOWN_A': {
150                     this.actorScript2.moveLeft();
151                 } break;
152                 case 'KEY_DOWN_S': {
153                     this.actorScript2.down();
154                 } break;
155                 case 'KEY_DOWN_D': {
156                     this.actorScript2.moveRight();
157                 } break;
158                 case 'KEY_DOWN_W': {
159                     this.actorScript2.up();
160                 } break;
161                 case 'KEY_DOWN_SPACE': {
162                     this.actorScript2.shot();
163                 } break;
164                 case 'KEY_UP_A': {
165                     this.actorScript2.stand();
166                 } break;
167                 case 'KEY_UP_D': {
168                     this.actorScript2.stand();
169                 } break;
170             }
171         }
172     }
173 }
```

9.5 小结

在本章中，我们了解了联网游戏与帧同步的原理，并通过一个案例熟悉了 LayaCloud 的帧同步功能。

LayaCloud 是 LayaAir 的有益补充。现在，展现在我们面前的是网络游戏的星辰大海。

第 10 章　用 LayaBox 开发微信小游戏

微信小游戏是最热门的 HTML5 游戏应用之一。微信小游戏是一种基于微信平台的、不需要下载或安装即可运行的全新的游戏应用，体现了“用完即走”的理念，节省了用户的手机内存。微信小游戏，无论是开发，还是使用，都轻便、快捷。同时，基于微信的社交属性，微信小游戏具备了较强的社交传播力，使用户可以和朋友一起享受游戏的乐趣。微信小游戏基于微信平台的特性，支持将游戏分享给微信好友和微信群，并提供了好友排行榜等功能，让社交分享裂变成为可能。

在第 1 章中，我们已经体验了使用 LayaBox 开发微信小游戏的流程。在本章中，将介绍发布微信小游戏的相关内容。本章主要涉及的知识点如下。

- 微信小游戏开发基础知识。
- 微信小游戏获取用户授权信息。
- 微信小游戏的转发与分享。
- 微信关系链数据、开放数据域。

10.1　微信小游戏开发基础

微信开发者工具是发布微信小游戏的唯一工具。LayaAir 引擎可以完成微信小游戏的整体开发，但 LayaAir 引擎发布的内容必须经过微信开发者工具的编译才能正式发布。

微信小游戏只有以下两个必要文件。

- game.js：小游戏入口文件。
- game.json：配置文件。

微信小游戏的文件系统可以通过 wx.getFileSystemManager()方法获取全局唯一的文件系统管理器，所有文件系统的管理操作都通过 FileSystemManager 调用，示例如下。

```
const fs = wx.getFileSystemManager()
```

微信小游戏的文件主要分为两大类。

代码包文件是指在项目目录中添加的文件。每个微信小游戏在首次启动时必须下载必要的代码包，这个必要的代码包称为主包，开发者可以在主包内触发其他分包的下载。一个微信小游戏的所有分包，大小都不能超过 8MB，单个分包/主包的大小不能超过 4MB。

本地文件通过调用接口在本地产生，也可以通过网络下载需要存储到本地的文件。本地文件分为以下 3 种。

- 本地临时文件：临时产生、随时会被回收的文件，文件大小不限。
- 本地缓存文件：微信小游戏通过接口把本地临时文件缓存后生成的文件，不能自定义目录和文件名。除非用户主动删除微信小游戏，否则，本地缓存文件不会被删除。
- 本地用户文件：微信小游戏通过接口把本地临时文件缓存后生成的文件，允许自定义目录和文件名。除非用户主动删除微信小游戏，否则，本地用户文件不会被删除。

微信小游戏的本地用户文件与本地缓存文件的大小合计不能超过 50MB。

微信小游戏可以看作有画布（canvas）的微信小程序。微信小游戏的运行环境是一个定制的 JavaScript 虚拟机，使用其他语言开发的微信小游戏，最终都会被编译成 JavaScript 代码包来运行。微信小游戏的运行环境不同于浏览器，其中没有浏览器对象模型（Browser Object Model，BOM）和文档对象模型（Document Object Model，DOM）的 API。微信小游戏使用的是专用的 API，即 wxAPI。

使用 LayaAir 引擎开发微信小游戏，有如下注意事项。

- 微信小游戏不支持 DOM，事件监听需要使用 LayaAir 引擎提供的方法实现。
- 微信小游戏不支持 eval()方法，需要使用其他语法实现。
- 微信小游戏不支持 XML 解析，配置文件全部为 JSON 文件。

10.2 获取用户授权信息

wxAPI 的部分接口需要经过用户授权才能调用。这些接口按使用范围分成多个 scope（范围），用户选择对 scope 进行授权。当用户授权一个 scope 后，其对应的所有接口都可以直接使用。scope 的详细描述，如表 10.1 所示。

表 10.1 scope 的详细描述

scope	对应接口	描述
scope.userInfo	wx.getUserInfo	用户信息
scope.userLocation	wx.getLocation	地理位置
scope.werun	wx.getWeRunData	微信运动步数
scope.writePhotosAlbum	wx.saveImageToPhotosAlbum	保存到相册

部分接口需要获得用户授权后才能调用。在调用此类接口时，需要注意以下问题。

- 如果用户未接受或拒绝过此授权，就会弹窗询问用户，用户同意后方可调用接口。
- 如果用户已授权，则可以直接调用接口。
- 如果用户已拒绝授权，就不会出现弹窗，而是直接进入回调 fail 接口。在开发时，应兼容用户拒绝授权的场景。

使用 wx.getSetting()方法，可以获取用户当前的授权状态。用户可以在微信小游戏的设置界面控制授权状态。

在开发中，可以调用 wx.openSetting()方法，打开设置界面，引导用户开启授权，也可以使用 wx.authorize()方法，在调用需授权的 API 之前向用户发起授权请求。

注意

- wx.authorize({scope: "scope.userInfo"})不会弹出授权窗口，应使用 wx.createUserInfoButton。
- 在需要授权 scope.userLocation 时，必须配置地理位置用途说明。

10.3 微信小游戏的转发与分享

转发与分享是微信小游戏在微信平台上重要的传播途径。微信的本质是浏览器，微信小游戏的转发实际上是转发能够跳转至该微信小游戏的网页链接。微信小游戏的转发分为被动转发与主动转发两种方式。被动转发是指通过微信小游戏右上角的设置按钮，打开菜单进行转发；主动转发是指用户在游戏中以任意方式主动触发转发功能。如果要使用主动转发功能，就必须开启被动转发功能。

开启被动转发功能的代码如下。

```
//显示当前页面的转发按钮
wx.showShareMenu({
    withShareTicket: true
});
//设置 withShareTicket 为 true
```

```
//这个属性的修改对主动转发和被动转发同时生效
wx.updateShareMenu({
    withShareTicket: true
})
```

wx.showShareMenu()方法用于显示默认隐藏的被动转发按钮。wx.updateShareMenu()方法用于修改转发属性，修改后的设置会同时对主动转发和被动转发生效。如果设置 withShareTicket 为 true，就会有以下效果。

- 在选择联系人时，只能选择一个目标，不能多选。
- 消息被转发后，在会话窗口中无法通过长按进行二次转发。
- 如果消息转发的目标是微信群，就会在转发成功时获得一个 shareTicket。
- 当有用户通过微信小游戏分享卡片登录游戏时，将获得一个 shareTicke。

微信小游戏原来是可以通过调用 wx.getShareInfo()方法传入 shareTicket 以获取微信群的相关信息的，但由于早期微信小游戏的转发反馈功能被滥用，自 2018 年 10 月 10 日起提交发布的微信小游戏，无法使用分享回调参数 success、fail、complete，即用户从微信小游戏中分享消息给好友后，开发者无法获知用户是否完成了分享，也无法在分享后立即获得 shareTicket。

使用 wxAPI 提供的 wx.shareAppMessage()方法，可以进行主动转发。该方法的传入参数是一个规定了属性的对象，其中常用的参数是 title 和 imageUrl，示例如下。title 是转发标题，默认使用当前微信小游戏的昵称。imageUrl 是转发时显示的图片的链接，可以是网络图片路径，也可以是本地图片文件路径或相对于代码包根目录的图片文件路径。转发时显示的图片的宽高比是 5：4。

```
    wx.shareAppMessage({
        title: "LayaBox 游戏分享",
        imageUrl: "img/image.png",
})
```

LayaAir 引擎可以将微信小游戏截屏作为转发时显示的图片，示例如下。

```
var width = 950;
var height = 640;
var htmlC = Laya.stage.drawToCanvas(width, height, -70, -320);
var canvas = htmlC.getCanvas();
var title = "LayaBox 游戏分享";
canvas.toTempFilePath({
   x: 0,
   y: 0,
```

```
    width: width,
    height: height,
    destWidth: 500,
    destHeight: 400,

    success: function (res) {
        wx.shareAppMessage({
            imageUrl: res.tempFilePath,
            title: title
        })
    }
});
```

10.4 实践微信小游戏的分享功能

在本节中，我们将实践微信小游戏的分享功能。

新建一个 LayaAir 空项目，设置如下。

- 项目名称：primaryDomain。
- 项目路径：D:\layabox2x\laya2project\chapter10。
- 编程语言：JavaScript。
- 勾选微信/百度小游戏 bin 目录快速调试选项。

在结构上，微信小游戏项目与普通项目最大的差异是，微信小游戏需要创建 game.js 和 game.json 这两个文件。勾选微信/百度小游戏 bin 目录快速调试选项后，IDE 将自动在 bin 目录下创建这两个文件，我们可以在开发过程中使用微信开发者工具调试 bin 目录下尚处在编译阶段的项目。

在项目设置中，设置场景适配模式为 showall，设计宽度为 720 像素，设计高度为 1280 像素。新建脚本目录 D:\layabox2x\laya2project\chapter10\primaryDomain\src\script\，然后创建场景 main.scene。

编辑 main.scene 场景，为其添加一个 Image 作为背景。Image 的属性设置如下。

- sizeGrid：30,5,5,5。
- skin：comp/img_bg.png。
- x：340。
- y：0。
- width：600。

- height：720。

编辑 main.scene 场景，为其添加一个名为 btn_share 的按钮。完成编辑的 main.scene 场景，如图 10.1 所示。btn_share 的属性设置如下。

- var：btn_share。
- label：分享。
- skin：comp/button.png。
- x：10。
- y：660。
- width：100。
- height：100。
- labelSize：32。

图 10.1　完成编辑的 main.scene 场景

创建脚本 src/script/MainScene.js，将它设置为场景的 runtime 属性。在 MainScene.js 中添加了主动转发功能。因为 wxAPI 的所有功能在 Laya IDE 中都无法运行，所以，为了不影响在 IDE 中调试与 wxAPI 无关的功能，需要判断运行环境。可以使用“(typeof wx === "undefined")”语句进行判断，示例如下。

```
/**MainScene */
export default class MainScene extends Laya.Scene {
    constructor() { super(); }
    onEnable() {
        //判断是否为微信开发环境
        if (typeof wx === "undefined") return;

        this.btn_share.on(Laya.Event.CLICK, this, function (e) {
```

```
            e.stopPropagation();     //阻止冒泡

            var title = 'LayaBox游戏分享';
            //不是图集，单独加载
            var imageUrl = 'img/image.png';

            //主动转发至微信群
            if (typeof wx !== "undefined") {
                wx.shareAppMessage({
                    title: title,
                    imageUrl: imageUrl,
                })
            }
        });
    }
}
```

由于在使用主动转发功能时需要开启被动转发功能，而被动转发功能是各个场景共用的，因此，将它放在项目的入口脚本 src/Main.js 中比较合适。修改 src/Main.js 脚本，将被动转发功能封装成 wxFunction()方法，在 onConfigLoaded()方法的最后添加 wxFunction()方法。至此，分享功能代码准备完毕，具体如下，但还有一些后续工作需要处理。

```
/** Main.js*/
onConfigLoaded() {
        //加载IDE指定的场景
        GameConfig.startScene && Laya.Scene.open(GameConfig.startScene);

        this.wxFunction();
    }

    //微信功能
    wxFunction() {
        //判断是否为微信开发环境
        if (typeof wx === "undefined") return;

        //显示当前页面的转发按钮
        wx.showShareMenu({
            withShareTicket: true
        });
        //设置withShareTicket为true
        //这个属性的修改对主动转发和被动转发同时生效
        wx.updateShareMenu({
            withShareTicket: true
```

```
    })
}
```

修改 bin/game.json 文件中的 deviceOrientation 属性为 landscape 并保存。微信小游戏的 deviceOrientation 属性是用来控制屏幕显示方式的，它有两种设置：landscape 是横屏；portrait 是竖屏。

在 bin 目录下新建一个 img 目录，将 laya/assets/comp 目录下的 image.png 复制到 img 目录下（作为转发游戏时显示的图片）。

发布项目，具体设置如下。

- 发布平台：微信小游戏。
- 源根目录：D:\layabox2x\laya2project\chapter10\primaryDomain\bin。
- 发布目录：D:\layabox2x\laya2project\chapter10\primaryDomain\release\wxgame。
- 是否重新编译项目：勾选。
- 是否只复制 index.html 内引用的 js 文件：勾选。

如图 10.2 所示，打开微信开发者工具，导入项目，然后按上述内容进行设置，发布目录为 D:\layabox2x\laya2project\chapter10\primaryDomain\release\wxgame。

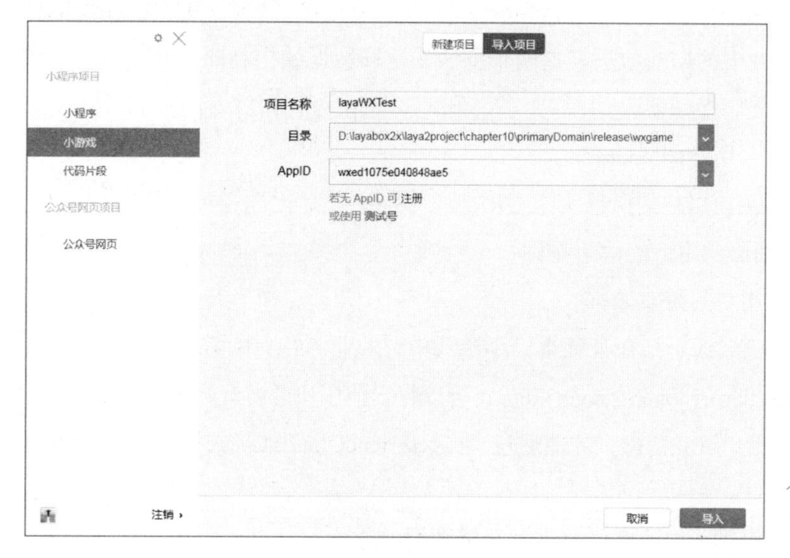

图 10.2　导入项目

下面，在微信开发者工具中测试主动转发功能。单击【分享】按钮，然后任意选择一个模拟微信群，模拟器将切换至如图 10.3 所示的界面。也可以采用真机调试来测试主动转发功能。

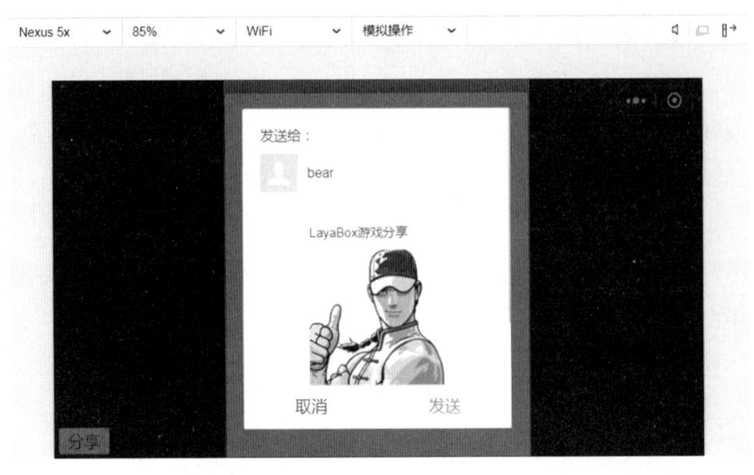

图 10.3　转发游戏

10.5　微信关系链数据概述

为了增强微信用户在微信小游戏中的互动，微信平台提供了关系链数据接口。例如，使用 wx.getFriendCloudStorage()方法，可以反馈当前用户的微信好友在同一款微信小游戏中的游戏数据。再如，使用 wx.getGroupCloudStorage()方法，可以反馈当前用户所在微信群的群成员在同一款微信小游戏中的游戏数据。这两个方法的返回数据结构相同，数据是对象数组，数组元素是用户数据，其属性如下。

- openId：用户的 openId。
- avatarUrl：用户的微信头像 URL。
- nickName：用户的微信昵称。
- data：用户的游戏数据。

用户的游戏数据是指在某款微信小游戏中游戏业务特有的数据，例如用户的级别、战绩等。通过调用 wx.setUserCloudStorage()方法，可以将当前用户的游戏数据提交到微信后台。只有提交到微信后台的用户游戏数据，才能通过 wx.getFriendCloudStorage()和 wx.getGroupCloudStorage()方法反馈。

wxAPI 还提供了以下两种管理关系链数据的方法。

- wx.removeUserCloudStorage()：删除用户托管数据中指定字段的数据。
- wx.getUserCloudStorage()：获取当前用户的托管数据。

微信关系链数据是使用开放数据域进行数据隔离并确保数据沙箱安全的。开放数据域是一个封闭且独立的 JavaScript 作用域。要想让代码运行在开放数据域中，就要在 game.json 中添加属性 openDataContext，该属性用于指定开放数据域的代码目录。添加该属性，表示微信小游戏启用了开放数据域，示例如下。

```
/** game.json */
{
  "deviceOrientation": "portrait",
  "openDataContext": "src/myOpenDataContext"
}
```

开放数据域的入口脚本是开放数据域代码目录下的 index.js，其代码运行在开放数据域中。主域的 game.js 是整个微信小游戏的入口脚本。主域和开放数据域中的代码不能相互请求。

wxAPI 提供的以下 3 种方法，只能在开放数据域中使用。

- wx.getUserCloudStorage()。
- wx.getFriendCloudStorage()。
- wx.getGroupCloudStorage()。

下面两种方法在主域和开放数据域中均可使用。

- wx.setUserCloudStorage()。
- wx.removeUserCloudStorage()。

主域和开放数据域的通信是单向的：主域可以向开放数据域发送消息；开放数据域不能向主域发送消息。在主域中向子域发送消息的步骤如下。

（1）在主域中，调用 wx.getOpenDataContext()方法，获取开放数据域实例。

（2）调用开放数据域实例的 postMessage()方法，向开放数据域发送消息。

示例如下。

```
// game.js
const openDataContext = wx.getOpenDataContext()
openDataContext.postMessage({
  text: 'hello',
  year: (new Date()).getFullYear()
})
```

在开放数据域中，可以通过 wx.onMessage()方法监听主域发送的消息，示例如下。

```
// src/myOpenDataContext/index.js
wx.onMessage(data => {
```

```
  console.log(data)
 /* {
   text: 'hello',
   year: 2019
  } */
})
```

关系链数据的展示是微信关系链数据应用的一个难点。简言之，微信小游戏的运行环境是一个定制的 JavaScript 虚拟机，它有多个重叠的 canvas，分别用于主域和开放数据域的展示，canvas 之间不能进行交互。

从 2.0 版本开始，LayaAir IDE 提供了微信开放数据域展示组件 WXOpenDataViewer 来简化微信关系链数据的开发。WXOpenDataViewer 组件可以在编辑模式下使用，使用方式是在资源管理器中展开【Basics】→【UI】项目，在靠近底部的位置找到该组件，将其拖入场景编辑器。WXOpenDataViewer 组件在场景编辑器中的显示效果，如图 10.4 所示。

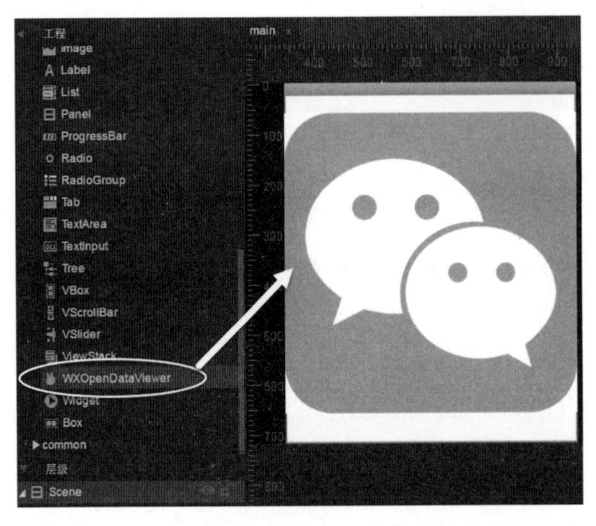

图 10.4　WXOpenDataViewer 组件的显示效果

10.6　使用微信关系链数据制作排行榜

在本节中，我们将在已创建的微信小游戏项目的基础上，添加好友排行榜功能。完成后的好友排行榜，如图 10.5 所示，在界面右下角有两个按钮，分别用于开启和关闭好友排行榜。单击【打开排行榜】按钮，主域会随机生成一个 10000 以内的整数作为 bestScore 并传递给开放数据域，开放数据域将 bestScore 作为游戏数据，通过 wx.setUserCloudStorage()方法提交到微信后台，然后通过 getFriendCloudStorage()方法获取好友的游戏数据，并将排在前 5 名的好友数据显示在界面上。

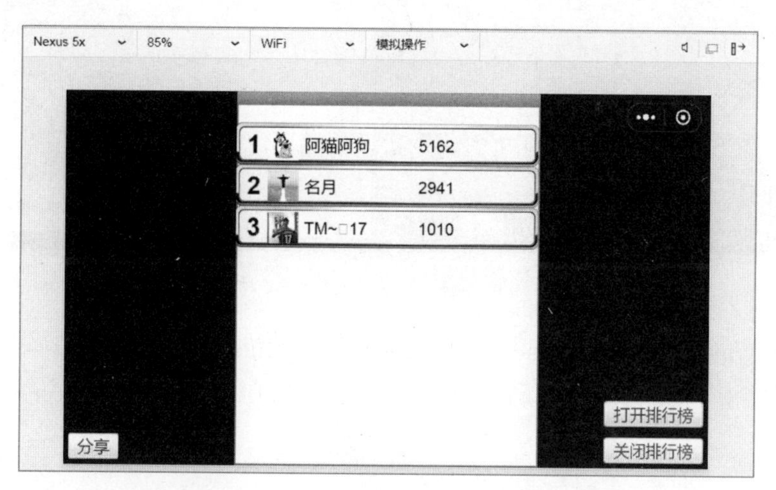

图 10.5　完成后的好友排行榜

添加好友排行榜功能的具体步骤如下。

修改 primaryDomain 项目，在 main.scene 场景中添加 WXOpenDataViewer 组件，设置其属性 var 为 rank、x 为 340 像素、y 为 60 像素、width 为 600 像素、height 为 600 像素。

修改 primaryDomain 项目，在 main.scene 场景中添加两个按钮，参照表 10.2 设置它们的属性。

表 10.2　按钮属性

var	btn_open	btn_close
label	打开排行榜	关闭排行榜
skin	comp/button.png	comp/button.png
x	1070	1070
y	590	660
width	200	200
height	50	50
labelSize	32	32

修改后的 main.scene 场景在场景编辑器中，如图 10.6 所示。

图 10.6　修改后的 main.scene 场景

修改 src/script/MainScene.js 脚本，为新添加的两个按钮添加点击事件响应方法并关联主域向开放数据域发送的事件，控制排行榜的开启和关闭。修改后完整的 MainScene.js 脚本的代码如下。

```
/**MainScene */
export default class MainScene extends Laya.Scene {
    constructor() { super(); }
    onEnable() {
        //判断是否为微信开发环境
        if (typeof wx === "undefined") return;

        this.btn_open.on(Laya.Event.CLICK, this, function (e) {
            e.stopPropagation();      //阻止冒泡

            var bestScore = parseInt(Math.random() * 10000);
            //发送命令，让子域显示排行榜
            this.rank.postMsg({
                type: "show",
                bestScore: bestScore
            });
        });

        this.btn_close.on(Laya.Event.CLICK, this, function (e) {
            e.stopPropagation();      //阻止冒泡
            //发送命令，让子域关闭排行榜
            this.rank.postMsg({
                type: "close"
            });
        });
```

```
        this.btn_share.on(Laya.Event.CLICK, this, function (e) {
            e.stopPropagation();     //阻止冒泡

            var title = 'LayaBox 游戏分享';
            //不是图集，单独加载
            var imageUrl = 'img/image.png';

            //主动转发至微信群
            if (typeof wx !== "undefined") {
                wx.shareAppMessage({
                    title: title,
                    imageUrl: imageUrl,
                })
            }
        });
    }
}
```

为了方便调试，也可以在 onEnable()方法中添加下面的代码，实现界面加载完成后自动打开排行榜的功能。

```
var bestScore = parseInt(Math.random() * 10000);
//发送指令，让子域显示排行榜
this.rank.postMsg({
type: "show",
  bestScore: bestScore
});
```

修改 bin/game.json 文件，添加开放数据域属性定义，具体如下。

```
"openDataContext": "src/myOpenDataContext"
```

现在，对主域的修改已经完成了。重新编译并发布项目，如果微信开发者工具没有关闭，那么编译器将会报错，提示“game.json 文件内容错误，openDataContext 字段需为目录”（这是因为我们还没有创建开放数据域目录 src/myOpenDataContext。稍后完成这个目录的创建工作，目前不需要处理微信开发者工具的编译错误）。

接下来，创建开放数据域项目。开放数据域有其特殊性，对此，LayaAir 的解决方案是创建单独的开放数据域项目。在新建项目时，可以将项目类型设置为开放数据域项目，这样，IDE 就会自动创建模板并生成对应的代码了。为了详细了解开放数据域，在此我们将创建 LayaAir

空项目，然后将其改造为开放数据域项目，设置如下。

新建一个 LayaAir 空项目。

- 项目名称：openDataContext。
- 项目路径：D:\layabox2x\laya2project\chapter10。
- 编程语言：JavaScript。

在项目设置中，设置场景适配模式为 showall，设计宽度为 720 像素，设计高度为 1280 像素。新建脚本目录 D:\layabox2x\laya2project\chapter10\openDataContext\src\script\。

注意：本节在 IDE 中的操作，均在 openDataContext 项目中进行。

新建视图 View，如图 10.7 所示。在新建对话框中设置名称为 Rank、宽度为 600 像素、高度为 600 像素、参考背景颜色为#ffffff。视图 View 作为渲染的容器，尺寸应和主域中 WXOpenDataViewer 组件的尺寸一致，并且主域和开放数据域的设计尺寸必须一致，只有这样，开放数据域的视图才能正确地显示在希望的区域。

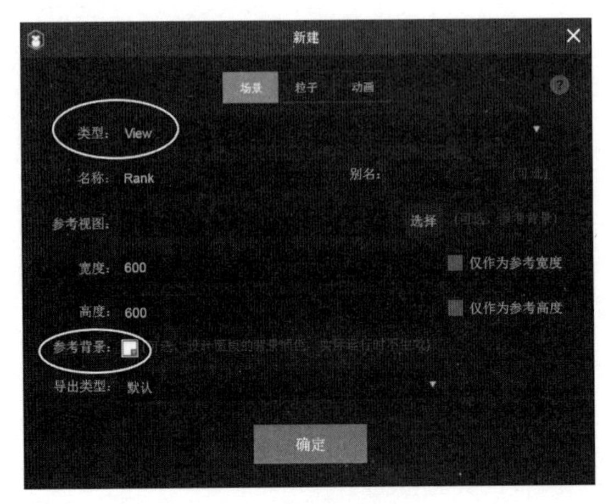

图 10.7　新建视图 View

将开放数据域中需要的包含美术素材的 img 文件夹复制到目录 D:\layabox2x\laya2project\chapter10\openDataContext\laya\assets 下。

创建排行榜列表。在 Rank 中创建一个 List 组件，设置其属性 name 为 list、width 为 600 像素、height 为 400 像素。然后，在 list 中添加一个 Box 组件，设置其属性 name 为 item、width 为 600 像素、height 为 80 像素。最后，如表 10.3 所示，在 item 中添加 UI 组件。设置好的排行榜在编辑器中，如图 10.8 所示。因为列表 list 的高度值是 400，列表单元格 item 的高度值是 80，所以，列表将自动填充 5 行。

表 10.3　列表单元格 item 内的元素的属性设置

UI 类型	Label	Label	Label
name	ranking	nickName	bestScore
text	0	nickName	1234567890
color	#000000	#000000	#000000
bold	true		
fontSize	48	32	32
align	center	left	left
x	5	135	360
y	15	25	25
width	60	200	200
height	60	40	40
用途	显示排名	显示玩家昵称	显示玩家积分
UI 类型	Image	Image	—
name	bk	icon	—
sizeGride	20,20,20,20		—
skin	img/panelBK.png		—
x	0	63	—
y	0	12	—
width	600	60	—
height	80	60	—
用途	单元格边框	用户头像	—

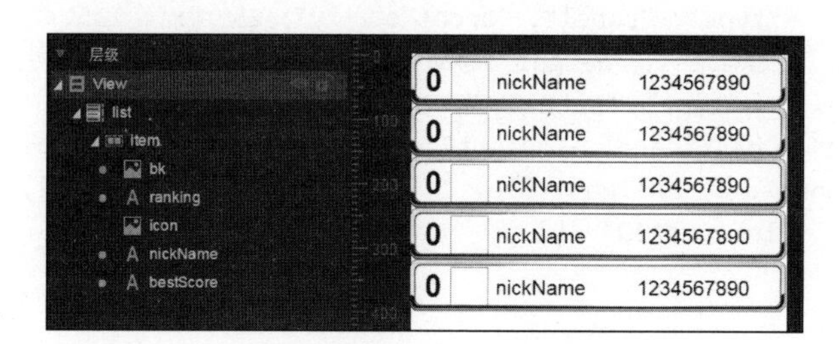

图 10.8　设置好的排行榜

我们以内嵌模式编译视图。在编辑模式下，按【F9】键打开项目设置面板，切换到场景设置页面，将发布模式调整为内嵌模式。切换到类库设置页面，仅保留 Laya.ui.js 的勾选状态。完成这些设置后，单击【确定】按钮保存设置。按【F8】键进行编译，编译后的 src\ui\layaMaxUI.js 脚本如下。

```
/**This class is automatically generated by LayaAirIDE, please do not make any modifications.
*/
var CLASS$ = Laya.class;
var STATICATTR$ = Laya.static;
var View = laya.ui.View;
var Dialog = laya.ui.Dialog;
var Scene = Laya.Scene;
if (!window.ui) window.ui = {};
var RankUI = (function (_super) {
    function RankUI() {

        RankUI.__super.call(this);
    }
    CLASS$(RankUI, 'ui.RankUI', _super);
    var __proto__ = RankUI.prototype;
    __proto__.createChildren = function () {
        _super.prototype.createChildren.call(this);
        this.createView(RankUI.uiView);
    }
    RankUI.uiView = { "type": "View", "props": { "width": 600, "height": 600 }, "compId":
2, "child": [{ "type": "List", "props": { "width": 600, "name": "list", "height": 400 },
"compId": 3, "child": [{ "type": "Box", "props": { "width": 600, "renderType": "render",
"name": "item", "height": 80 }, "compId": 4, "child": [{ "type": "Image", "props": { "width":
600, "top": 0, "skin": "img/panelBK.png", "sizeGrid": "20,20,20,20", "name": "bk", "left":
-2, "bottom": 0 }, "compId": 6 }, { "type": "Label", "props": { "y": 15, "x": 5, "width":
60, "text": "0", "overflow": "hidden", "name": "ranking", "height": 60, "fontSize": 48,
"color": "#000000", "bold": true, "anchorY": 0, "anchorX": 0, "align": "center" }, "compId":
7 }, { "type": "Image", "props": { "y": 12, "x": 63, "width": 60, "name": "icon", "height":
60 }, "compId": 8 }, { "type": "Label", "props": { "y": 25, "x": 135, "width": 200, "text":
"nickName", "name": "nickName", "height": 40, "fontSize": 32, "color": "#000000", "align":
"left" }, "compId": 9 }, { "type": "Label", "props": { "y": 25, "x": 360, "width": 200, "text":
"1234567890", "name": "bestScore", "height": 40, "fontSize": 32, "color": "#000000",
"anchorY": 0, "anchorX": 0, "align": "left" }, "compId": 10 }] }] }], "loadList":
["img/panelBK.png"], "loadList3D": [] };
    return RankUI;
})(View);
export { ui as default };
```

以内嵌模式编译视图是开放数据域项目的重点。在内嵌模式下不能使用场景，因此，需要使用 Laya.stage.addChild()方法将视图实例加载到舞台上。这样，就必须先生成视图的实例对象。

创建 script/Rank.js 脚本。Rank.js 是对视图 Rank 的扩展，可以根据项目的需要添加功能代码。初始的 Rank.js 代码如下，在 onEnable()方法中添加了模拟数据，submitUserDate()方法用于处理主域传送的玩家数据。

```
/**Rank.js */
export default class Rank extends ui.RankUI {
    constructor() {
        super();
    }
    onEnable() {
        this.list = this.getChildByName('list');
        var arr = [];
        //模拟数据，调试通过后删除
        for (var i = 0; i < 10; i++) {
            arr.push({
                ranking: (i + 1),
                icon: '',
                nickName: '001' + i,
                bestScore: i * 100
            });
        };
        this.list.array = arr;
    }

    /**
     *写入玩家数据
     */
    submitUserDate(bestScore) {}
}
```

修改 src\Main.js 脚本。开放数据域项目不能使用 WebGL 进行渲染，不需要物理引擎，不使用场景。在 src\Main.js 脚本中，需要显式声明项目是微信小游戏的子域（开放数据域），即设置 Laya.isWXOpenDataContext 为 true。完成这些修改后的 src\Main.js 脚本，代码如下。

```
/**Main.js*/
import GameConfig from "./GameConfig";
import ui from "./ui/layaMaxUI";
import Rank from "./script/Rank";
class Main {
    constructor() {
        Laya.isWXOpenDataContext = true;
        //根据 IDE 设置初始化引擎
        Laya.init(GameConfig.width, GameConfig.height);

        Laya["DebugPanel"] && Laya["DebugPanel"].enable();
```

```
        Laya.stage.scaleMode = GameConfig.scaleMode;
        Laya.stage.screenMode = GameConfig.screenMode;
        Laya.stage.alignV = GameConfig.alignV;
        Laya.stage.alignH = GameConfig.alignH;
        //兼容微信不支持加载 scene 后缀场景的问题
        Laya.URL.exportSceneToJson = GameConfig.exportSceneToJson;

        this.onConfigLoaded();
    }

    onConfigLoaded() {
        wx.onMessage(function (message) {
            switch (message.type) {
                case "show": {
                    console.log("显示信息：  ", message);
                    if (this.rank) return;
                    this.rank = new Rank();
                    Laya.stage.addChild(this.rank);
                    this.rank.submitUserDate(message.bestScore);
                } break;
                case "close": {
                    if (this.rank) {
                        this.rank.destroy(true);
                        this.rank = null;
                    }
                } break;
            }
        });
    }
}
//激活启动类
new Main();
```

请注意下列代码，为了避免排行榜重复打开，只有在视图对象 Rank 的实例未创建时，才会创建 Rank 的实例，并将其添加到舞台上。

```
if (this.rank) return;
this.rank = new Rank();
Laya.stage.addChild(this.rank);
```

下面，我们发布开放数据域项目并与主域关联。首先，在 Windows 资源管理器中创建主域项目发布路径的开放数据域目录 D:\layabox2x\laya2project\chapter10\primaryDomain\release\wxgame\src\myOpenDataContext。然后，发布该开放数据域项目，具体设置如下。

- 发布平台：微信小游戏。
- 源根目录：D:\layabox2x\laya2project\chapter10\openDataContext\bin。
- 发布目录：D:\layabox2x\laya2project\chapter10\openDataContext\release\wxgame。
- 是否重新编译项目：勾选。
- 是否为微信/百度开放数据域项目：勾选。
- 是否只复制 index.html 内引用的 js 文件：勾选。

项目发布成功后，如图 10.9 所示，打开发布文件夹，将其中的 index.js、weapp-adapter.js 脚本及 js、libs 文件夹，复制到主域项目发布路径的开放数据域目录 D:\layabox2x\laya2project\chapter10\primaryDomain\release\wxgame\src\myOpenDataContext 下。

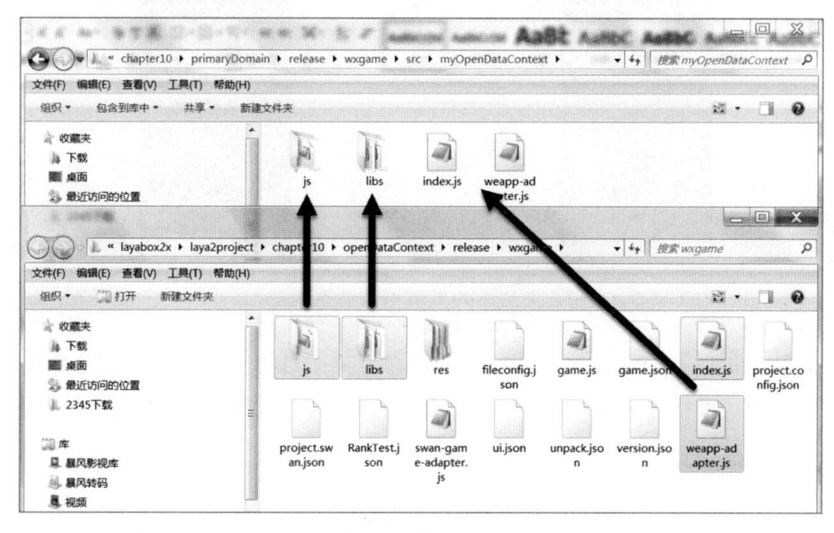

图 10.9　复制开放数据域发布文件

在被复制的 libs 文件夹下，仅保留以下 4 个文件。

- laya.bdmini.js。
- laya.core.js。
- laya.ui.js。
- laya.wxmini.js。

将 D:\layabox2x\laya2project\chapter10\openDataContext\laya\assets\img\panelBK.png 复制到 D:\layabox2x\laya2project\chapter10\primaryDomain\release\wxgame\img 目录下。该文件是这个开放数据域项目唯一使用的美术资源。

开放数据域需要的美术资源，有以下两种获取方式。

- 对于单张图片，可以保持路径和图片名的相对关系不变，将包含图片的文件夹复制到项目的发布目录下直接获取。
- 将图集从主域以对象的形式传到开放数据域中使用。

完成上述操作后，在微信开发者工具中打开项目并运行，打开排行榜。如图 10.10 所示，排行榜中显示的是在 Rank.js 的 onEnable 方法中准备的 5 条模拟数据。

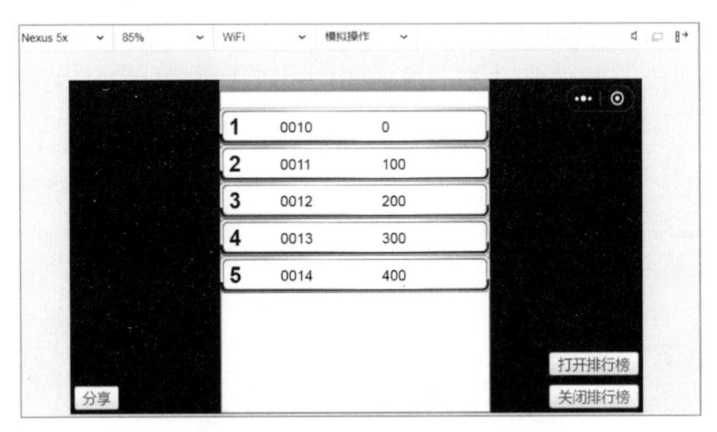

图 10.10　主域与开放数据域关联后的排行榜

微信小游戏项目的最终调试只能在微信开发者工具中进行。在使用开放数据域时，可能需要频繁地在发布项目中将发布文件夹下的内容复制到主域中。LayaAir IDE 的发布设置面板，提供了复制文件的功能，为版本发布提供了便利。另外，在发布设置面板中，可以进行版本管理，以及 JSON 文件、图片和 JavaScript 文件的压缩。

在前面的操作中，我们已经完成了从主域向开放数据域发送分数的功能。现在，需要将分数上传到微信后端，这可以通过修改开放数据域项目的 script/Rank.js 脚本实现。

新建一个 selectRanking()方法，用于获取排行榜数据，示例如下。

```
selectRanking() {}
```

修改 submitUserDate()方法，实现上传用户数据的功能，示例如下。

```
    submitUserDate(bestScore) {
        console.log("开放数据域写入数据", bestScore);
        var self = this;
        //KVDataList 代表排行榜数据，可以为多个，多个代表多个排行榜
        //key 为排行类型，value 为排行分数
```

```
        var KVDataList = new Array();
        //value 只能是字符串
        KVDataList.push({
            key: "bestScore",
            value: bestScore.toString()
        });

        wx.setUserCloudStorage({
            KVDataList: KVDataList,
            success: function (res) {
                console.log('setUserCloudStorage', 'success', res)
                self.selectRanking();
            },
            fail: function (res) {
                console.log('setUserCloudStorage', 'fail')
            }
        });
    }
```

上传用户数据的方法是 wx.setUserCloudStorage()，它提交给微信后端的数据是键值对形式的数组，所有键值对的值都必须是字符串格式的。由于 wx.setUserCloudStorage()是异步传输方法，所以，在其返回方法中调用 selectRanking()方法时，作用域发生了改变，也就是说，不能使用 this.selectRanking()，而要先给指向 Rank.js 本身的 this 指针起一个别名 self，在异步传输的反馈方法内使用 self.selectRanking()。

重新发布项目。此时，只需要用开放数据域项目发布目录下的 js 文件夹中的 bundle.js 替换主域项目发布目录下开放数据域文件夹中的对应文件，即可完成版本更替。替换完成后，微信开发者工具会自动重新编译并执行。再次打开排行榜，数据上传成功后，微信开发者工具将输出如图 10.11 所示的反馈结果。

```
显示信息： ▶{type: "show", bestScore: 3553}
开放域写入数据 3553
setUserCloudStorage success ▼{errMsg: "setUserCloudStorage:ok"}
                                errMsg: "setUserCloudStorage:ok"
                              ▶__proto__: Object
>
⋮ Console  What's New
```

图 10.11　数据上传成功后的反馈结果

获取好友排行榜的数据分为以下两个步骤。

（1）使用 wx.getUserInfo()方法获取当前玩家的用户信息。

（2）使用 wx.getFriendCloudStorage()方法获取排行榜数据。

获取用户信息的步骤不是必需的。不过，如果有查询当前玩家排名的需求，就需要通过 wx.getUserInfo()方法获取当前玩家信息来筛选排行榜数据。

新建一个用于设置排行界面显示数据的方法 setRankingDate()，代码如下。

```
setRankingDate(usersData, selfIndex) {}
```

然后，修改 selectRanking()方法，代码如下。

```
selectRanking() {
    console.log("开始获取排行");
    //openIdList: ['selfOpenId']代表获取个人数据
    //wx.getFriendCloudStorage 代表获取好友数据（包括自己）
    //所以，通过 avatarUrl 头像路径可分辨是否为自己
    //keyList 为获取的排行榜类型，可在其中填写获得的多个类别的排行榜

    var self = this;
    wx.getUserInfo({
        openIdList: ['selfOpenId'],
        success: function (userRes) {
            // this.loadingLabel.active = false;
            console.log('获取排行中的个人信息', userRes.data);
            //索引代表各个好友，0 代表自己
            var userData = userRes.data[0];
            console.log("排行中的个人名字" + userData.nickName);
            //获取所有好友的数据
            wx.getFriendCloudStorage({
                keyList: [
                    'bestScore',
                ],
                success: function (res) {
                    console.log("wx.getFriendCloudStorage success", res);
                    var data = res.data;
                    data.sort(function (a, b) {
                        if (a.KVDataList.length == 0 && b.KVDataList.length == 0) {
                            return 0;
                        }
                        if (a.KVDataList.length == 0) {
                            return 1;
                        }
```

```
                    if (b.KVDataList.length == 0) {
                        return -1;
                    }
                    return b.KVDataList[0].value - a.KVDataList[0].value;
                });
                var selfIndex = 0;
                for (var i = 0; i < data.length; i++) {
                    var playerInfo = data[i];
                    //判断 data[i].nickname === userData,nickName 是否有相同的昵称
                    if (data[i].avatarUrl == userData.avatarUrl) {
                        console.log('此 ID 为自己');
                        selfIndex = i;
                    }
                }

                for (var i = 0; i < data.length; i++) {
                    console.log('data[' + i + ']: ', data[i]);
                }

                self.setRankingDate(data, selfIndex);
            },
            fail: function (res) {
                console.log("获取好友信息失败", res);
            },
        });
    },
    fail: function (res) {
        console.log("获取个人信息失败")
    }
  });
}
```

注意： *wx.getUserInfo()方法反馈的用户昵称是 nickName，wx.getFriendCloudStorage()方法反馈的用户昵称是 nickname。*

重新发布项目，再次替换 bundle.js 脚本，成功获取排行榜数据后，微信开发者工具将输出如图 10.12 所示的反馈结果。

最后，我们要做的是将已经获取的好友排行榜数据显示在界面上。在处理的过程中，需要注意以下两个问题。

- 好友排行榜数据是数组，编号是从 0 开始的。排行榜的排序工作已经在 selectRanking()方法中通过 sort 完成了，在显示排名时，应该将编号加 1 后显示。

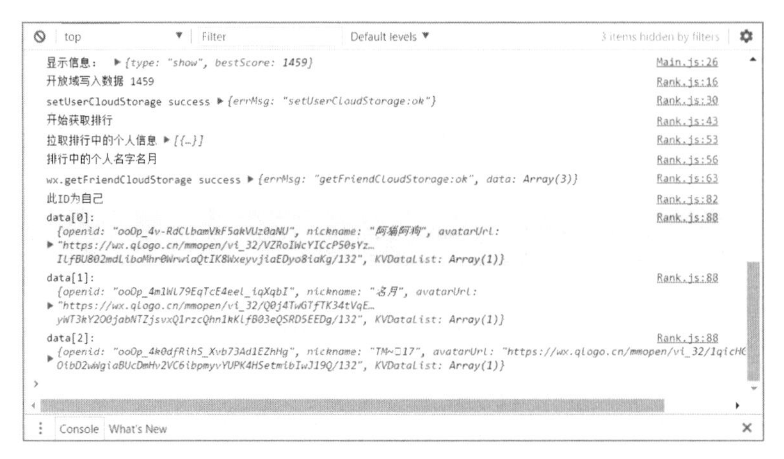

图 10.12　成功获取排行榜数据后的反馈结果

- 一位玩家可能会有多个好友，为了不影响显示性能，应该将好友分批显示。在本项目的代码中，仅显示前 5 名玩家的信息。

继续修改 script/Rank.js 脚本，同时，修改 setRankingDate()方法，添加用于控制列表显示的 update()和 onRender()方法，代码如下。

```
setRankingDate(usersData, selfIndex) {
    console.log("拿到 data 信息", usersData);
    console.log("长度", usersData.length);
    var arr = [];

    var data_length = usersData.length;
    if (data_length > 5) data_length = 5;          //只显示前 5 名玩家

    for (var i = 0; i < data_length; i++) {
        var user = usersData[i];
        //wxAPI 中定义的 nickname 全部为小写
        arr.push({ nickName: user.nickname, avatarUrl: user.avatarUrl,
              KVDataList: user.KVDataList });
    }

    console.log('数据准备完毕 \n', arr);
    //刷新排行榜
    this.update(arr);
}

update(arr) {
    if (arr === undefined) return;
    this.list.array = arr;
```

```
    this.list.renderHandler = new Laya.Handler(this, this.onRender);
}

onRender(cell, index) {
    //获取当前渲染条目的数据
    var data = this.list.array[index];
    console.log("个人信息", data);
    var ranking = cell.getChildByName("ranking");
    ranking.text = (index + 1);
    //根据子节点的名字 name 获取子节点对象
    var name = cell.getChildByName("nickName");
    //label 渲染列表文本（序号）
    name.text = data.nickName;
    var bestScore = cell.getChildByName("bestScore");
    bestScore.text = data.KVDataList[0].value;
    // var iconBG = cell.getChildByName("iconBG");
    var icon = cell.getChildByName("icon");
    //图片大小与编辑器内一致，坐标为(0,0)
    icon.loadImage(data.avatarUrl, 0, 0, 60, 60);
    console.log("排行数据=", index, '=刷新完成!~~');
}
```

重新发布项目，再次替换 bundle.js 脚本，成功显示排行榜数据后，微信开发者工具将输出如图 10.13 所示的调试信息。

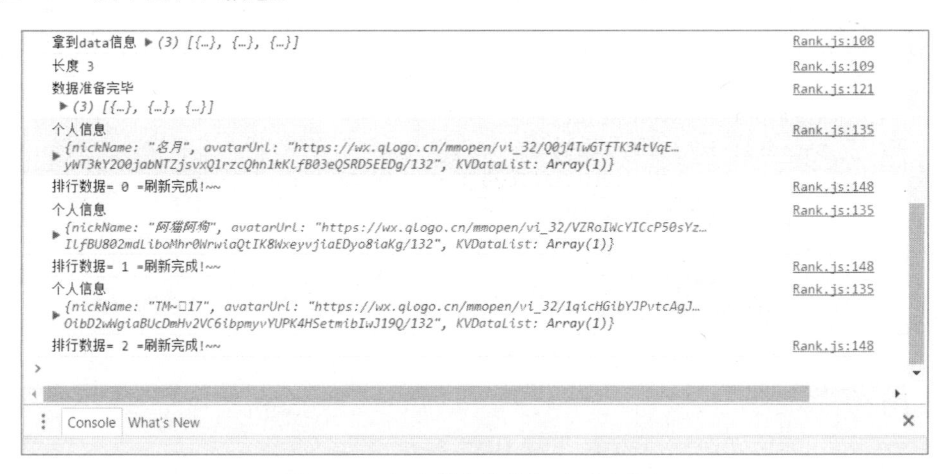

图 10.13　好友排行榜数据的调试信息

好友排行榜的功能制作完毕。开放数据域项目的 script/Rank.js 脚本的完整代码如下。

```
1  /**Rank.js */
2  export default class Rank extends ui.RankUI {
3      constructor() {
4          super();
5      }
6      onEnable() {
7          this.list = this.getChildByName('list');
8          var arr = [];
9          this.list.array = arr;
10     }
11
12     /**
13      *写入玩家数据
14      */
15     submitUserDate(bestScore) {
16         console.log("开放数据域写入数据", bestScore);
17         var self = this;
18         //KVDataList 代表排行榜数据，可以为多个，多个代表多个排行榜
19         //key 为排行类型，value 为排行分数
20         var KVDataList = new Array();
21         //value 只能是字符串
22         KVDataList.push({
23             key: "bestScore",
24             value: bestScore.toString()
25         });
26
27         wx.setUserCloudStorage({
28             KVDataList: KVDataList,
29             success: function (res) {
30                 console.log('setUserCloudStorage', 'success', res)
31                 self.selectRanking();
32             },
33             fail: function (res) {
34                 console.log('setUserCloudStorage', 'fail')
35             }
36         });
37     }
38
39     /**
40      * 获取排行
41      */
42     selectRanking() {
43         console.log("开始获取排行");
44         //openIdList: ['selfOpenId']代表获取个人数据
```

```
45          //wx.getFriendCloudStorage 代表获取好友数据（包括自己）
46          //所以，通过 avatarUrl 头像路径可分辨是否为自己
47          //keyList 为获取的排行榜类型，可在其中填写获得的多个类别的排行榜
48
49          var self = this;
50          wx.getUserInfo({
51              openIdList: ['selfOpenId'],
52              success: function (userRes) {
53                  // this.loadingLabel.active = false;
54                  console.log('获取排行中的个人信息', userRes.data);
55                  //索引代表各个好友，0 代表自己
56                  var userData = userRes.data[0];
57                  console.log("排行中的个人名字" + userData.nickName);
58                  //获取所有好友的数据
59                  wx.getFriendCloudStorage({
60                      keyList: [
61                          'bestScore',
62                      ],
63                      success: function (res) {
64                          console.log("wx.getFriendCloudStorage success", res);
65                          var data = res.data;
66                          data.sort(function (a, b) {
67                              if (a.KVDataList.length == 0 && b.KVDataList.length == 0) {
68                                  return 0;
69                              }
70                              if (a.KVDataList.length == 0) {
71                                  return 1;
72                              }
73                              if (b.KVDataList.length == 0) {
74                                  return -1;
75                              }
76                              return b.KVDataList[0].value - a.KVDataList[0].value;
77                          });
78                          var selfIndex = 0;
79                          for (var i = 0; i < data.length; i++) {
80                              var playerInfo = data[i];
81                             //判断 data[i].nickname === userData,nickName 是否有相同的昵称
82                              if (data[i].avatarUrl == userData.avatarUrl) {
83                                  console.log('此 ID 为自己');
84                                  selfIndex = i;
85                              }
86                          }
87
88                          for (var i = 0; i < data.length; i++) {
```

```
89                              console.log('data[' + i + ']: ', data[i]);
90                          }
91
92                          self.setRankingDate(data, selfIndex);
93                      },
94                      fail: function (res) {
95                          console.log("获取好友信息失败", res);
96                      },
97                  });
98              },
99              fail: function (res) {
100                 console.log("获取个人信息失败")
101             }
102         });
103     }
104
105     /**
106      * 设置排行界面显示数据
107      */
108     setRankingDate(usersData, selfIndex) {
109         console.log("拿到 data 信息", usersData);
110         console.log("长度", usersData.length);
111         var arr = [];
112
113         var data_length = usersData.length;
114         if (data_length > 5) data_length = 5;          //只显示前 5 名玩家
115
116         for (var i = 0; i < data_length; i++) {
117             var user = usersData[i];
118             //wxAPI 中定义的 nickname 全部为小写
119             arr.push({ nickName: user.nickname, avatarUrl: user.avatarUrl,
120                 KVDataList: user.KVDataList });
121         }
122
123         console.log('数据准备完毕 \n', arr);
124         //刷新排行榜
125         this.update(arr);
126     }
127
128     update(arr) {
129         if (arr === undefined) return;
130         this.list.array = arr;
131         this.list.renderHandler = new Laya.Handler(this, this.onRender);
132     }
```

```
133
134     onRender(cell, index) {
135         //获取当前渲染条目的数据
136         var data = this.list.array[index];
137         console.log("个人信息", data);
138         var ranking = cell.getChildByName("ranking");
139         ranking.text = (index + 1);
140         //根据子节点的名字 name 获取子节点对象
141         var name = cell.getChildByName("nickName");
142         //label 渲染列表文本（序号）
143         name.text = data.nickName;
144         var bestScore = cell.getChildByName("bestScore");
145         bestScore.text = data.KVDataList[0].value;
146         // var iconBG = cell.getChildByName("iconBG");
147         var icon = cell.getChildByName("icon");
148         //图片大小与编辑器内一致，坐标为(0,0)
149         icon.loadImage(data.avatarUrl, 0, 0, 60, 60);
150         console.log("排行数据=", index, '=刷新完成!~~');
151     }
152 }
```

10.7　微信小游戏 bin 目录的快速调试

在本章中，我们已经了解了微信小游戏项目的开发过程。使用 LayaAir IDE 开发微信小游戏的整体流程，步骤如下。

（1）创建开放数据域项目。

（2）发布开放数据域项目。

（3）创建主域项目并实现相应的功能。

（4）发布主域项目，将开放数据域项目发布的文件复制到开放数据域项目的发布目录中。

（5）在微信开发者工具中调试和打包项目，进行上线准备。

微信小游戏项目无法在 LayaAir IDE 中直接调试涉及 wxAPI 的功能，每次更新项目都需要进行编译、发布操作，然后在微信开发者工具中进行调试，这是比较烦琐的事情。为了更加顺畅地进行微信小游戏的开发，LayaAir IDE 提供了 bin 目录快速调试功能，进行主域项目的快速调试工作。

要使用 bin 目录快速调试功能，必须在创建主域项目时勾选微信/百度小游戏 bin 目录快速调试选项。我们尝试在 bin 目录下快速调试本章中的项目：打开微信开发者工具，设置项目类型为微信小游戏，然后导入路径为 D:\layabox2x\laya2project\chapter10\primaryDomain\bin 的项目，此时会提示“(unknown) openDataContext 字段需为目录”，原因在于我们没有在 bin 目录下放置开放数据域目录；将开放数据域文件夹 src 复制到 bin 目录下，并将开放数据域使用的 panelBK.png 复制到 bin\img 目录下（在复制开放数据域所需文件时，可能会提示找不到开放数据域下的 laya.wxmini.js 文件。关闭微信开发者工具后重新打开即可解决此问题）。

至此，我们已经完成了主域项目的 bin 目录与微信开发者工具的关联工作。在 LayaAir IDE 中进行编辑，完成修改并编译项目后，微信开发者工具将会自动刷新。我们可以尝试修改代码或场景来体验 bin 目录快速调试功能带来的便捷。

在使用 bin 目录快速调试功能时，需要注意以下方面。

- bin 目录快速调试功能只能在主域项目的 bin 目录下使用。
- bin 目录快速调试功能是为了避免频繁发布项目而设计的，不会压缩文件和删除不必要的类库文件。因此，在正式打包微信小游戏时，应采用发布版本在微信开发者工具中进行编译、调试及后续操作。

10.8 微信小游戏的上线准备

我们已经了解了应用 LayaAir 引擎开发微信小游戏所需的知识和技能。在正式开始开发微信小游戏之前，还需要了解其他相关知识。

- 每一个准备正式发布的微信小游戏，都必须注册一个对应的微信小游戏开发账号。
- 微信小游戏开发账号的主体信息在提交后不可更改。
- 个人账号的微信小游戏的名称一年内可申请更改 2 次且审核周期较长。
- 微信小游戏需要审核后才能发布。根据账号主体提交的审核材料不同，审核周期不同。非个人主体需提交广电总局版号批文、文化部备案信息，以及《计算机软件著作权登记证书》《游戏自审自查报告》。个人主体需提交《计算机软件著作权登记证书》《游戏自审自查报告》。
- 代码审核通过后，开发者需要手动进行发布操作，微信小游戏才会被发布到线上并提供服务。
- 腾讯云为微信小游戏提供了开发环境和生产环境。开发环境是免费的，但仅用于测试；生产环境按配置收费，需购买或使用已有域名。
- 个人购买国内域名需要实名认证。

10.9　小结

本章介绍了微信小游戏开发的基础知识、获取用户授权信息的方法，并通过一个完整的项目，演示了使用 LayaAir 2.0 IDE 和微信开发者工具开发微信小游戏的转发分享功能和好友排行榜功能的流程。

第 11 章　项目开发与管理

这是本书的最后一章。在前面的章节中，我们已经熟悉了 LayaBox 游戏开发的基本知识和技能。然而，技术并不是游戏开发的全部，是时候了解更多的内容了。

11.1　LayaBox 的新起点

本书没有涵盖 LayaBox 的全部内容。事实上，LayaBox 一直在更新、完善和扩展。在此，谨希望本书能成为你新的开始。

LayaBox 的相关链接，见链接 11-1 ~ 链接 11-6。当你在实际项目中遇到问题时，不仅可以使用 LayaAir 文档搜索和查阅 API、技术文档和引擎示例，还可以在开发者社区录求帮助。

在微信平台上，LayaBox 开通了公众号“LAYABOX”，欢迎大家关注。

11.2　开发 3D 游戏需要了解的内容

3D 游戏开发与 2D 游戏开发有诸多不同，举例如下。

- 2D 游戏的美术素材通常只是 2D 图片素材，而 3D 游戏的美术素材通常包括 3D 模型、贴图/材质、灯光、骨骼动画、粒子系统等。
- 2D 游戏控制的通常是与屏幕平行的物体的平移与转动，而 3D 游戏内的物体可以做 x 轴、y 轴、z 轴 3 个方向的平移及围绕这 3 个方向的旋转，共有 6 个自由度可以控制。
- 在游戏的场景移动方面，2D 游戏是通过移动背景图片实现的，而 3D 游戏通常是通过移动摄影机实现的。

开发 3D 游戏，需要对 3D 模型的制作有所了解。计算机中的 3D 模型是空心的，通常只有一层外轮廓面。3D 模型的外轮廓面通常是由三角面拼接而成的。在游戏开发中，为了提高游戏的性能，通常会控制 3D 模型的三角面的数量，模型的细节则用贴图和纹理来修饰。3D 游戏中的角色，通常会使用骨骼系统来展现各种动作。3D 角色的动作是通过对外轮廓面的扭曲变形实现的。灯光是 3D 游戏的重要元素，灯光与贴图、材质的综合使用，决定了 3D 游戏最终的画面质量。摄像机是 3D 游戏的灵魂，合理运用摄像机，能够增强游戏的动感效果。粒子系统是增强游戏画面表现不可或缺的点缀。为 3D 游戏制作美术素材，常用的软件有 3ds Max、Maya、LightWave 等。

LayaAir 引擎是可以进行 3D 游戏开发的，目前推荐的做法是在 Unity 中完成资源整合，然后使用 LayaBox 专用的 Unity 插件将美术资源导入 LayaAir IDE 使用。

Unity3D 是由 Unity Technologies 开发的一款用于创建诸如三维视频游戏、建筑可视化、实时三维动画等类型的互动内容的综合型游戏开发工具。LayaAir 采用 Unity 插件作为美术资源编辑的首选工具。

11.3　Scrum 开发流程控制管理和游戏开发

11.3.1　浅谈 Scrum

在真实的软件项目开发过程中，往往会出现这样的现象：产品经理或领导，喜欢临时往项目中添加任务，打乱原有的开发节奏，导致开发团队压力倍增，士气低落，项目延期。即使是单机游戏的开发，通常也需要多人配合完成。一个游戏研发团队的人员组成，通常包括产品经理（游戏制作人）、项目经理、策划人员、程序员、美工、测试人员等。在研发阶段，游戏项目通常会因为下列因素而夭折。

- 产品经理、策划人员提出的需求朝令夕改，项目规划过于庞大。
- 开发团队因不了解产品经理或策划人员的真实需求而不断返工，造成巨大的资源损耗。
- 开发流程混乱，开发团队成员经常处于等待与观望状态。
- 缺乏行之有效的测试执行方案，在产品发布前夜才开始进行功能测试。
- 美术素材过于庞大，游戏受文件大小限制而无法发布。

游戏项目开发的最终目标是发布可以供玩家娱乐的游戏。在游戏项目中，最重要的是控制开发周期，因为开发周期和人员投入直接决定了开发成本。Scrum 是一种迭代式增量软件开发过程管理方式，以持续交付产品为导向，是一种与游戏项目开发的最终目标重合的管理方式。因此，使用 Scrum 方式进行游戏项目管理是合适的。

Scrum 项目的角色划分如下。

- Project Owner：产品经理、策划人员，经常主动或被动地增加任务或修改需求。

- Scrum Master：项目经理，需要做的是保护团队、兼顾产品经理的需求，确保项目按时交付。
- Team：包括参与项目开发的程序员、美工、测试人员等。Scrum Master 本身也可能参与开发。

Scrum 项目管理的要点是：根据实际需要，将整个项目的流程分解成多个有反馈、有产出工件的闭环环节，每个环节产出的工件可能是文档、计划、记录，也可能是可以运行的 Demo 或产品，每个环节之间依靠工件进行衔接。

11.3.2 Scrum 游戏项目管理

游戏开发项目可以分为实验性项目与确定性项目两种。确定性项目的一切都已经确定，可以重复生产流程，批量生产角色、装备、皮肤、场景、关卡等游戏内部元素。实验性项目则充满不确定性，需要随时进行调整。因此，一个游戏从无到有，在研发期间可以分为立项与产品两个阶段。虽然这两个阶段的重点不同，但仍可以将它们规范为相似的整体流程，以便项目平稳过渡。

游戏产品在立项阶段的主要工作是确定游戏的核心玩法，对可玩性、易玩性及市场需求的细化分析是这个阶段的工作重点。开发团队本身也需要进行人员磨合、确定开发工具、确定美术风格、评估技术实现难度等工作。

立项阶段的整体流程，如图 11.1 所示。游戏设计与开发的衔接，是通过“核心玩法待办列表”与“核心玩法验证列表”完成的。“核心玩法待办列表”是产品经理、策划人员期望在游戏中实现的功能清单；项目经理与开发团队根据实际情况排定验证周期和开发计划，即“核心玩法验证列表”，实际的阶段计划与开发反馈形成闭环。“核心玩法验证列表”与“核心玩法验证实施看板”分别是单个开发迭代周期内的计划与结果，是项目经理管理开发过程、跟踪进度的主要依据。对于游戏项目，通常需要策划人员进行配置文件的创建、修改等工作，项目经理也应该协调这些资源的整合工作。

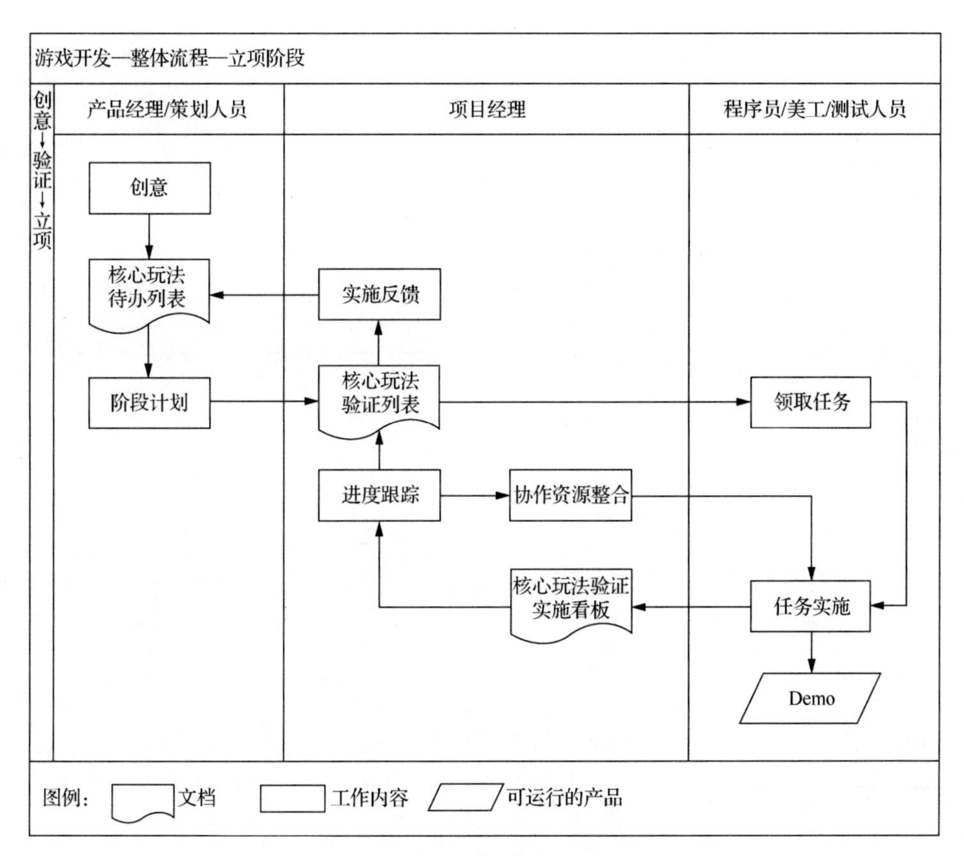

图 11.1　立项阶段整体流程

产品阶段的整体流程，如图 11.2 所示，重点是确保产品稳定、可靠、如期完成。对比立项阶段、产品阶段的整体流程，除了文档不同，其他流程完全一致。这样的流程设计，既可以实现两个阶段的无缝过渡，也可以降低人员流动对项目的影响。

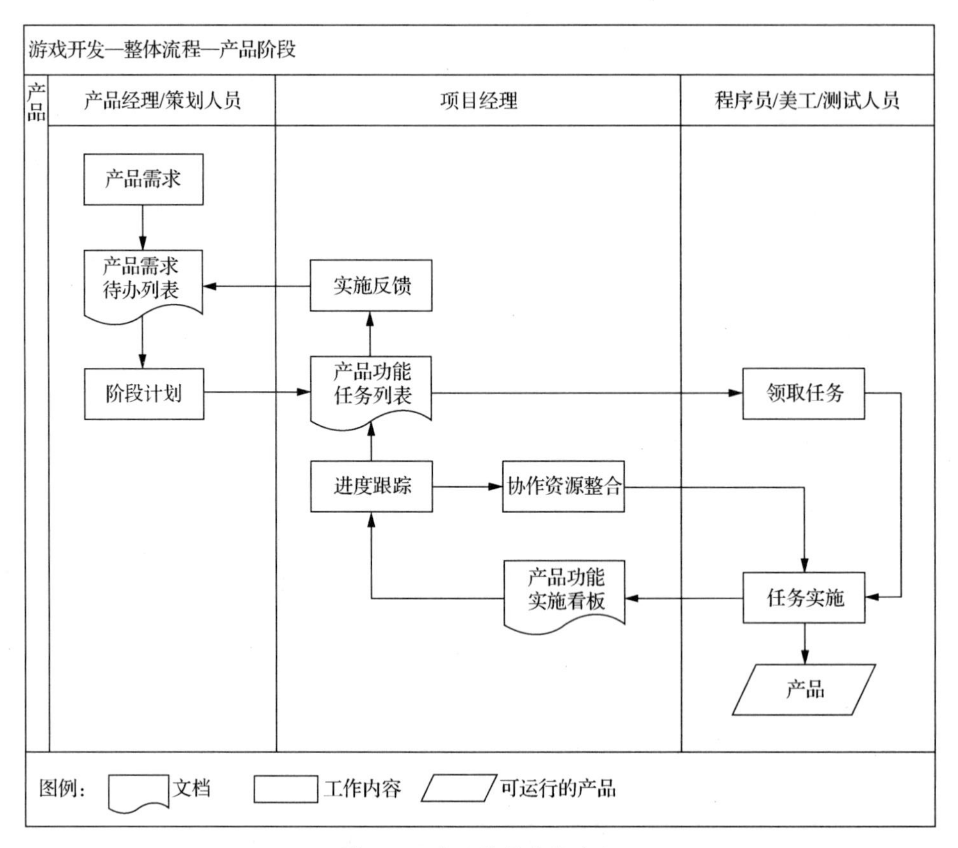

图 11.2　产品阶段整体流程

项目的进程可以根据“核心玩法验证列表”或“产品功能任务列表”确定迭代周期，每个迭代周期可以如图 11.3 所示，分为计划、实施、总结回顾 3 个阶段。实施阶段的计划时间建议在 2 周左右。计划阶段需要项目经理和开发团队共同参与，将需求明确、任务分解细化，确定较为可靠的预估工时——这些是确保在迭代周期内安排合理工作量的重要依据。严谨地制订工作计划任重道远，只有将每个功能点的预估工时精确到小时，整个游戏项目的开发计划才有可能精确到天，公司对项目的规划才有可能精确到月——这是避免长期无效加班的唯一出路。每个迭代周期结束后，总结回顾也是非常有必要的。总结回顾不应流于形式，其最终目的是学习和总结经验，发现问题、吸取教训、持续改进。

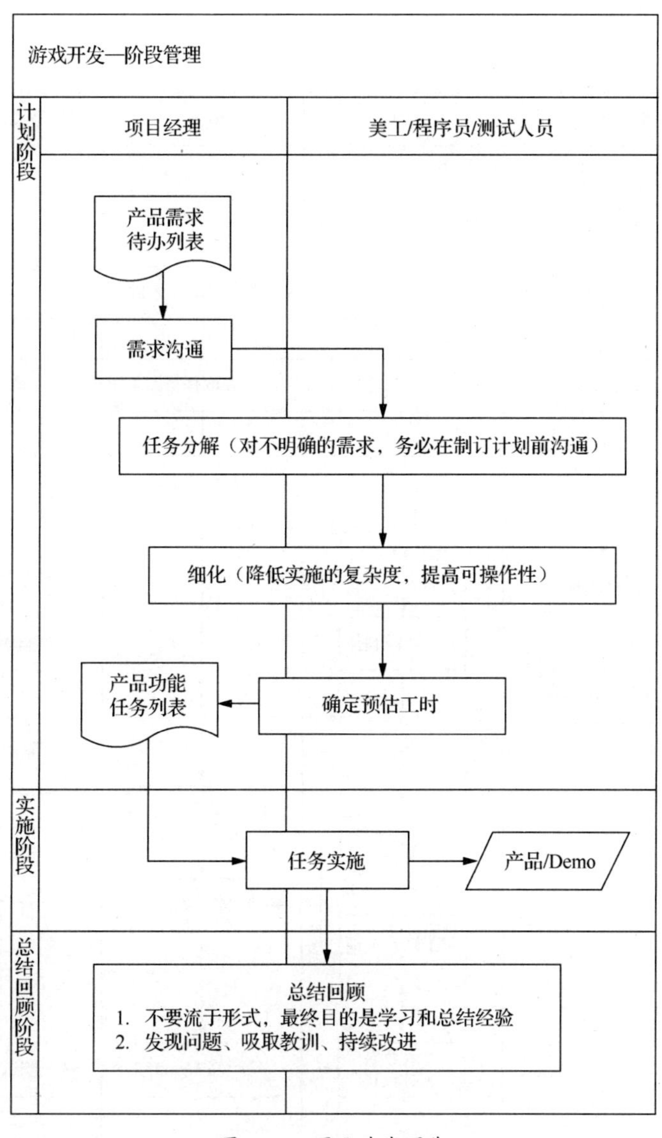

图 11.3　项目迭代周期

采用 Scrum 方式的每日开发管理流程，如图 11.4 所示：美工、测试人员为程序员提供驱动，测试驱动开发、美术驱动开发、产品实施看板用于驱动开发；项目经理以每天的情况汇总为依据，进行协作资源整合、实施反馈、进度跟踪和任务列表调整。

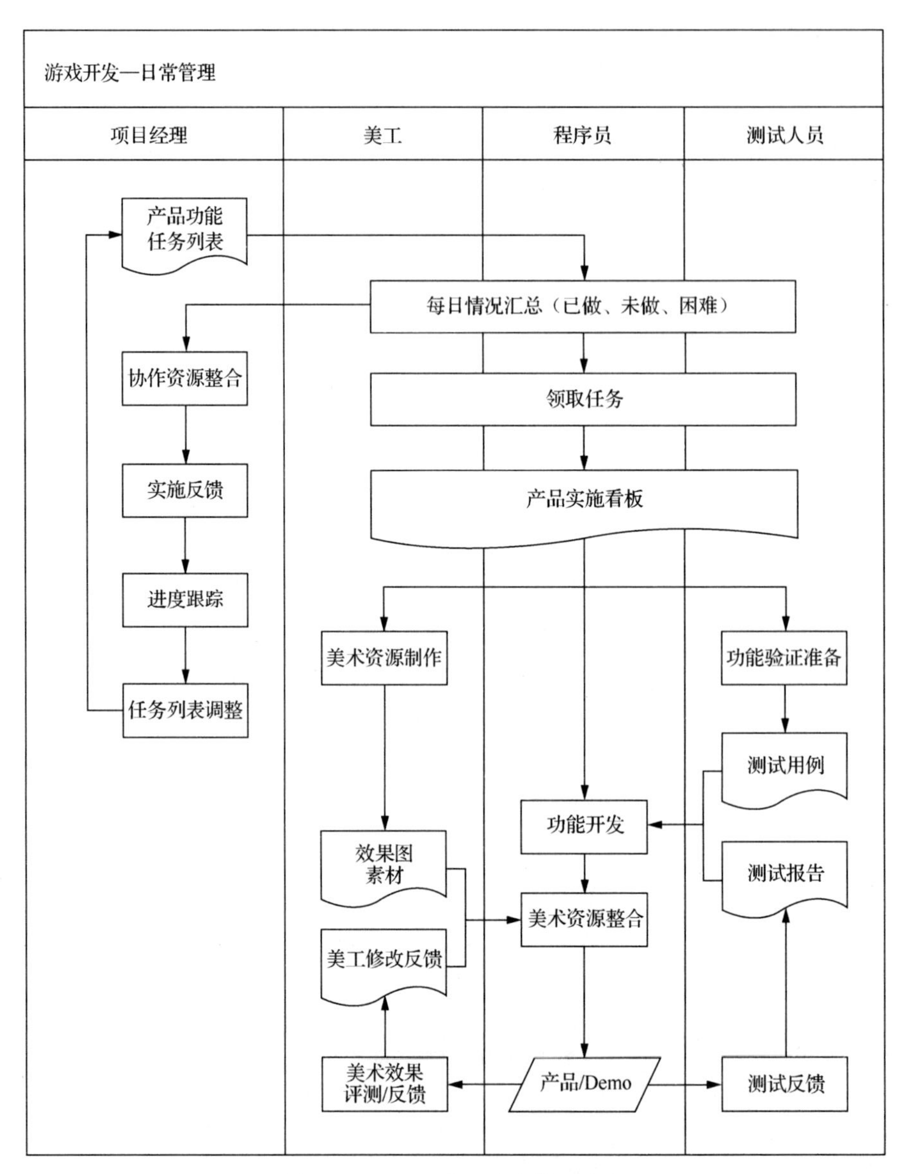

图 11.4　Scrum 每日开发管理流程

上述是 Scrum 游戏项目管理的参考方案。及时反馈与沟通是 Scrum 促进项目可控并顺利进行的前提。希望本节的内容能对大家的实际项目有所帮助。

11.4　关于游戏设计

游戏设计是一个综合过程，不仅要考虑游戏的核心玩法是否能被玩家接受，更要考虑游戏本身如何产生收益。一个成熟的游戏产品，在设计时有必要考虑下列内容。

- 价值主张。每一款游戏都是一个虚拟世界。作为创造这个虚拟世界的人，我们可以为玩家提供什么样的服务及价值？玩家在游戏中会有怎样的体验与收获？
- 目标用户细分。游戏产品有很多类型，不同年龄、收入、性别的玩家对游戏的需求不尽相同。是否满足核心用户的诉求是游戏成败的关键。
- 需求痛点。游戏产品同质化严重，玩家关注的并不是游戏开发者的技术，而是最终的游戏成品是否能给自己带来满足感。相同玩法、相同题材的游戏，最终比拼的是如何脱颖而出。
- 解决方案。开发团队的技术水平、美术水平及产品的格局，都会影响天马行空的创意最终如何成为触手可及的游戏产品。不同的制作方案、不同的美术风格、不同的开发技术，都会影响游戏产品的质量。
- 市场渠道。如何将游戏推广出去？通过哪些方式和途径让产品和服务触达玩家，并使玩家买单？
- 收入来源。游戏最终要盈利，才有可能维持游戏开发团队的运作。内嵌广告、出售游戏内的道具、发售游戏周边产品、提供增值服务，都是收入来源。
- 成本结构。游戏产品的成本由研发、运营、维护、市场推广等多个部分组成，成本结构决定了最终的利益分配。游戏公司是依靠游戏产品活下去的公司。
- 关键指标。评估游戏的常用关键指标有每日活跃玩家数量、每日新注册/登录玩家数量、玩家次日留存率、玩家七日留存率等。
- 竞争壁垒。游戏产品同质化严重、抄袭成本极低，因此，需要尽早考虑竞争壁垒问题，例如玩法上的创新、游戏本身的精益求精、运营渠道的合作、形成品牌效应、培养忠实玩家等。

11.5　小结

这里是本书的终点，也是你全新的起点。

附录A JavaScript编程基础

本书使用的编程语言是 JavaScript。编写本附录的目的是帮助尚不熟悉 JavaScript 语言的读者，尤其是第一次接触编程语言的读者，尽快了解查阅本书示例代码所需的语法，为学习本书内容做好准备。本附录并非完整的语法参考，仅介绍本书涉及的 JavaScript 语法。

JavaScript 语言诞生于 1995 年，由 Netscape 公司的 Brendan Eich 在网景导航者浏览器上首次设计实现。自诞生以来，JavaScript 语言最广泛的用途是在浏览器中呈现动态信息。1996 年 11 月，Netscape 公司决定将 JavaScript 提交给标准化组织 ECMA，希望它能够成为国际标准编程语言。1997 年，ECMA 发布 262 号标准文件（ECMA-262）的第一版，规定了浏览器脚本语言的标准，并将这种语言命名为 ECMAScript。

ECMAScript 是 JavaScript 的一种实现。ES6 既是一个历史名词，也是一个泛指，其含义是 5.1 版本以后的 JavaScript 标准，涵盖 ES2015、ES2016、ES2017 等。ES2015 是一个正式名称，特指 2015 年发布的正式版本的语言标准。ES6 的第一个版本是在 2015 年 6 月发布的，正式名称是“ECMAScript 2015 标准”（简称“ES2015”）。LayaAir 2.0 引擎支持 ES6 语法。

A.1 概述

JavaScript 代码通常使用文本格式的 js 文件保存。JavaScript 的数学基础是代数。代数用有字符（变量）的表达式进行算术运算，字符代表未知数或未定数。在进行运算时，要先给变量赋值，再代入表达式中求解。这个过程在 JavaScript 中也适用。

例如，要将一个变量赋值为 100，JavaScript 语法如下。

```
var a = 100;
```

其中，var 表示这是一个变量，变量的名称是 a，变量的值是 100。

- 变量名称是连续的字符串，可以包含英文和数字。
- 变量必须以英文字母或“$”“_”开头。

- 变量名称对大小写敏感（例如，y 和 Y 是不同的变量）。

定义变量之后，就可以进行运算操作了。例如，要给 a 加 1，JavaScript 语法如下。

```
a = a + 1;
```

计算机执行代码的顺序与我们阅读代码的顺序是相同的，都是从左到右、自上而下的，所以，排在前面的代码会先执行，这称为顺序执行。

在自上而下执行代码时，我们可能希望在特定的情况下跳过某些语句，这称为条件执行。在 JavaScript 中进行条件判断的标识是 if，在其后有一对由圆括号包裹的判断条件。例如，下面的代码在执行 b = 1 之前会判断 a 是否等于 1，判断条件成立才会执行 b=1。

```
var a = 0;
var b = 0;
if(a === 1)b = 1;
```

如果我们希望将 a 加 1 执行 100 次，并不需要将前面的代码写 100 行。在 JavaScript 中，有专用的循环执行语法结构。在本书中，常用的循环执行语法结构是 for 循环：在 for 之后的一对半角括号中包含 3 条使用分号隔开的语句，依次是循环开始前设置的变量、循环的运行条件、每次循环执行后要执行的代码。在下面的循环代码中，在循环开始前定义了一个初始值为 0 的变量 i，循环的运行条件是变量 i 的值小于 100，每次循环执行后 i 的值会加 1。用花括号包裹的是循环执行的代码，将被循环执行多次。因此，如下代码的执行结果是 a 的值最终变成 100。“++”是运算符，作用是将变量加 1。“i++”表示首先把 i 的值拿来用，然后自增 1。“++i”表示把 i 自增 1 后拿来用。

```
var a = 0;
for (var i=0; i<100; i++){
    a = a + 1;
}
```

尽管 JavaScript 的代码执行方式只有顺序执行、条件执行、循环执行 3 种，但将这 3 种执行方式组合起来，就可以构成复杂的代码功能。

为了便于管理和维护代码，我们可以将完成特定功能的代码用 function(){}包裹起来，这样的包裹体在 JavaScript 中称为方法或函数。例如，可以将上面的循环代码封装成以下方法。

```
function add (input){
    var template = input;
    for (var i=0; i<100; i++){
```

```
        template = template + 1;
    }
    return template;
}
```

function 后面的 add 是方法的名称。方法的命名规范与变量的命名规范一致。我们经常需要将一个变量定义为一个方法，示例如下。

```
var a = add(0);
```

方法可以有输入参数和输出参数，但输入参数和输出参数并非必须的。在上面的 add()方法中，input 是输入变量的名称，是形式上的参数（形参），在使用时被实际参数 0 替代。只有定义了形参，才能向方法输入参数。return 是方法执行后的返回标识，后面跟随的是输出结果。在执行语句“var a = add(0)”时，会先执行 add 方法内的代码逻辑，完成 100 次循环，再用“=”运算符将输出结果赋予变量 a。JavaScript 的方法、输入和输出参数，都没有规定变量的类型。

在高级编程语言中，都有对象的概念。对象是高级编程语言中对真实事物的一种抽象描述。如果用对象描述一个游戏角色，那么，它应该有生命值、攻击力等属性，还应该有行走、站立、攻击等方法。JavaScript 与其他高级编程语言的最大不同在于——JavaScript 中的对象也是方法。JavaScript 中的对象是动态的，可以在代码执行的任意时刻发生变化。

A.2 调试信息

console.log()方法是 JavaScript 的通用调试信息输出方法，它可以接收多个用逗号分隔的参数，将它们的结果连接起来输出，示例如下。

```
var a = 'Hello';
var b = 'world';
console.log(a,b);
//输出结果是“Hello world”
```

在 Chrome 浏览器中调试 JavaScript，步骤如下。

（1）打开 Chrome 浏览器。

（2）按【F12】快捷键，打开调试面板。

（3）将在文本编辑器中复制的代码粘贴到“>”处，然后按回车键运行。

上面 3 行代码的调试结果，如图 A.1 所示。

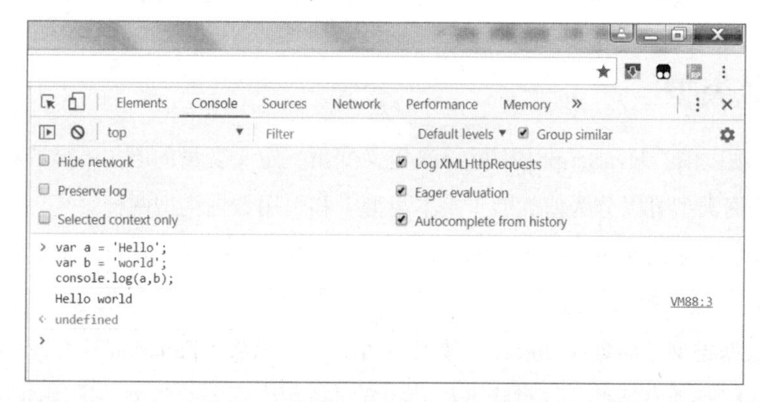

图 A.1 在 Chrome 中调试 JavaScript

console.info()、console.debug()、console.warn()、console.error()方法也可以输出消息，用法与 console.log()方法完全相同，但在输出信息时会有不同的提示图标，示例如下。

```
console.info("Layabox");             //输出一般信息
console.debug("Layabox debug");      //出错信息
console.warn("Layabox 警告");         //警告提示信息
console.error("Layabox  error");     //错误提示信息
```

A.3 关键词与保留字

关键词是指有特定用途的词。保留字没有特定用途，但将来有可能用到。

下列关键词和保留字不可以用作变量、标签或方法的名称：abstract、arguments、boolean、break、byte、case、catch、char、class、const、continue、debugger、default、delete、do、double、else、enum、eval、export、extends、false、final、finally、float、for、function、goto、if、implements、import、in、instanceof、int、interface let、long、native、new、null、package、private、protected、public、return、short、static、super、switch、synchronized、this、throw、throws、transient、true、try、typeof、var、void、volatile、while、with、yield。

下列 JavaScript 内置的对象、属性和方法的名称，不可以用作变量或方法名：Array、Date、eval、function、hasOwnProperty、Infinity、isFinite、isNaN、isPrototypeOf、length、Math、NaN、name、Number、Object、prototype、String、toString、undefined、valueOf。

A.4 数据类型

在 ES6 出现以前，JavaScript 使用 var 来定义变量，定义变量的语句不显式指明数据类型。JavaScript 的数据类型可以分为值类型（基本类型）和引用数据类型两种。

- 值类型：字符串（String）、数字（Number）、布尔（Boolean）、空（Null）、未定义（Undefined）、Symbol（独一无二的值）。
- 引用数据类型：对象（Object）、数组（Array）、函数（Function）。

JavaScript 拥有动态类型，这意味着相同的变量可用作不同的类型，示例如下。

```
var x;              //x 为 undefined
var x = 5;          //x 为数字
var x = "John";     //x 为字符串
```

在 JavaScript 中，字符串是 Unicode 编码的字符序列。字符串常量会被单引号或双引号包裹，例如“"Hello world!"”“'A3F0'”或者空字符串“""”。两个字符串表达式可以用“+”操作符连接，并可通过全等于号进行比较，示例如下。

```
 if (firstName + lastName === "Laya Box")
```

字符串的字符数量可以通过 length 属性获得，示例如下。

```
console.log( "Hello world!".length);  // 12
```

在 JavaScript 中，所有的数值都是 64 位浮点数。在整数和浮点数之间，没有明确的类型区别。如果一个数值常量不是数字，就可以将它的值设置为 NaN（Not a Number），用 isNaN 方法来判断。

在支持 ES6 语法的环境中，可以使用 Number.isInteger()方法测试一个变量是不是整数。为了确保一个变量是整数或者一个表示数字的字符串能被转换为整数，应使用 parseInt()方法。类似地，包含小数的字符串可以用 parseFloat()方法转换为数字类型的变量。将一个数字类型的变量 n 转换成字符串，最好的方法是 String(n)。

JavaScript 有两个预定义的布尔值，即 true、false。JavaScript 支持以下 3 种布尔运算。

- 非运算（!）：示例如下。

```
var a = true;
var b = !a;
//b 的值是 false
```

- 与运算（&&）：与运算常用于逻辑判断，只有运算符两边的判断条件同时满足，才会执行后续操作，示例如下。

```
var a = 0;
var b = 1;
If (a === 0 && b ===0) a = 1;
//a = 1 不会执行，因为 a 等于 0 和 b 等于 0 需要同时满足，才会执行 a = 1
```

- 或运算（||）：或运算常用于逻辑判断，只要运算符两边的判断条件有一个成立，就会执行后续操作，示例如下。

```
var a = 0;
var b = 1;
If (a === 0 || b ===0) a = 1;
//a = 1 会执行，因为 a 等于 0
```

当非布尔值与布尔值进行比较时，非布尔值会被隐式转换为布尔值。空字符串、数字 0 以及 undefined 和 null，会被转换为 false；其他所有值，都会被转换为 true。

由于 JavaScript 本身的缺陷，要想判断两个变量是否一致，需要使用全等符号“===”“!==”，而不是“==”“!=”，示例如下。

```
var a = 2;                    //数字
var b = "2";                  //字符串
var result = (a === b);       //执行结果 result 为 false
var result = (a == b);        //执行结果 result 为 true
```

鉴别基本类型的方法是 typeof，示例如下。

```
var value = 1234;
console.log(typeof value);    //输出结果是 Number
```

变量要先声明、再使用。对于未定义类型的变量，将返回“undefined”。null 也是对象，示例如下。

```
console.log(typeof null);     //输出 object
```

鉴别引用数据类型的方法是 instanceof()。instanceof()方法可以区分的类型是 Array、Object

和 Function，所有引用类型都继承自 Object，示例如下。

```
var myArray = [];                               //定义一个数组
console.log(myArray instanceof Object);        //true
console.log(myArray instanceof Function);      //false
console.log(myArray instanceof Array);         //true
```

A.5 变量作用域

JavaScript 中的变量有 3 种作用范围，分别是全局作用域、方法作用域、块作用域。作用在块作用域中的变量，要用 let 作为标识来声明。本书内容不涉及块作用域。

全局作用域的作用范围是整个 JavaScript 应用程序，即使它们不在同一个 js 文件内，只要被定义过，就能起作用，而方法作用域的作用范围只是方法内部。

在以下代码中，变量 i 的作用域是全局作用域。

```
var i = 0;
function foo() {
  for (i=0; i < 10; i++) {
    ...  // do something with i
  }
}
foo();              //执行 foo()方法
console.log( i ); //输出结果是 10，而不是 9
```

在以下代码中，变量 i 的作用域是方法作用域，在方法外使用 i 将会报错。

```
function foo() {
  var i=0;
  for (i=0; i < 10; i++) {
    ...  // do something with i
  }
}
foo();              //执行 foo()方法
console.log( i ); // “Uncaught ReferenceError: i is not defined”，错误提示，i 未定义
```

A.6 数组

定义一个数组，有以下两种方式。

```
var a = [1,2,3];
```

```
var b = new Array(1,2,3)
```

数组中的单个数据称为元素，元素可以是 JavaScript 的各种数据类型。JavaScript 的数组可以动态增长。也可以使用比数组长度更长的索引。例如，以上数组变量初始化后，数组长度为 3，但我们仍然可以操作其中的第 5 个元素。

通过数组的 length 属性得到数组长度，示例如下。

```
for (i=0; i < a.length; i++) { console.log(a[i]);} //1 2 3 undefined 7
```

通过 Array.isArray(a)方法检测一个变量是不是数组，示例如下。

```
If (Array.isArray(a))...
```

通过 push()方法给数组追加元素，示例如下。

```
a.push( newElement);
```

通过 splice()方法删除指定位置的元素，示例如下。

```
a.splice( i, 1);
```

通过 indexOf()方法查找数组，返回位置或者-1，示例如下。

```
if (a.indexOf(v) > -1) ...
```

通过 for 或者 forEach 遍历数组，示例如下。

```
var i=0;
for (i=0; i < a.length; i++) {
  console.log( a[i]);
}
a.forEach(function (elem) {
  console.log( elem);
})
```

通过 slice()方法复制数组，示例如下。

```
var clone = a.slice(0);
```

A.7　方法

JavaScript 的方法，有一个可选的名字属性和一个长度属性（输入参数的数量）。可以用下面的代码判断一个变量是不是方法。

```
if (typeof( v) === "function") {...}
```

JavaScript 的方法可以保存在变量中、当作参数传给其他方法，也可以被其他方法作为返回值返回。常见的定义方法的形式，是用一个方法表达式给一个变量赋值，示例如下。

```
var myFunction = function theNameOfMyFunction () {...}
```

其中，方法名（theNameOfMyFunction）是可选的。如果省略方法名，那么它就是一个匿名方法。方法可以通过引用其变量来调用。方法可以嵌套方法，闭包机制允许在方法外部访问方法内部的变量，创建闭包的方法会记住它们。

在执行一个函数时，可以内置的 arguments 参数进行赋值。它类似于一个参数数组，可以被遍历，但由于它不是常规数组，所以 forEach 无法遍历它。arguments 参数包含所有传递给方法的参数。我们可以定义一个不带参数的方法，并用任意数量的参数调用它，示例如下。

```
var sum = function () {
  var result = 0, i=0;
  for (i=0; i < arguments.length; i++) {
    result = result + arguments[i];
  }
  return result;
};
console.log( sum(0,1,1,2,3,5,8));  // 20
```

prototype 原型链可以访问方法中的所有元素，例如 Array.prototype.forEach（Array 代表原型链中的数组的构造函数），示例如下。

```
var numbers = [1,2,3];  // create an instance of Array
numbers.forEach( function (n) {
  console.log( n);
});
```

还可以通过原型链中的 prototype.call()方法来访问方法中的所有元素，示例如下。

```
var sum = function () {
  var result = 0;
  Array.prototype.forEach.call( arguments, function (n) {
    result = result + n;
  });
  return result;
```

```
};
```

Function.prototype.apply 是 Function.prototype.call 的一个变种，它只能接收一个参数数组。

使用立即调用的方法表达式优于使用纯命名对象，不仅可以获得一个命名空间对象，还可以控制其哪些变量和方法可以从外部访问、哪些不可以。这种机制也是 JavaScript 模块概念的基础。在下面的代码中，我们定义了一个应用程序，它对外暴露了指定的元素和方法。

```
myApp.model = function () {
  var appName = "My app's name";
  var someNonExposedVariable = ...;
  function ModelClass1 () {...}
  function ModelClass2 () {...}
  function someNonExposedMethod (...) {...}
  return {
    appName: appName,
    ModelClass1: ModelClass1,
    ModelClass2: ModelClass2
  }
}(); // immediately invoked
```

A.8 对象

创建对象的常用方法之一，是在定义空对象之后添加属性和方法，示例如下。

```
var myObject={};              //声明对象变量
myObject.name="Jener";        //为对象添加属性 name
myObject.age=25;              //为对象添加属性 age
//向对象添加 getInfo()方法以显示对象信息
myObject.getInfo = function (){ console.log(myObject.name,  myObject.age)};
myObject. getInfo ();         //执行对象显示信息的方法 getInfo()，输出结果是“Jener 25”
```

可以定义包含属性和方法的对象，示例如下。花括号包裹的属性或方法，要以键值对的形式表示，键和值用冒号分隔，键值对之间用逗号分隔。

```
var myObject={
    name:"Jener",             //为对象添加属性 name
    age:25,                   //为对象添加属性 age
    getInfo:function (){ console.log(this.name,  this.age);}
};
myObject. getInfo ();         //输出结果是“Jener 25”
```

还可以使用 new 创建定义对象的实例，示例如下。在使用 function 定义对象时，如果对象中的属性或方法希望被外部访问，就要在它们的名称前加“this.”标识，表示它们是对象的属性或方法。

```
function Obj(){
    var isMale = true;
    this.name = "Jener";   //为对象添加属性 name
    this.age = 25;         //为对象添加属性 age
    this.getInfo = function (){ console.log(this.name, this.age,isMale );}
};
var myObject = new Obj();
myObject. getInfo ();      //输出结果是“Jener 25 true”
```

在以上代码中，isMale 是定义在对象 Obj 内部的变量，因此，它只能在 Obj 内部使用，在 Obj 外部无法访问它。

A.9 类

在 ES3 时代，JavaScript 只有对象，没有类。生成实例对象的传统方式是通过 new 命令创建，具体如下。

```
function Point(x, y) {
  this.x = x;
  this.y = y;
}

Point.prototype.toString = function () {
  return '(' + this.x + ', ' + this.y + ')';
};

var p = new Point(1, 2);
```

上面这种写法与传统的面向对象语言（例如 C++、Java）差异很大，很容易让新手感到困惑。ES6 提供了更接近传统编程语言的写法，引入了类这个概念作为对象的模板。通过 class 关键字，可以定义类。

ES6 的 class 通常可以看作一个语法糖，尽管它的绝大部分功能 ES5 都可以实现，但 ES6 的 class 写法可以让对象原型更清晰、更像面向对象编程的语法。将以上代码用 ES6 的 class 改写，如下所示。

```
class Point {
  constructor(x, y) {
    this.x = x;
    this.y = y;
  }

  toString() {
    return '(' + this.x + ', ' + this.y + ')';
  }
}
```

以上代码定义了一个类，类里面有一个 constructor 方法，这就是构造方法，this 关键字代表实例对象。也就是说，ES5 的构造方法 Point，对应于 ES6 的 Point 类的构造方法。

Point 类除了构造方法，还定义了一个 toString()方法。需要注意的是：在定义类的方法时，前面不需要添加 function 关键字，而是直接把方法定义放进去就可以了。另外，方法之间不需要用逗号来分隔，用了会报错。

ES6 的类，完全可以看作构造方法的另一种写法，示例如下。

```
class Point {
  // ...
}

typeof Point // "function"
Point === Point.prototype.constructor // true
```

以上代码表明，类的数据类型就是方法，类本身就指向构造方法。直接对类使用 new 命令，和构造方法的用法完全一致，示例如下。

```
class Bar {
  doStuff() {
    console.log('stuff');
  }
}

var b = new Bar();
b.doStuff() // "stuff"
```

构造方法的 prototype 属性，在 ES6 的类上依然存在。事实上，类的所有方法都定义在类的 prototype 属性上，示例如下。

```
class Point {
  constructor() {
    //...
  }

  toString() {
    //...
  }

  toValue() {
    //...
  }
}

//等同于

Point.prototype = {
  constructor() {},
  toString() {},
  toValue() {},
};
```

在类的实例上调用方法，其实就是调用原型上的方法，示例如下。

```
class B {}
let b = new B();

b.constructor === B.prototype.constructor // true
```

在以上代码中，b 是 B 类的实例，它的 constructor 方法就是 B 类原型的 constructor 方法。由于类的方法都定义在 prototype 对象上，所以，类的新增方法可以添加到 prototype 对象上。Object.assign()方法可以方便地一次向类添加多个方法，示例如下。

```
class Point {
  constructor(){
    //...
  }
}

Object.assign(Point.prototype, {
  toString(){},
  toValue(){}
});
```

prototype 对象的 constructor 属性直接指向类本身，这与 ES5 的行为是一致的，示例如下。

```
Point.prototype.constructor === Point // true
```

另外，在类的内部定义的所有方法都是不可枚举的（non-enumerable），示例如下。

```
class Point {
  constructor(x, y) {
    //...
  }

  toString() {
    //...
  }
}

Object.keys(Point.prototype)
//[]
Object.getOwnPropertyNames(Point.prototype)
//["constructor","toString"]
```

在以上代码中，toString 方法是 Point 类内部定义的方法，它是不可枚举的（这一点与 ES5 规范不一致），示例如下。

```
var Point = function (x, y) {
  //...
};

Point.prototype.toString = function() {
  //...
};

Object.keys(Point.prototype)
//["toString"]
Object.getOwnPropertyNames(Point.prototype)
//["constructor","toString"]
```

以上代码采用 ES5 规范的编写，toString 方法就是可枚举的。

constructor()方法是类的默认方法，在通过 new 命令生成对象实例时将自动调用该方法。一个类必须有 constructor 方法，如果没有显式定义，就会默认添加一个空的 constructor 方法，示例如下。

```
class Point {
}

//等同于
class Point {
  constructor() {}
}
```

在以上代码中定义了一个空的类 Point。这时，JavaScript 引擎会自动为它添加一个空的 constructor 方法。constructor 方法默认返回实例对象（即 this），我们也可以指定其返回另一个对象。类必须通过 new 命令来调用，否则就会报错（这是它与普通构造方法的主要区别，后者不需要通过 new 命令来调用）。